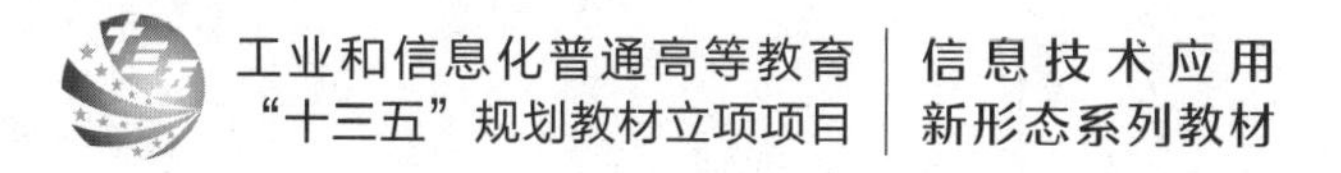

网页设计与制作

HTML+CSS+JavaScript标准教程

倪震 李洋 傅伟◎主编
宋涛 梁姝 黄欣◎副主编

Web Design and Production

人民邮电出版社
北京

图书在版编目（CIP）数据

网页设计与制作 ：HTML+CSS+JavaScript标准教程 ：微课版 / 倪震，李洋，傅伟主编. -- 北京 ：人民邮电出版社，2023.4
信息技术应用新形态系列教材
ISBN 978-7-115-60650-1

Ⅰ. ①网… Ⅱ. ①倪… ②李… ③傅… Ⅲ. ①网页制作工具－教材 Ⅳ. ①TP393.092.2

中国版本图书馆CIP数据核字(2022)第232518号

内 容 提 要

本书以 HTML、CSS 及 JavaScript 为基础，围绕网页设计与制作展开深入讲解，主要内容包括使用 HTML 实现网页布局、使用 CSS 实现网页样式设计、使用 JavaScript 实现动态网页制作等。本书注重基础理论与实践相结合，突出网页设计思想与开发方法的介绍，所选案例都具有较强的概括性和实际应用价值。

全书共 11 章，包括网页设计基础、HTML 基础、CSS 基础、CSS 网页元素、DIV+CSS 布局方法、JavaScript 基础、BOM 和 DOM 对象模型、AJAX 和 jQuery 应用、JavaScript 扩展框架应用以及两个综合实训，即社区论坛网站和电子商务网站。每章的内容从理论讲解到案例展示，由浅入深，循序渐进，有助于读者理解和掌握网页设计与制作的精髓。

本书可以作为高等院校电子商务、网络与新媒体、数字媒体技术等相关专业的“网页设计与制作”课程的教材，或计算机科学与技术、网络工程、电子信息工程等相关专业“Web 前端设计”课程的教材，也可供从事 Web 程序设计相关工作的技术人员自学参考。

◆ 主　　编　倪　震　李　洋　傅　伟
　副 主 编　宋　涛　梁　姝　黄　欣
　责任编辑　武恩玉
　责任印制　李　东　胡　南

◆ 人民邮电出版社出版发行　　北京市丰台区成寿寺路 11 号
　邮编　100164　　电子邮件　315@ptpress.com.cn
　网址　https://www.ptpress.com.cn
　三河市祥达印刷包装有限公司印刷

◆ 开本：787×1092　1/16
　印张：15.75　　　　　　　2023 年 4 月第 1 版
　字数：465 千字　　　　　2024 年12月河北第 5 次印刷

定价：59.80 元

读者服务热线：(010)81055256　印装质量热线：(010)81055316
反盗版热线：(010)81055315
广告经营许可证：京东市监广登字 20170147 号

前言

随着互联网技术的快速发展，人们对网页设计的需求不断增加，而在众多网页设计与制作的编程语言中，HTML、CSS 和 JavaScript 是比较经典的组合形式，三种编程语言的搭配使用，可以高效地搭建出布局精美、功能完善，且拥有丰富交互功能的网页。

本书以 HTML、CSS 及 JavaScript 三种编程语言为基础，围绕网页设计与制作展开深入讲解，包括使用 HTML 实现网页布局、使用 CSS 实现网页样式设计，使用 JavaScript 以及多种框架实现动态网页制作的相关技术，并设计了创建社区论坛以及完整的电子商务网站前台的综合实训。本书注重基础理论与实践开发相结合，突出网页设计思想与开发方法的介绍，所选案例都具有较强的概括性和实际应用价值。

本书是作者根据多年从事网页设计工作和讲授网页设计与制作的相关课程教学经验，在已编多部讲义和教材的基础上编写而成的。本书主要特色如下。

（1）**内容结构清晰明了，板块设置丰富多样。**本书按照“学习目标＋知识讲解＋实战案例解析+思考与练习”的结构编写，层次清晰明了；内容由浅入深，层层递进。本书在每章的起始部分设置学习目标；除第 1 章与综合实训的两个章节外，每章设置实战案例解析板块；每章末尾设置疑难解答、思考与练习板块，加深读者对每章内容的综合理解以及对应知识点的思考与巩固，从多方面增强读者学习知识的实效。

（2）**实战案例丰富，全面提升实操能力。**本书针对不同知识点选取了大量有针对性和实用性的案例，理论讲解与案例实践并重，力求重点突出且深入细致地讲解每个知识点。每章提供充足的习题，包括填空题、选择题和上机实验题，以提升和巩固读者的知识应用，强化实操能力。

（3）**定位零基础人群，强化一站式立体教学。**本书定位于网页设计与制作的零基础人群，内容简单易懂，网页源码清晰可读，案例操作图文并茂，打造“学思做”的教学体系，强化一站式的立体教学，力求通过网页设计从入门到精通的学习路径，实现读者对 HTML、CSS 及 JavaScript 三种编程语言的融会贯通。

（4）**纸数融合创新，数字化资源丰富。**为方便教师教学，本书着力打造纸数融合的产品，提供丰富的数字化教学配套资源，包括教学大纲、电子教案、课后习题答案、案例源码、拓展阅读等，用书教师可到人邮教育社区（www.ryjiaoyu.com）免费下载和使用。

（5）**重点难点微课视频讲解，全时段的教学服务。**本书将重点内容的讲解与微课视频的形式完美结合，全书包含 85 个重点难点微课视频、2 个综合实训案例微课、14 个拓展知识微课。读者通过扫描书中的二维码，即可在线观看微课视频及拓展知识。这种方式为读者自主学习提供便利，为学校开展全时段教学提供服务。

本书由倪震、李洋、傅伟担任主编，宋涛、梁姝、黄欣担任副主编。由于编者水平有限，书中难免存在疏漏之处，敬请广大读者批评指正。

编　者

2023 年 1 月

微课视频列表

章	微课名称
第1章 网页设计基础	网页基本概述
	网站的开发流程
	网页前端开发语言
	网页开发讲解
第2章 HTML基础	HTML的发展历史与标签讲解
	HTML页面设计讲解
	HTML文字类型的讲解
	文本的控制、语义及特殊字符讲解
	链接与链接标签
	锚点链接
	使用图片
	使用视频和音频
	创建表格与表格样式设置
	表单创建与相关控件讲解
	HTML5概述与文档结构标签讲解
	植树节主题电子板报实战讲解
第3章 CSS基础	CSS基础讲解
	CSS的样式规则与引入
	基础选择器讲解
	属性选择器讲解
	关系选择器讲解
	CSS继承性讲解
	CSS层叠性讲解
	CSS 的引入方式与权重讲解
	404 通知页面实战讲解
第 4 章 CSS 网页元素	CSS字体设计
	CSS 文本设计
	CSS 设置边框
	CSS 设置单元格
	CSS 列表样式讲解
	盒子模型基础讲解
	CSS 高级属性讲解
	招聘网页实战讲解
第 5 章 DIV+CSS 布局方法	块元素 div 讲解
	内联元素 span 讲解
	元素类型转换讲解

章	微课名称
第5章 DIV+CSS布局方法	网页布局方式
	标签定位讲解
	溢出讲解
	标签堆叠讲解
	网页布局类型讲解
	购物节主题网页实战讲解
第6章 JavaScript基础	JavaScript的发展历史与引入
	JavaScript基本语法讲解
	JavaScript运算符讲解
	JavaScript分支结构
	JavaScript循环结构
	JavaScript跳转结构
	JavaScript函数讲解
	自定义对象
	Array数组对象
	String字符串对象
	Date日期对象
	焦点图片轮播实战讲解
第7章 BOM和DOM对象模型	浏览器对象模型讲解
	Navigator对象
	History对象
	Location对象
	Screen对象
	文档对象模型讲解
	表单验证讲解
	JavaScript事件响应讲解
	节点关系
	添加和删除节点
	修改属性节点
	节点集合
	选项卡自动切换实战讲解
第8章 AJAX和jQuery应用	AJAX概述
	配置IIS服务器
	XMLHttpRequest技术讲解
	jQuery基础讲解
	jQuery选择器

续表

章	微课名称	章	微课名称
第8章 AJAX和jQuery应用	jQuery事件	第9章 JavaScript扩展框架应用	插值
	jQuery效果		指令
	侧边栏折叠菜单效果实战讲解		事件监听
第9章 JavaScript扩展框架应用	Highcharts框架基础讲解		绑定样式
	Highcharts标题、数据列与提示框讲解		销售业绩分析页面实战讲解
	Vue.js概述与引入	第10、11章 综合实训	社区论坛网站讲解
	数据和对象		电子商务网站讲解
	生命周期钩子		

拓展知识扫码阅读

HTML5 其他标签元素

伪类选择器

伪元素选择器

变形

动画

网页模块命名规范

Math 数学对象

RegExp 正则表达式对象

节点列表

jQuery HTML 操作

坐标轴

绘制多种类型图表

表单双向绑定

XAMPP 软件的安装配置

目录
CONTENTS

1 Chapter

第 1 章 网页设计基础

学习目标

- ❑ 了解网页的概念和分类
- ❑ 掌握网站的开发流程
- ❑ 了解网站前端开发技术
- ❑ 开发第一个网页

网页是信息的一种载体形式。通过网页，用户可以实现跨地域的信息访问。网页设计基础包括网页的概念、网页的开发流程、网页开发技术以及网页的开发工具等内容。本章将讲解网页设计的基础知识。

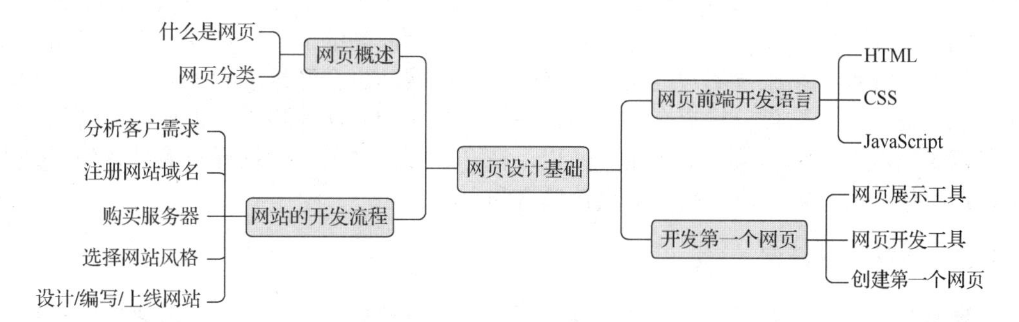

1.1 网页概述

1.1.1 什么是网页

扫码看微课

网页基本概述

网页是通过特定的网页编程技术编写的文档文件。简单来说，网页就是一个计算机文件，可以包含文字、图片、超链接、视频、音乐等多种元素内容。随着网络技术的不断进步及网速的不断提升，目前的网页已逐步发展为以图片展示为主。

网页是构成网站的基本元素，每个网站都是由多个网页构成的。其中，网站展示的第一个网页被称为网站的主页或首页。通过网站首页的超链接，用户可以跳转到不同的子网页。所有网页的链接关系被称为网站的目录或网站地图。搜索引擎就是通过网站地图实现对网站所有内容的收录。

1.1.2 网页分类

网页可以分为静态网页和动态网页。在网站发展初期，受限于网络的传输速度，网站大多为静态网页。静态网页展示的内容都是固定不变的，并且上传和显示的内容均是分离的状态，不能进行数据的动态更新。静态网页展示的内容主要以文字为主，具有访问速度快、成本低等特点。

动态网页的数据可以动态更新，并且动态网页的展示效果更加丰富。随着网络技术的发展、服务器成本的降低和网速的提升，动态网页已经成为主要的网页使用形式。

动态网页以图片、视频为主要展示手段，并且在商业网站中还常常会插入十分炫丽的动画效果，给用户带来了十分丰富的视觉体验。

1.2 网站的开发流程

网站的开发流程包含分析客户需求、注册网站域名、购买服务器、选择网站风格和设计/编写/上线网站几个部分。本节将讲解网站开发流程的相关内容。

扫码看微课

网站的开发流程

1.2.1 分析客户需求

网站可以满足很多群体的使用需求。根据网站展示的主体不同，网站可以分为政府性网站、企业型网站、商业性网站、教育科研机构网站、个人网站、其他非盈利的公益性网站等多种类型。根据展示主体的不同需求，网站的设计风格选用的设计语言以及域名、服务器的购买等都有不同的要求。

政府性网站或教育科研机构网站要求风格简洁、大方、庄重，给用户带来十分干练、安全、正式的感觉。商业性网站在设计时要保证页面在充分展示商品的前提下，拥有十分炫丽、美观的外观，可借助图片或视频激发用户的购买欲望。商业性网站也会通过展示十分炫酷的技术，让用户心生向往。而个人网站可以根据个人喜好，使用个性化的专属风格进行设计。非盈利的公益性网站则可以采用温馨、色调柔和的风格。所以，在开发网站之前，网站开发人员首先要分析客户的需求，然后根据客户需求决定网站的设计风格和主题。

1.2.2 注册网站域名

网站域名相当于网站在互联网中的门牌号或电话号。普通用户可以通过域名访问到指定的网站。确定网站的主题之后，需要为网站设置一个名称。在购买域名时，可以购买与网站名称相同或近似的域名，以增强域名和网站名称的关联度。域名就是网站名称的全拼。

网站域名需要在专门的域名售卖网站中注册和购买，通过搜索引擎就可以查到。不同的域名有不同的价格，一般情况下，域名的价格与对应网站名称的热度有关。

1.2.3 购买服务器

服务器可以简单理解为配置更高的，拥有固定IP地址，并且可以存放数据的计算机。网站的所有文件都会存放在服务器的存储空间中，并且将服务器的IP地址与网站域名绑定。

用户在访问网站域名时，服务器技术会将访问请求解析到对应的服务器IP上，然后读取服务器中存放的网站文件，从而将网页内容展示给用户。

服务器会在专业的服务器网站中售卖，具体的服务器以及售卖网站都可以通过搜索引擎获取。服务器的稳定性、带宽以及配置的存储空间不同，售卖的价格也不同。

用户购买服务器之后，可以通过账号密码登录服务器的后台，然后将购买的网站域名与服务器的 IP 地址绑定。在后期网站文件编写完成后，可以将相关文件上传到服务器的存储空间中。这样，普通用户就能使用域名访问到对应的网站。

1.2.4　选择网站风格

不同的网站主题可选用不同的网站风格。目前最为流行的网站风格包括以下几种。

- 全屏网站设计：这种设计风格需要使用十分精美的背景图片，然后通过合理的布局，并辅助较少的文字给用户带来神秘的高级感，从而吸引用户。这种风格一般适用于产品较少的网站使用，如产品发布的专题页面。
- 响应式网站设计：这种设计风格对服务器的反应速度以及网站的动态技术要求较高。它要求有良好的用户交互体验，无论是切换图片还是按钮弹窗，都要有十分炫酷的效果，适合科技感或高端产品的网站使用，如计算机或手机的售卖网站、编程技术的官方网站等。
- 扁平化设计：这种设计会删掉一些修饰性的内容，遵循去繁从简的设计美学，更适用于企业型网站，通过简洁的设计风格凸显企业的高端形象。
- 视察滚动设计：这种设计风格会使用多个全屏或半屏图片展示网站内容。网页在滚动时，通过动画效果加载不同的图片。每张图片或每页内容都是一个相关主题。这种风格的网站可以更直观地展示产品的特点，如汽车售卖网站。
- 无限滚动模式：这种设计风格通常用于需要展示大量数据的网站中，如电商网站。电商网站通过照片瀑布流的布局方式展现内容。每当页面发生滚动时，都会加载出更多的商品展示信息，一般会预先加载 3～4 页的商品信息，以满足用户的需求。

1.2.5　设计/编写/上线网站

确定网站风格以后，首先，专业的美工人员会使用专业网站切图工具实现对网站的设计和规划；其次，编程人员根据美工人员提供的网站设计文件，使用代码编写网站建站程序文件；最后，将网站建站程序文件上传到服务器中，在服务器后台对网站进行设置，实现网站的上线操作。

1.3　网页前端开发语言

网页前端开发语言包括 HTML、CSS 和 JavaScript。其中，HTML 用于在网页中插入网页元素；CSS 用于对元素进行精准控制和排版；JavaScript 用于实现网站的动态效果以及数据的动态交互。本节将讲解网页前端开发技术的相关内容。

扫码看微课

网页前端开发语言

1.3.1　HTML

超文本标记语言（Hyper Text Markup Language，HTML）是一种用于创建网页的标准标记语言。使用 HTML 编写的文档扩展名为.html 或.htm。通过浏览器可以将 HTML 文档解析为普通用户能看到的网页内容。

HTML 中的文字、图片、音频以及视频都称为元素。HTML 由多个标签组成，为元素添加不同的标签会使元素呈现不同的显示样式，从而影响元素的位置、颜色、尺寸等外观样式。

1.3.2　CSS

层叠样式表（Cascading Style Sheets，CSS）是一种用来表现 HTML 文档样式的计算机语言，需嵌入 HTML 文档中使用。

CSS 不仅可以静态地修饰网页，还可以配合各种脚本语言动态地对网页各元素进行格式化。CSS 能够对网页中元素位置的排版进行像素级精确控制，为网页排版带来更加丰富的样式属性，并实现更加炫酷和美观的网页排版效果。

1.3.3 JavaScript

JavaScript（JS）是一种具有函数优先的轻量级、解释型（即时编译型）的编程语言。它是 Web 页面开发中最常用的脚本语言。它可以嵌入 HTML 文档中，实现响应浏览器事件、读写 HTML 元素、验证表单内容、检测访客数据以及在服务器端编程等多种功能。

1.4 开发第一个网页

网页开发语言需要用到专用的网页展示工具和网页开发工具。本节将讲解网页展示工具、网页开发工具，并介绍如何创建第一个网页。

扫码看微课

网页开发讲解

1.4.1 网页展示工具

查看网页需要用到浏览器。浏览器即网页展示工具，也就是网页展示的窗口。用户在浏览器中输入域名，浏览器会访问该域名获取网页，并进行展示。这样，用户就能看到对应的网页内容。

目前比较流行的浏览器有火狐浏览器（Firefox）、欧朋浏览器（Opera）、谷歌浏览器（Chrome）、苹果官方浏览器（Safari），Windows 10 自带的浏览器（Edge）以及 IE 浏览器，如图 1.1 所示。

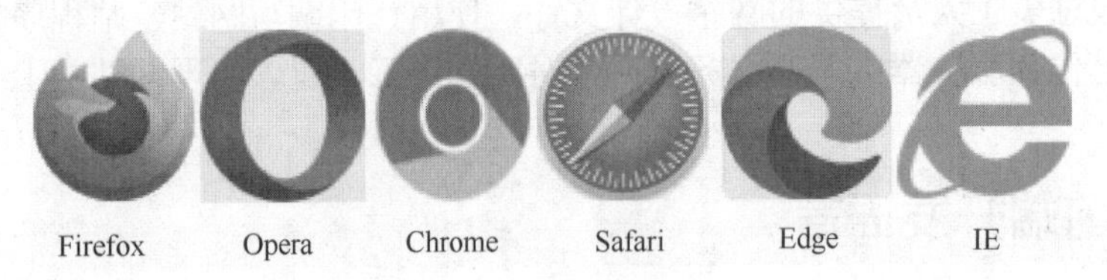

图 1.1 常用浏览器

在开发过程中要注意浏览器的兼容性问题，编写好的网页需要在多种浏览器中测试，从而保证网页的展示效果在多种浏览器中的一致性。

1.4.2 网页开发工具

网页开发工具有很多种，如记事本、Visual Studio Code 和 Dreamweaver 等。其中，记事本是 Windows 系统自带的文本编辑工具；Visual Studio Code 是微软公司开发的代码编辑工具；Dreamweaver 是 Adobe 公司开发的集网页制作和网站管理于一身的网页开发工具。

Dreamweaver 不仅支持静态网页的编写，还支持 PHP、ASP、JSP 等动态网页的编写与调试。对于网页设计初学者来说，Dreamweaver 是一款比较好的入门软件，可以帮助初学者快速构建和设计网页，还提供了网页开发语言的代码提示功能。

Dreamweaver 工具的下载和安装步骤如下。

（1）打开 Dreamweaver 官方网站，在网页中可以获取 Dreamweaver 的最新版本。单击“免费试用”按钮可下载 Dreamweaver 免费试用版安装包；单击“立即购买”按钮可以购买收费版 Dreamweaver，如图 1.2 所示。在这里选择“免费试用”即可。

图 1.2　下载网站

（2）Dreamweaver 下载完成后，双击软件安装包弹出安装向导，进入设置文件解压路径界面，如图 1.3 所示。这里的安装路径默认为 C 盘，开发者可以根据自身需求，将安装路径设置到其他磁盘中。

（3）单击“下一步”按钮，开始解压安装文件，如图 1.4 所示。

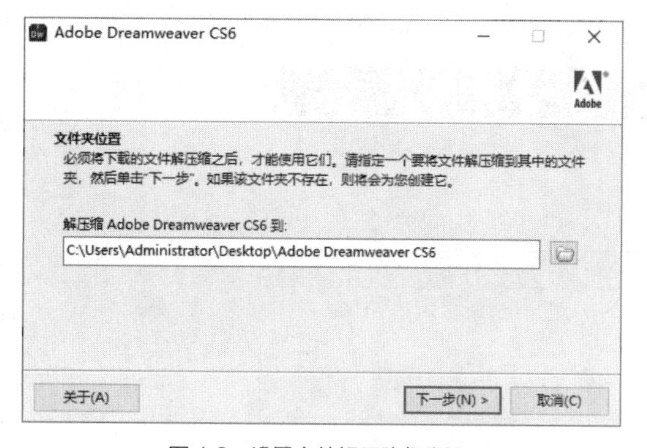

图 1.3　设置文件解压路径界面

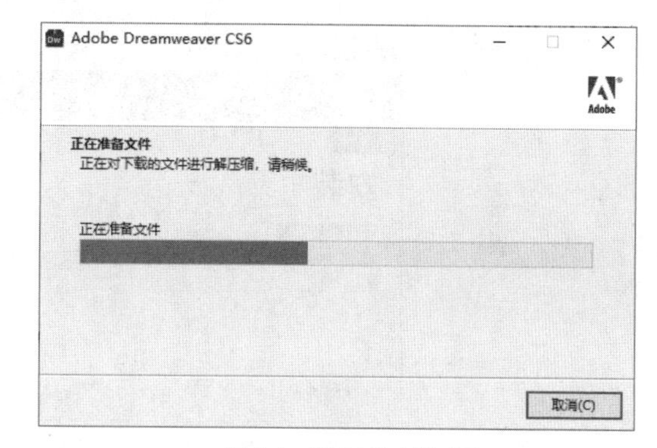

图 1.4　解压安装文件界面

（4）安装文件解压完成后，进入安装界面，如图 1.5 所示。

（5）安装界面提供了两个选项。如果拥有序列号，就单击“安装”按钮；如果没有，就单击“试用”按钮。这里单击“试用”按钮进入“Adobe 软件许可协议”界面，如图 1.6 所示。

图 1.5　安装界面

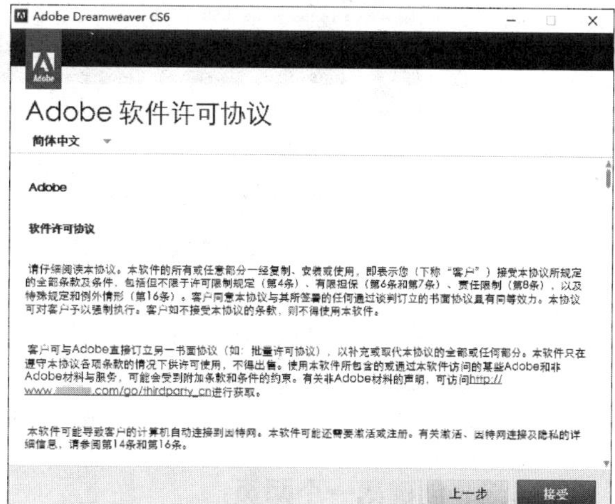

图 1.6　软件许可协议界面

（6）单击“接受”按钮，进入“选项”界面，如图 1.7 所示。

图 1.7 “选项”界面

（7）设置安装路径后，单击“安装”按钮，开始安装 Dreamweaver 软件，如图 1.8 所示。

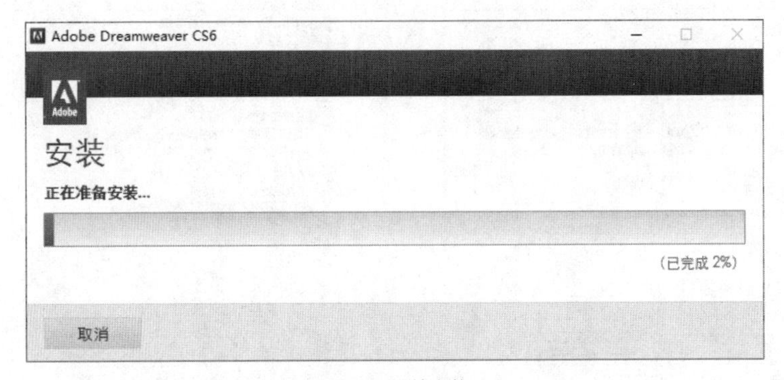

图 1.8 开始安装

（8）Dreamweaver 软件安装完成后，显示安装完成界面，如图 1.9 所示。单击“关闭”按钮结束安装过程，并关闭安装向导；单击“立即启动”按钮会关闭安装向导，并打开 Dreamweaver 编辑器。

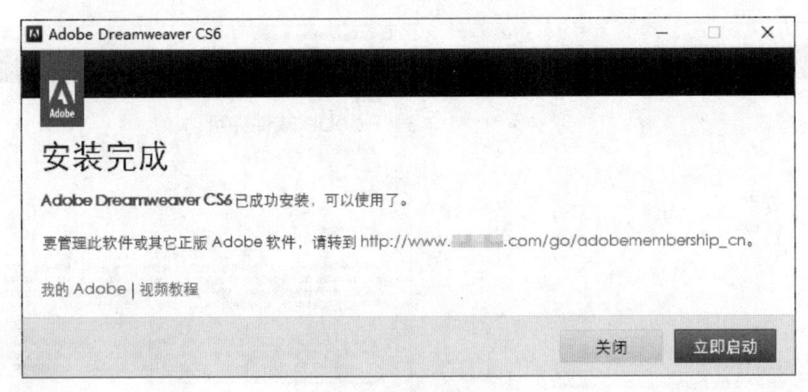

图 1.9 安装完成界面

1.4.3 创建第一个网页

创建第一个网页的步骤如下。

（1）双击打开 Dreamweaver 软件，进入新建项目界面，如图 1.10 所示。

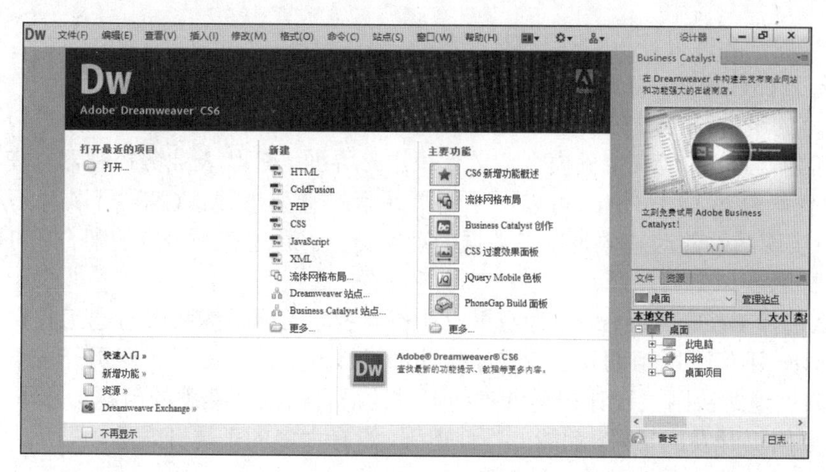

图 1.10　新建项目界面

（2）在新建项目界面中可以选择创建 HTML、PHP、CSS、JavaScript 等多种语言的项目。这里选择创建 HTML 项目，创建后如图 1.11 所示。

（3）该项目中的代码就是 HTML 代码。该项目的功能是在<body>标签和</body>标签之间添加字符串“HelloHTML!”。

（4）选择“文件”→“保存”选项，弹出保存 HTML 文档的“另存为”对话框，如图 1.12 所示。

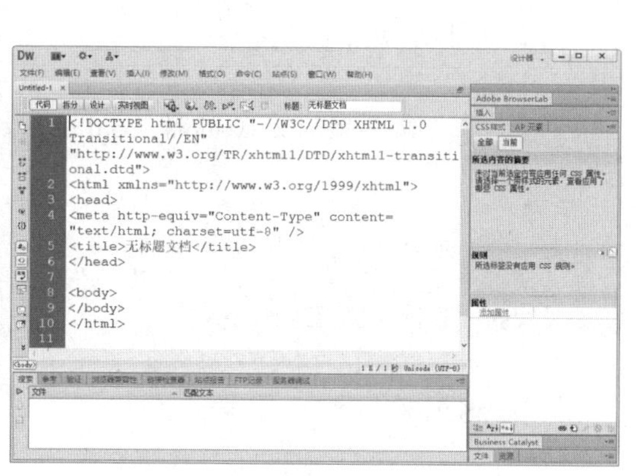

图 1.11　创建 HTML 项目

图 1.12　“另存为”对话框

（5）修改文件名为 01.html，然后单击“保存”按钮。在对应的目录中即出现一个名为 01.html 的文件，如图 1.13 所示。

（6）双击 01.html 文件会打开 IE 浏览器，在 IE 浏览器中展示了一行文本内容“HelloHTML!”，效果如图 1.14 所示。

图 1.13　01.html

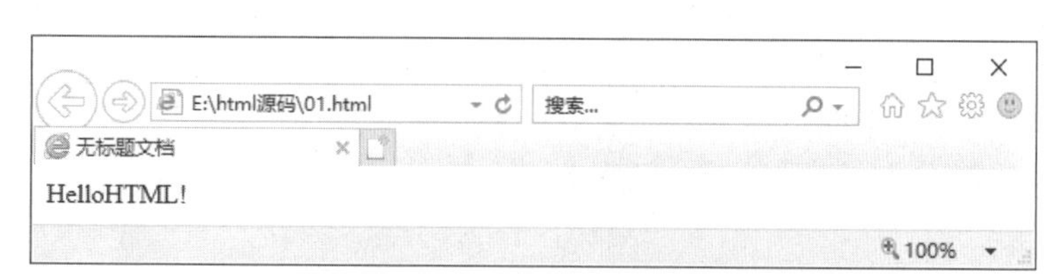

图 1.14　HTML 项目的效果

疑难解答

1．为什么 HTML+CSS+JavaScript 语言组合是网页前端设计的首选组合？

这 3 种语言的组合符合现在软件开发的 MVC（Model View Controller）模式（MVC 是模型、视图、控制器的缩写，M 代表业务模型，V 代表用户界面，C 代表业务控制器，使用 MVC 模式的目的是实现代码分离）。HTML 可以用于网页元素的骨架搭建，CSS 可以对元素进行装饰，JavaScript 可以实现网站的动态效果以及数据的动态交互。通过 3 种语言的配合，可以十分轻松地实现网页的各种展示和交互效果。

2．为什么选择 Dreamweaver 作为网页设计初学者学习网页编程的首选工具？

Dreamweaver 不但可以帮助开发者快速构建和设计网页，还提供了网页开发语言的代码提示功能，能最大限度地解决网页设计初学者对网页设计语言语法不熟悉的问题。另外，Dreamweaver 是一款专门用于网页开发的工具，功能专一性更强，没有太多的干扰开发选项。所以，Dreamweaver 是网页设计初学者学习网页编程的首选工具。

思考与练习

一、填空题

1．网页是通过特定的________技术编写的文档文件。

2．网页可以分为________网页和________网页。

3．根据网站展示主体的不同，网站可以分为政府性网站、企业型网站、商业性网站、________网站、________网站、________网站等多种类型。

4．网站的所有文件都会存放在________的空间中，并且将服务器的_______与_______绑定。

5．网页前端开发技术包括________、________和________。

6．目前比较流行的浏览器有________、________、________、苹果官方浏览器（Safari）、Windows 10 自带的浏览器（Edge）以及 IE 浏览器。

二、选择题

1．使用 HTML 编写的文档扩展名为（　　）。

A．.html　　B．.hcml　　C．.css　　D．.jsp

2．下列语言中用于实现网站动态数据交互的为（　　）。

A．HTML　　B．CSS　　C．JavaScript　　D．C 语言

3．网站域名的作用为（　　）。

A．存储建站软件　　B．支撑网站运行

C．访问网站　　D．存放网站图片资源

三、上机实验题

1．编写一个网页显示“Hello，World”。

2．编写一个网页显示自己的名字，例如，“我的名字叫 xxx”。

3．编写一个网页显示自己的座右铭，如“实践出真知”。

4．编写一个网页显示自己家乡的名字。

5．编写一个网页显示自己喜欢的城市。

6．编写一个网页显示自己喜欢的食物。

2 Chapter

第 2 章 HTML 基础

学习目标

- ❑ 了解 HTML 的概念
- ❑ 掌握 HTML 元素的相关内容
- ❑ 掌握 HTML 5 新结构元素

HTML 是网页的骨架，也是内容组织的主要方式。打个比方，HTML 就像一个房子的墙体和家具，网页中展现的文字和图片就像家居用品一样，摆放在房子的桌子上、柜子中。掌握 HTML 就可以构建出基础的网页。本章将讲解 HTML 的基础语法，如标签、属性等内容。

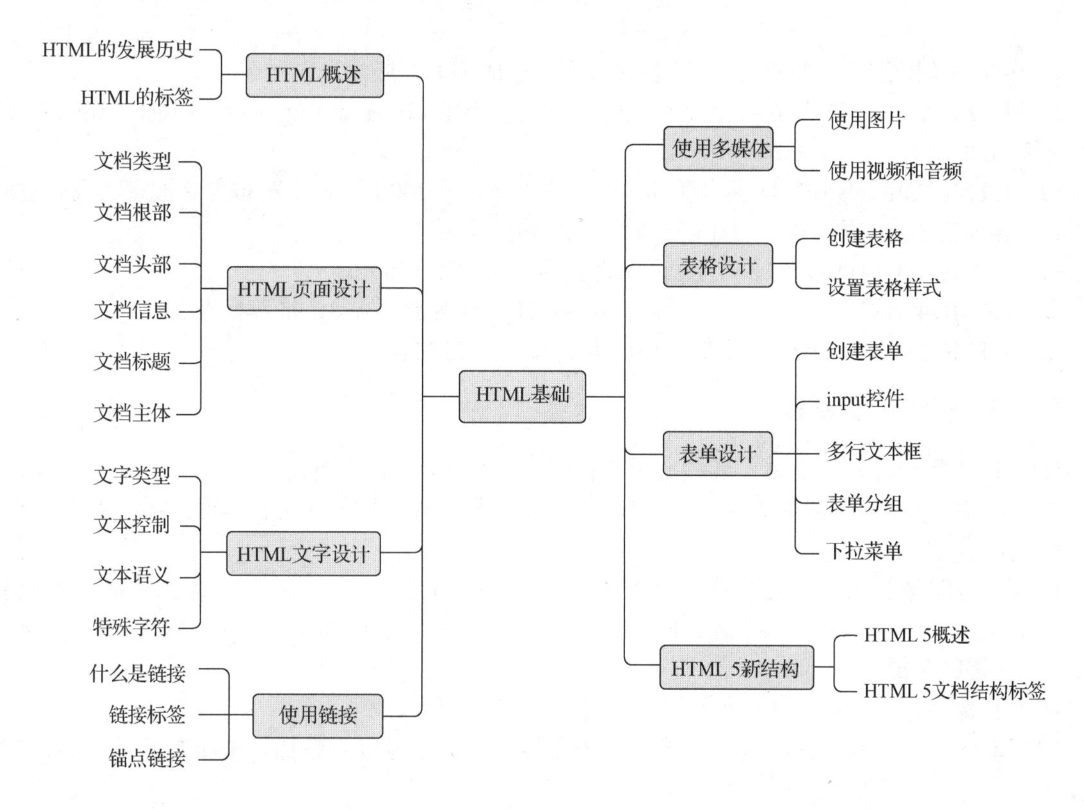

2.1 HTML 概述

超文本标记语言（Hyper Text Markup Language，HTML）是一种标记语言。根据历史发展，它分为传统的 HTML 和最新的 HTML 5 两大标准。不论哪个标准，HTML 都包括了一系列标签。本节将简略讲解 HTML 的发展历史和标签。

扫码看微课

HTML 的发展历史与标签讲解

2.1.1 HTML 的发展历史

HTML 是由蒂姆·伯纳斯-李（Tim Berners-Lee）于 1990 年创立的一种标记语言。使用 HTML 编写的文档被称为 HTML 文档，俗称网页文档。这种文档能独立于各种操作系统平台进行展示，如 UNIX、Windows 等。

首先，编程人员将想要展示的网页内容用 HTML 编写为 HTML 文档，该文档可以被浏览器识别；然后由浏览器将 HTML 文档展现为普通用户可以看到的网页。HTML 文档的显示原理如图 2.1 所示。

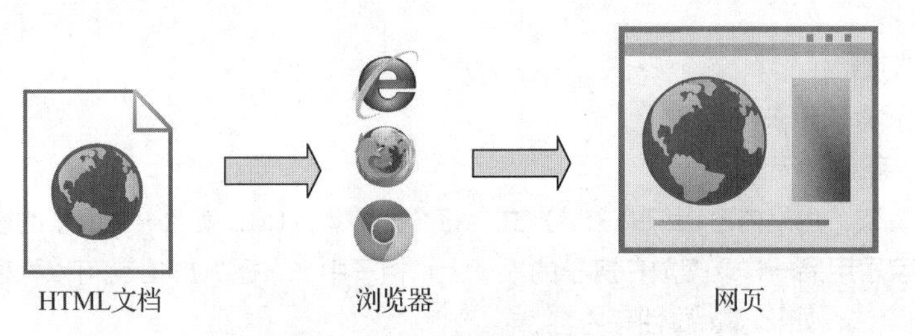

图 2.1 HTML 文档的显示原理

从 1990 年创立至今，HTML 经过多次迭代，形成了如下版本。

- HTML 1.0：1993 年 6 月作为互联网工程工作小组（Internet Engineering Task Force，IETF）工作草案发布。
- HTML 2.0：1995 年 11 月作为 RFC 1866 发布，于 2000 年 6 月发布之后被宣布已经过时。
- HTML 3.2：1997 年 1 月 14 日成为 W3C 推荐标准。
- HTML 4.0：1997 年 12 月 18 日成为新的 W3C 推荐标准。
- HTML 4.01（微小改进）：1999 年 12 月 24 日成为新的 W3C 推荐标准。
- HTML 5：2008 年正式发布，2012 年形成了稳定的版本。

2.1.2 HTML 的标签

HTML 作为一种标记语言，其核心是它的标签。HTML 标签（tag）又被称为 HTML 标记标签。标签是 HTML 组成的基础，是 HTML 的核心元素。无论多么复杂的网页，都可以用 HTML 标签来实现。

HTML 标签被放在一对尖括号（<>）中，每个标签都有自身的功能。在第 1 章中，我们遇到的<html>、<head>和<body>等都是 HTML 标签。下面从多个方面对 HTML 标签进行进一步讲解。

1. 标签的分类

HTML 标签根据使用方式可以分为单标签与双标签两种。

（1）单标签，又称为空标签，是指使用一个标签符号就可以完整描述某个功能的标签，其形式如下。

```
<标签名/>
```

（2）双标签又称为体标签，是指由开始标签与结束标签这两个标签符组成的标签，其形式如下。

```
<开始标签名>内容</结束标签名>
```

其中，从开始标签到结束标签的所有代码称为 HTML 元素。此时，开始标签称为开放标签，结束标签称为闭合标签。

根据是否独占一行，标签还可以分为块元素和内联元素。块元素在浏览器中会自动换行，内联元素在浏览器中不会自动换行。

2. 标签的关系

标签的关系准确地说是指 HTML 元素之间的关系，总体可以分为嵌套关系和并列关系两种形式。

（1）嵌套关系，是指标签元素之间以一层套一层的形式书写。例如，在标签元素<html>中嵌套<head>和<body>标签元素，如图 2.2 所示。（注意：<html>是一个标签，但如果表示<html>和</html>的整体，则称为<html>标签元素。）

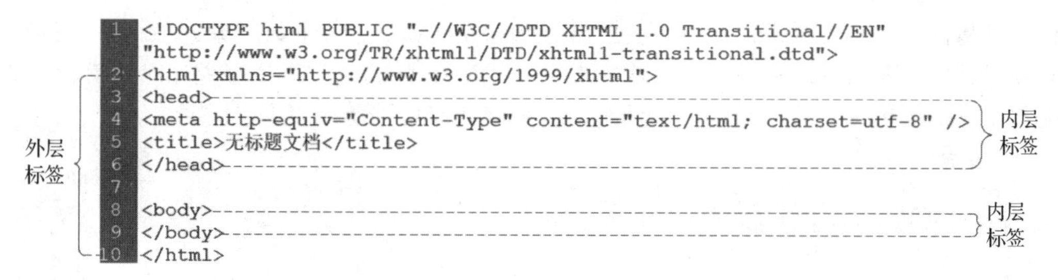

图 2.2 嵌套关系

（2）并列关系，是指标签元素与标签元素之间是并列关系，处于同一层次，具有相同的父级。例如，标签元素<head>和标签元素<body>就是并列关系。它们的父级都是标签元素<html>，并且两对标签元素之间相互不包含。

3. 标签的属性

每个 HTML 标签都有一个或多个属性，但每个标签之间的属性不一定相同。就像每个人都有自己的喜好一样，每个标签根据自身的功能拥有独特的属性。通过这些不同的属性，同一种标签能展示不同的效果。例如，两个<p>标签修改属性后的不同效果如图 2.3 所示。

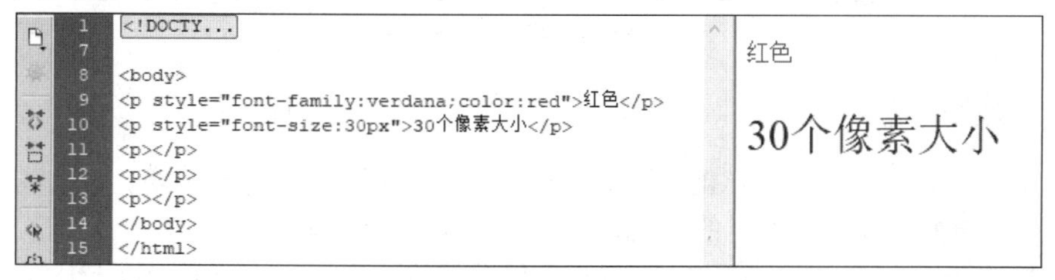

图 2.3 <p>标签的不同效果

标签属性以属性名和属性值成对的形式出现，其语法形式如下。

```
属性名="属性值"
```

或者：

```
属性名:属性值
```

标签一般会在开始标签中设置属性值，其语法形式有如下两种。

（1）使用 style 属性。style 属性是 HTML 4 引入的一种形式，被称为样式。通过 style 属性可以修改标签的属性值，其语法形式如下。

```
<标记名 style="属性 1:属性值 1;属性 2:属性值 2;……"> 内容 </标记名>
```

其中，每个属性之间要用英文分号分隔。属性名与属性值之间使用英文冒号连接。整个 style 属性的值都要用英文双引号引导。

例如，修改标签<p>的背景为红色，字号为 30px 的代码如下。

```
<p style="font-size:30px;background:red">30 个像素大小背景为红色</p>
```

（2）直接使用属性名与属性值，其语法形式如下。

```
<标记名 属性 1="属性值 1" 属性 2="属性值 2"……> 内容 </标记名>
```

其中，每个属性之间要用空格分隔。属性名与属性值之间使用等号连接。属性值需要使用英文双引号引导。

例如，修改标签<p>的内容居中显示的代码如下。

```
<p align="center">居中显示</p>
```

注意

在使用属性修改标签样式时，一定要严格遵循语法形式，严禁出现“缺斤短两”“画蛇添足”等代码书写现象，避免样式修改失败的情况发生。使用 style 属性的语法形式可以使用标签自身以及自身之外的很多属性，使用属性的语法形式只能使用标签自身的属性。

扫码看微课

HTML 页面设计讲解

2.2 HTML 页面设计

在编写网页具体内容之前，首先要使用标签对整个页面进行规划，如声明文档类型、文档根部、文档头部、文档主体、文档标题等，如图 2.4 所示。

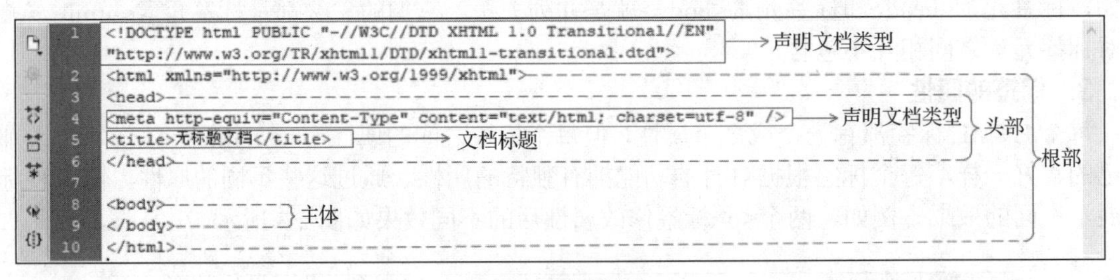

图 2.4 页面组成部分

2.2.1 文档类型

文档类型即网页所使用的 HTML 版本，需要使用<!DOCTYPE>标签声明。该标签必须位于文档的第一行，以告知浏览器以特定的 HTML 版本对代码进行解读。

不同类型的文档，其<!DOCTYPE>标签声明的具体方式不同，主要分为以下几种。

（1）在 HTML 5 中，声明文档类型的语法形式如下。

```
<!DOCTYPE html>
```

（2）在 HTML 4.0 中，声明文档类型需要引用 DTD。DTD 会规定标记语言的规则，其语法形式如下。

```
<!DOCTYPE HTML PUBLIC "-//W3C//DTD HTML 4.01 Transitional//EN" "http://www.w3.org/TR/
html4/loose.dtd">
```

（3）在 XHTML 中，声明文档类型也需要引用 DTD，其语法形式如下。

```
<!DOCTYPE html PUBLIC "-//W3C//DTD XHTML 1.1//EN" "http://www.w3.org/TR/xhtml11/DTD/
xhtml11.dtd">
```

注意

XHTML 与 HTML 4.01 标准没有太多的不同，简单地说，XHTML 是更加严谨准确的 HTML，它对语法的要求更加严谨。

2.2.2　文档根部

文档根部使用<html>与</html>标签告知浏览器该文档为 HTML 文档，并说明文档的起始位置和结束位置。<html>与</html>标签之间包含文档根部以及主体部分。

在文档根部的<html>开始标签中需要引入 xmlns 属性，该属性的语法形式如下。

```
<html xmlns="http://www.w3.org/1999/xhtml">
```

其中，xmlns 属性在 XHTML 类型文档中必须引入，在 HTML 类型文档中可以省略。

2.2.3　文档头部

文档头部使用<head>与</head>标签定义。文档头部位于文档根部开始之后、文档主体之前。在文档头部的范围内可以编写所有头部元素，如引用的脚本、样式、元信息等。

文档头部可以使用的标签包括<base>、<link>、<meta>、<script>、<style>和<title>。其中，文档标题<title>标签是文档头部的必要元素。

2.2.4　文档信息

文档信息提供了有关页面的元信息，包括对搜索引擎和更新频率的描述。该信息由<meta>标签实现。<meta>标签必须位于文档头部中。<meta>标签可用的属性如表 2.1 所示。

表 2.1　<meta>标签的属性

属性	值	描述	是否必需
content	some_text	定义与http-equiv或name属性相关的元信息	是
http-equiv	content-security-policy	规定文档的内容策略	否
	content-type	规定文档的字符编码	
	default-style	规定要使用的首选样式表	
	refresh	定义文档自我刷新的时间间隔	
name	application-name	规定页面所代表的Web应用程序的名称	
	author	网页作者	
	description	网页简单描述	
	keywords	网页关键字	
	generator	网页制作软件	
scheme	some_text	定义用于翻译 content 属性值的格式	

在<meta>标签中，content 属性是必须存在的。如果使用了其他 3 个属性，那么可以使用 content 属性对其值进行指定。其语法形式如下。

```
<meta http-equiv="值" content="值"; name="值"  content="值" />
```

例如，Dreamweaver 默认代码如下。

```
<meta http-equiv="Content-Type" content="text/html; charset=utf-8" />
```

首先，代码“http-equiv="Content-Type" content="text/html”指定了 http-equiv 属性的值 Content-Type，也就是指定文档类型；其次，使用 content 属性指定文档类型的值为 text/html，表示告诉浏览器要接受的是一个 HTML 文档；最后，代码“charset=utf-8”表示外部脚本的编码格式，具体使用会在后面讲解。

2.2.5 文档标题

文档标题使用<title>标签定义，位于网页的头部，其语法形式如下。

```
<title>文档名称</ title >
```

浏览器会以特殊的方式来使用标题，并把它放置在浏览器窗口的标题栏或状态栏上。

例如，定义一个文档的标题为“我的网页”，如图 2.5 所示。

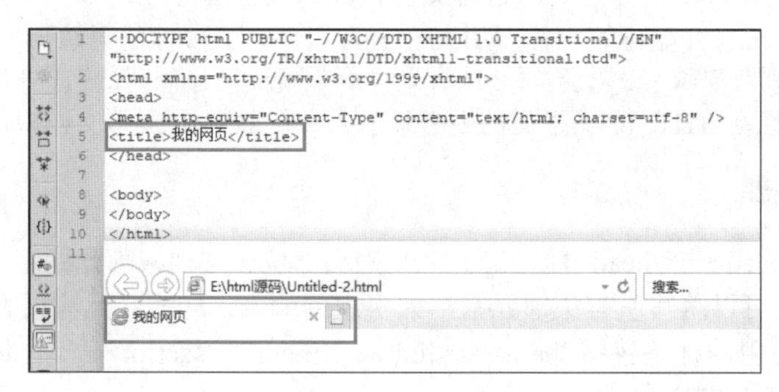

图 2.5　定义文档标题

2.2.6 文档主体

文档主体使用<body>标签定义，位于网页头部的下方。<body>元素包含文档的所有内容，如网页要展示的文本、图片、音乐、视频等，其语法形式如下。

```
<body>内容</ body >
```

例如，在文档主体中显示一行文字，如图 2.6 所示。

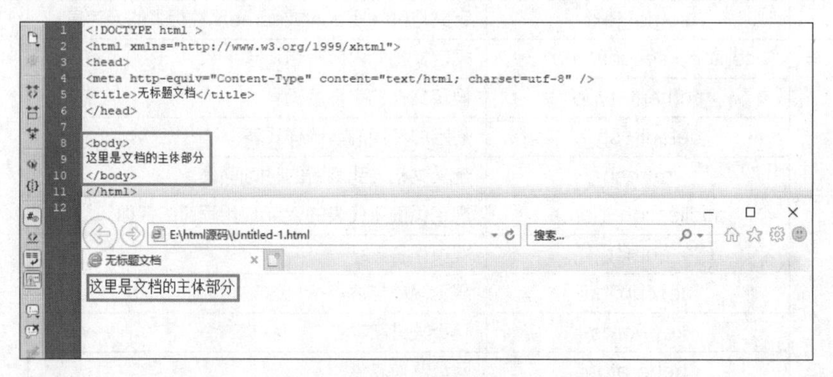

图 2.6　文档主体

2.3 HTML 文字设计

内容是网页的主体，而文字是内容的载体。HTML 提供了很多标签，用于对文字进行排版和修饰，从而让文字在网页中呈现美观的效果。本节将讲解 HTML 中文字设计的相关内容。

2.3.1　文字类型

网页最主要的内容就是文字。文字类型的标签可以帮助开发者快速对文字进行排版。在 HTML 中，文字类型的标签包括标题标签、段落标签、列表标签、水平线标签以及换行标签。

1．标题标签

HTML 提供了 6 个级别的标题标签，依次为<h1>、<h2>、<h3>、<h4>、<h5>和<h6>。这 6 个标题标签的字号依次递减，其语法形式如下。

```
<h1>标题内容</h1>
```

标题标签包含一个可选属性 align，该属性用于修改标签的对齐方式，可选值包括左对齐（left）、右对齐（right）、居中对齐（center）和两端对齐（justify）。

【示例 2-1】在网页中依次显示 6 个标题。

```
<!DOCTYPE html >
<html xmlns="http://www.w3.org/1999/xhtml">
<head>
<meta http-equiv="Content-Type" content="text/html; charset=utf-8" />
<title>HTML 文字设计</title>
</head>
<body>
<h1 align="center">这是标题 1</h1>
<h2 align="right">这是标题 2</h2>
<h3>这是标题 3</h3>
<h4>这是标题 4</h4>
<h5>这是标题 5</h5>
<h6>这是标题 6</h6>
</body>
</html>
```

效果如图 2.7 所示。

图 2.7　网页中的 6 个标题

2．段落标签

在 HTML 中，通过段落标签<p>可以将大量的文字以段落的形式在网页中展示。在一个段落中，文本默认会跟随浏览器窗口的大小自动换行，其语法形式如下。

```
<p>文本内容</p>
```

【示例 2-2】在网页中依次显示 3 个段落。

```
<!DOCTYPE html >
<html xmlns="http://www.w3.org/1999/xhtml">
<head>
```

```
<meta http-equiv="Content-Type" content="text/html; charset=utf-8" />
<title>HTML 文字设计</title>
</head>
<body>
<p>路上只我一个人，背着手踱着。这一片天地好像是我的；我也像超出了平常的自己。</p><p>月光如流水一般，静静地泻在这一片叶子和花上。薄薄的青雾浮起在荷塘里。叶子和花仿佛在牛乳中洗过一样；又像笼着轻纱的梦。</p><p>虽然是满月，天上却有一层淡淡的云，所以不能朗照；但我以为这恰是到了好处——酣眠固不可少，小睡也别有风味的。月光是隔了树照过来的，高处丛生的灌木，落下参差的斑驳的黑影，峭楞楞如鬼一般；弯弯的杨柳的稀疏的倩影，却又像是画在荷叶上。</p>
</body>
</html>
```

效果如图 2.8 所示。从图 2.8 中可以看出，无论代码中的文本格式是否紧凑，在网页中都会以<p>标签所在的位置对文本进行段落形式的排版。

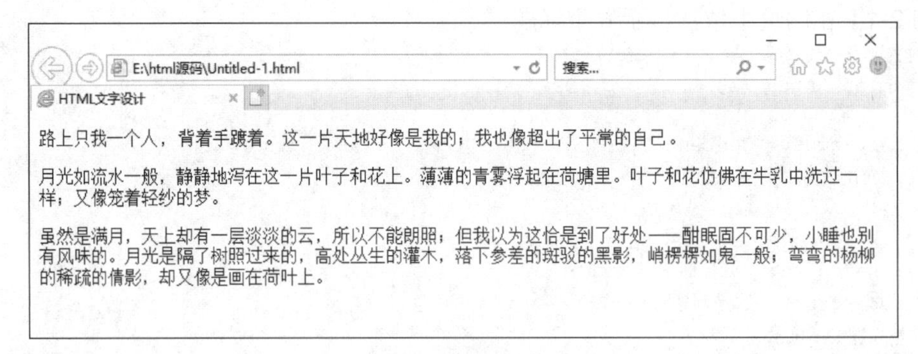

图 2.8　网页中的 3 个段落

3. 列表标签

列表的使用在网页中十分常见。当网页中需要并列展示多个同层次的选项时，就可以使用列表标签<li>表示，其语法形式如下。

```
<li>内容</li>
```

在 HTML 中，列表标签与其他标签搭配使用可以生成无序列表、有序列表和定义列表 3 种列表。

（1）无序列表，是<ul>和<li>标签配合使用实现的列表形式，其语法形式如下。

```
<ul>
   <li>列表内容</li>
   ……
   <li>列表内容</li>
</ul>
```

（2）有序列表，是<ol>和<li>标签配合使用实现的列表形式，其语法形式如下。

```
<ol>
   <li>列表内容</li>
   ……
   <li>列表内容</li>
</ol>
```

（3）定义列表，一般用于图文混排的情况，是<dl>、<dt>和<dd>标签配合使用实现的列表形式，其语法形式如下。

```
<dl>
   <dt>名词或图片</dt>
   <dd>解释内容</dd>
   ……
```

```
    <dt>名词或图片</dt>
    <dd>解释内容</dd>
</dl>
```

其中，<dl></dl>标签用于指定定义列表；<dt></dt>标签用于指定名词或嵌入图片；<dd></dd>标签用于对名词或图片进行解释。

【示例 2-3】 在网页中展示多种列表。

```
<!DOCTYPE html >
<html xmlns="http://www.w3.org/1999/xhtml">
<head>
<meta http-equiv="Content-Type" content="text/html; charset=utf-8" />
<title>列表展示</title>
</head>
<body>
<h1>饮料</h1>
<ol>
    <li>红茶</li>
    <li>绿茶</li>
    <li>果汁</li>
</ol>
<h1>蔬菜</h1>
<ul>
    <li>白菜</li>
    <li>菠菜</li>
    <li>土豆</li>
</ul>
<h1>计算机硬件</h1>
<dl>
    <dt>CPU</dt>
    <dd>中央处理器作为计算机系统的运算和控制核心，是信息处理、程序运行的最终执行单元。</dd>
    <dt>内存条</dt>
    <dd>随机存取存储器的缩写：RAM，也叫主存，是与 CPU 直接交换数据的内部存储器。</dd>
</dl>
</body>
</html>
```

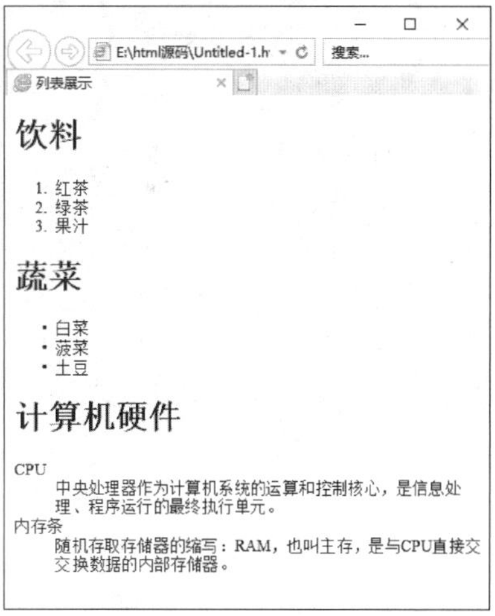

效果如图 2.9 所示。

图 2.9　网页中的多种列表

4. 水平线标签

在网页中，将段落或者网页分隔，可以使网页结构清晰。这时，可以使用水平线标签<hr/>。该标签属于单标签，使用其属性值可以改变水平线的样式，其语法形式如下。

```
<hr 属性="属性值" />
```

<hr/>标签的属性如表 2.2 所示。

表 2.2　<hr/>标签的属性

属性	值	描述
align	center、left、right	规定<hr>元素的对齐方式
noshade	noshade	规定<hr>元素的颜色为纯色
size	pixels	规定<hr>元素的高度（厚度）
width	pixels或%	规定<hr>元素的宽度

【示例 2-4】为网页添加多条水平线。

```
<!DOCTYPE html >
<html xmlns="http://www.w3.org/1999/xhtml">
<head>
<meta http-equiv="Content-Type" content="text/html; charset=utf-8" />
<title>水平线</title>
</head>
<body>
<h3>居中</h3>
<hr align="center" />
<h3>加粗无阴影</h3>
<hr size="5px" noshade="noshade"  />
<h3>加粗有阴影</h3>
<hr size="5px"/>
<h3>宽度边长两倍</h3>
<hr width="200%"  />
</body>
</html>
```

效果如图 2.10 所示。

5. 换行标签

在网页中对文本进行强制换行或添加一个空白行，需要用到换行标签
。该标签属于单标签，可以在文本结尾处实现文本强制换行的效果，并显示一个空行。

【示例 2-5】为文本添加换行效果。

```
<!DOCTYPE html >
<html xmlns="http://www.w3.org/1999/xhtml">
<head>
<meta http-equiv="Content-Type" content="text/html; charset=utf-8" />
<title>换行与空行</title>
</head>
<body>
两行之间
<br />
<br />
<br />
实现添加 3 行空白行效果
<br />
这里<br />实现<br />换行<br />效果<br />。
</body>
</html>
```

效果如图 2.11 所示。

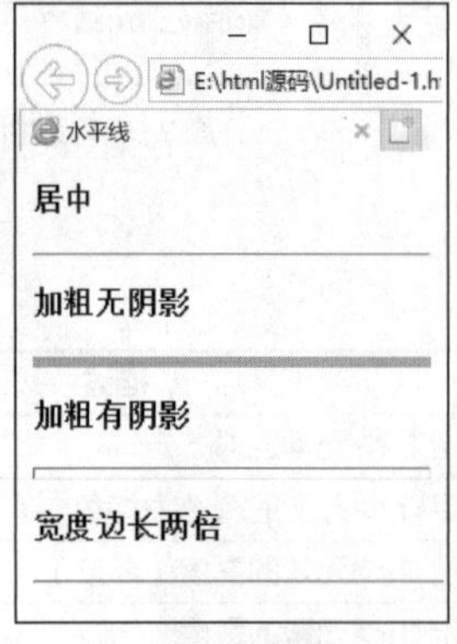

图 2.10　为网页添加多条水平线

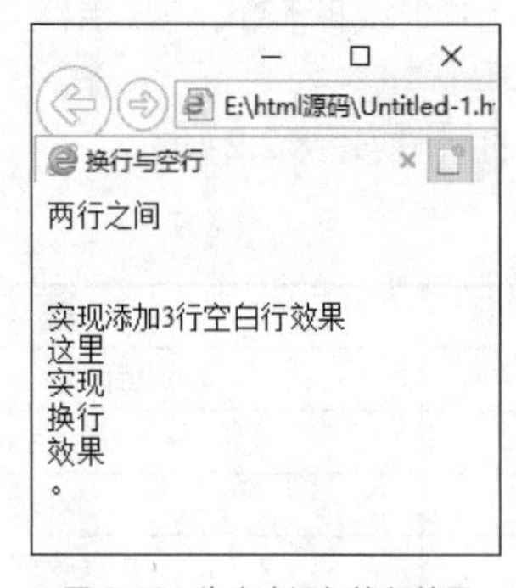

图 2.11　为文本添加换行效果

2.3.2　文本控制

扫码看微课

文本的控制、语义及特殊字符讲解

在网页展示中，为了强调某些内容，可以改变文本样式。例如，将关键字标红，把网页主题字体放大，将注意事项字体缩小等。

开发者在指定网页文本字体时建议使用常用的字体，这样客户端在访问网页时才能显示对应的字体样式。如果用到特殊的字体，则建议使用图片代替。

在 HTML 中使用标签<font>的属性可以控制对应文本的样式，其语法形式如下。

```
<font 属性="属性值">文本内容</font>
```

其中，属性主要包括文本的字体、字号、颜色等，<font>标签的属性如表 2.3 所示。

表 2.3　<font>标签的属性

属性	值	描述
face	font_family（字体名称）	文本字体
size	数字或百分比	文本字号，指定范围为1～7，默认为3。也可使用相对大小，如size="+1"
color	rgb(0~255,0~255,0~255)（rgb格式） #xxxxxx（6位十六进制数） 颜色英文名称（red，yellow等）	文本颜色

【示例 2-6】使用<font>标签属性修改文本的字号、字体与颜色。

```
<!DOCTYPE html >
<html xmlns="http://www.w3.org/1999/xhtml">
<head>
<meta http-equiv="Content-Type" content="text/html; charset=utf-8" />
<title>修改文本字号字体颜色</title>
</head>
<body>
<font size="+7" face="Verdana, Geneva, sans-serif">山居秋暝</font><br />
<br />
<font face="Georgia, Times New Roman, Times, serif">空山新雨后，天气晚来秋。</font>
<font color="#CC3333" face="Courier New, Courier, monospace">明月松间照，清泉石上流。</font><br />
<font color="rgb(0,153,255)" face="Arial, Helvetica, sans-serif">竹喧归浣女，莲动下渔舟。</font>
<font color="red" face="Tahoma, Geneva, sans-serif">随意春芳歇，王孙自可留。</font><br />
</body>
</html>
```

效果如图 2.12 所示。从图 2.12 可以看出，古诗标题的字号与字体发生了改变，并且每一句古诗的颜色和字体也不同。

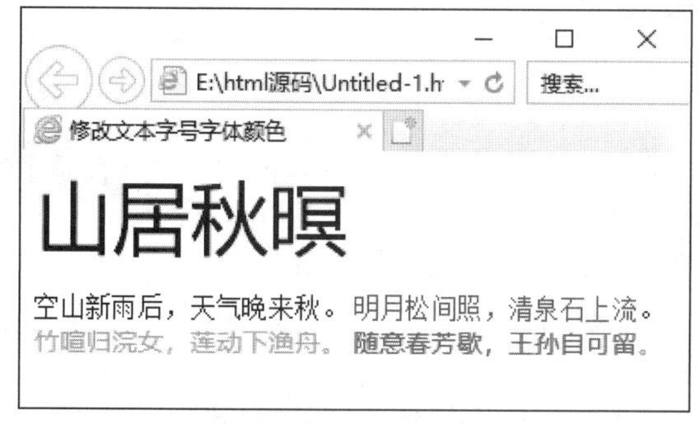

图 2.12　设置文本的字号、字体与颜色

2.3.3 文本语义

文本语义的控制是指着重对某段内容或文字进行语气上的强调，常用的方式是为文本添加加粗、斜体、下划线、高亮等样式。设置这些样式需要使用格式化标签，如表 2.4 所示。

表 2.4 格式化标签

标签	描述
<b></b>和<strong></strong>	文本加粗
<i></i>和<em></em>	文本以斜体显示
<s></s>和<del></del>	为文本添加删除线
<u></u>和<ins></ins>	为文本添加下划线
<mark></mark>	文本高亮
<cite></cite>	将引用的文本以斜体显示

【示例 2-7】使用格式化标签修改文本样式。

```
<!DOCTYPE html >
<html xmlns="http://www.w3.org/1999/xhtml">
<head>
<meta http-equiv="Content-Type" content="text/html; charset=utf-8" />
<title>文本格式化标签</title>
</head>
<body>
<font size="36px" face="Verdana, Geneva, sans-serif"><b>山居秋暝</b></font><br />
<br />
<font size="2px"><i>作者：王维</i></font><br />
<br />
<font face="Georgia, Times New Roman, Times, serif">空山新雨后，天气晚来秋。</font>
<font face="Courier New, Courier, monospace">明月<mark>松</mark></font>间照，清泉石上流。
</font><br />
<font face="Arial, Helvetica, sans-serif"><u><mark>竹</mark>喧归浣女，<mark>莲</mark>动下渔
舟。</u></font>
<font face="Tahoma, Geneva, sans-serif"><s>随意春芳歇，王孙自可留。</s></font><br />
<p><cite>唐诗 300 首</cite></p>
</body>
</html>
```

效果如图 2.13 所示。从图 2.13 可以看出，古诗的标题为加粗样式，作者信息为斜体，描写植物的文本采用了高亮显示；第 3 句古诗添加了下划线，第 4 句古诗添加了删除线；在最后一行使用斜体表示该古诗引自《唐诗 300 首》。

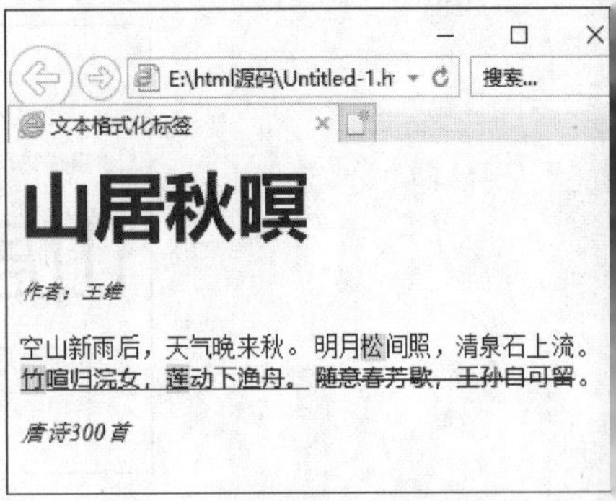

图 2.13 格式化标签修改文本样式

2.3.4 特殊字符

特殊字符包括常用的数学符号、单位符号、制表符等。在网页开发过程中，如果将特殊字符插入两个标签之间，就会被浏览器解析为普通文本进行处理，特殊字符会失去其本身的含义。例如，在<p>标签之间的文本中输入空格，在网页展示时，空格是不会显示的。

因此，HTML 提供了对应的符号用于替代常用的特殊字符，如表 2.5 所示。

表 2.5　　特殊字符

特殊字符	描述	字符的代码
	空格符	
<	小于号	<
>	大于号	>
&	且运算	&
¥	人民币	¥
©	版权	©
®	注册商标	®
°	摄氏度	°
±	正负号	±
×	乘号	×
÷	除号	÷
^{2}	平方运算	²
^{3}	立方运算	³

【示例 2-8】使用特殊字符展示对应的符号。

```
<!DOCTYPE html >
<html xmlns="http://www.w3.org/1999/xhtml">
<head>
<meta http-equiv="Content-Type" content="text/html; charset=utf-8" />
<title>特殊字符</title>
</head>
<body>
<h1>    山居秋暝</h1>
<p>                    空山新雨后，天气晚来秋。</p>
<p>     明月松间照，清泉石上流。</p>
<p>     竹喧归浣女，莲动下渔舟。</p>
<p>     随意春芳歇，王孙自可留。</p>

&copy;XXX 公司          &reg;小机灵古诗
</body>
</html>
```

效果如图 2.14 所示。从图 2.14 可以看到，在第一句古诗的<p>标签之间直接输入的空格在网页中不会显示。而在古诗的后三句中使用符号 指代空格符，可以使古诗的左侧添加空格。在网页的倒数第二行使用符号©表示版权符号©，使用符号®表示注册商标符号®。

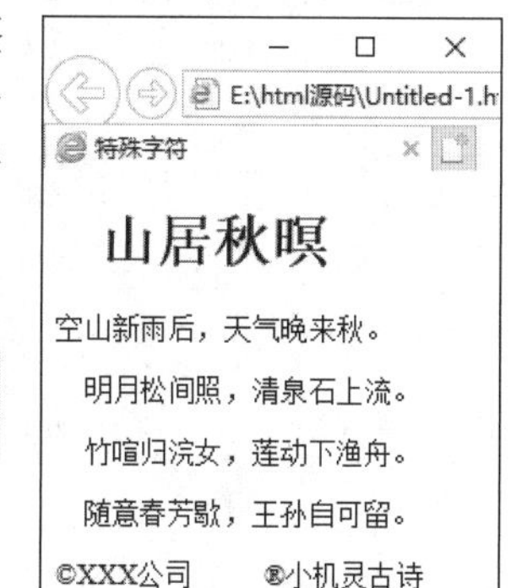

图 2.14　特殊字符的使用

2.4 使用链接

使用链接可以将无数个独立的网页关联起来形成一个完整的网站。例如，网站的首页通常包含多个链接，每个链接会关联不同的网页。通过这些链接，用户可以快速跳转到对应的页面，对自己感兴趣的内容进行访问。本节将讲解链接的相关内容。

2.4.1 什么是链接

扫码看微课

链接与链接标签

链接也称为超链接，是指从一个网页指向一个目标的连接关系，所指向的目标可以是另一个网页，也可以是当前网页上的特定位置，还可以是图片、电子邮件地址、文件，甚至应用程序。

在网站设计中，通过超链接可以将多个网页或者一个网页中的不同位置进行关联，就像为网站定制多条高速公路，让用户对网站的内容进行高效访问。

2.4.2 链接标签

在 HTML 页面中，实现超链接需要用到<a>标签。该标签用于定义超链接，实现从一个页面链接到另一个页面。

1. <a>标签的属性

<a>标签拥有多个属性，最常用的属性为 href，该属性用于指定目标链接。<a>标签的常用属性如表 2.6 所示。

表 2.6 <a>标签的常用属性

属性	值	描述
charset	char_encoding	HTML 5不支持，规定被链接文档的字符集
coords	coordinates	HTML 5不支持，规定链接的坐标
download	filename	规定被下载的超链接目标
href	URL	规定链接指向的页面的URL
hreflang	language_code	规定被链接文档的语言
media	media_query	规定被链接文档是为何种媒介/设备优化的
name	section_name	HTML 5不支持，规定锚的名称
rel	text	规定当前文档与被链接文档之间的关系
rev	text	HTML 5不支持，规定被链接文档与当前文档之间的关系
shape	default、rect、circle、poly	HTML 5不支持，规定链接的形状
target	_blank、_parent、_self、_top	规定在何处打开链接文档。其中，_blank属性表示在新窗口中打开，其他3个属性与iframe配合使用
type	MIME type	规定被链接文档的MIME类型

【示例 2-9】使用<a>标签实现超链接到古诗鉴赏的网站。

首页的代码如下。

```
<!DOCTYPE html >
<html xmlns="http://www.w3.org/1999/xhtml">
<head>
<meta http-equiv="Content-Type" content="text/html; charset=utf-8" />
<title>古诗鉴赏</title>
</head>
<body>
<h3>古诗鉴赏</h3>
<ul>
  <li><a href="青玉案元夕.html" target="_blank">青玉案·元夕</a></li>
  <li><a href="永遇乐京口北固亭怀古.html" target="_blank">永遇乐·京口北固亭怀古</a></li>
</ul>
</body>
</html>
```

第1个子网页的代码如下。

```
<!DOCTYPE html>
<html xmlns="http://www.w3.org/1999/xhtml">
<head>
<meta http-equiv="Content-Type" content="text/html; charset=utf-8" />
<title>青玉案・元夕</title>
</head>
<body>
<a href="古诗鉴赏.html">古诗鉴赏</a>
<h1>青玉案・元夕</h1>
<p>东风夜放花千树，更吹落、星如雨。宝马雕车香满路。</p>
<p>凤箫声动，玉壶光转，一夜鱼龙舞。蛾儿雪柳黄金缕，笑语盈盈暗香去。</p>
<p>众里寻他千百度，蓦然回首，那人却在，灯火阑珊处。</p>
</body>
</html>
```

第2个子网页的代码如下。

```
<!DOCTYPE html>
<html xmlns="http://www.w3.org/1999/xhtml">
<head>
<meta http-equiv="Content-Type" content="text/html; charset=utf-8" />
<title>永遇乐京口北固亭怀古</title>
</head>
<body>
<a href="古诗鉴赏.html">古诗鉴赏</a>
<h1>永遇乐・京口北固亭怀古</h1>
<p>千古江山，英雄无觅孙仲谋处。舞榭歌台，风流总被雨打风吹去。</p>
<p>斜阳草树，寻常巷陌，人道寄奴曾住。想当年，金戈铁马，气吞万里如虎。</p>
<p>元嘉草草，封狼居胥，赢得仓皇北顾。四十三年，望中犹记，烽火扬州路。</p>
<p>可堪回首，佛狸祠下，一片神鸦社鼓。凭谁问，廉颇老矣，尚能饭否？</p>
</body>
</html>
```

首页效果如图2.15所示。

单击首页中的“青玉案・元夕”链接后，跳转到对应页面（第1个子网页），效果如图2.16所示。单击该网页中的“古诗鉴赏”链接后，跳转回首页。

图2.15 首页

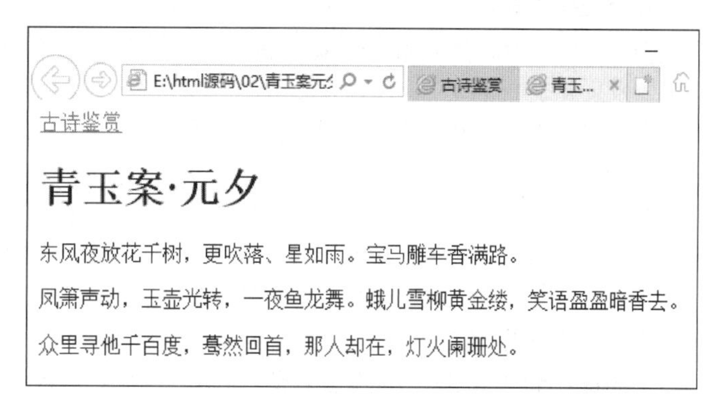

图2.16 第1个子网页

单击首页中的“永遇乐・京口北固亭怀古”链接后，跳转到对应页面（第2个子网页），效果如图2.17所示。单击该网页中的“古诗鉴赏”链接后，又跳转回首页。

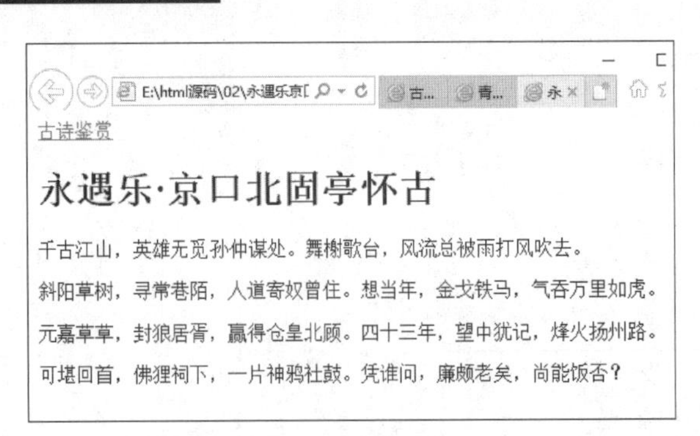

图 2.17 第 2 个子网页

2. <a>标签的默认外观

用户在浏览网页时常常会出现多个链接。为了方便用户区分是否单击过某个链接，浏览器为<a>标签链接设置了 3 种不同状态的默认外观，具体如下。

- 未访问的链接：默认为带下划线的蓝色。
- 访问过的链接：默认为带下划线的紫色。
- 选中的活动链接：默认为带下划线的红色。

在网页中，3 种状态的链接颜色如图 2.18 所示。从图 2.18 可以看出，链接“青玉案·元夕”访问过，显示为带下划线的紫色；链接“西江月·夜行黄沙道中”未访问过，显示为带下划线的蓝色；链接“永遇乐·京口北固亭怀古”在选中状态时显示为带下划线的红色。

古诗鉴赏

- 青玉案·元夕
- 西江月·夜行黄沙道中
- 永遇乐·京口北固亭怀古

图 2.18 <a>标签的默认外观

如果设计者认为<a>标签的默认外观无法满足设计需求，则可以通过“伪类”对链接的样式进行自定义，具体方式可以参考 CSS 选择器中的内容。

2.4.3 锚点链接

锚点链接是一种特殊的链接，常用于内容繁琐的网页，便于用户查看网页内容。单击命名的锚点链接，不仅可以指向其他网页中的指定位置，还能指向当前页面中的指定位置。实现锚点链接跳转有两种方式：第一种是使用<a>标签的 name 属性和 href 属性，第二种是使用<a>标签的 id 属性。

1. name 属性

<a>标签的 href 属性和 name 属性配合使用可以实现锚点链接跳转的效果。锚点跳转的实现原理就像发射炮弹一样，需要使用第 1 个<a>标签的 href 属性作为“大炮”，第 2 个<a>标签的 name 属性作为“标靶”，单击“大炮”之后，网页焦点就跳转到“标靶”所在位置。

注意

网页焦点是指网页中当前操作对象所在的位置，如果网页显示光标，就是光标的位置。

锚点跳转包括页面内跳转和页面外跳转两种。

（1）页面内跳转

页面内跳转即将网页内的焦点从一个位置跳转到另外一个位置，其语法形式如下。

```
<a href="#名称">起始位置</a>
<a name="名称">终点位置</a>
```

其中，第 1 个<a>标签的 href 属性值必须在名称前添加井号（#），其位置就是锚点跳转的起始位置，也就是网页焦点跳转的起始位置。

第 2 个<a>标签的 name 属性值要与 href 属性的名称相同，但是不包括井号，其位置为锚点跳转的终点位置，也就是网页焦点跳转的终点位置。

单击带有href属性的<a>标签后，网页焦点会直接跳转到对应带有name属性的<a>标签所在位置。

【示例2-10】实现单击古诗标题，网页焦点跳转到对应的古诗正文位置。

古诗标题页面的代码如下。

```
<!DOCTYPE html>
<html xmlns="http://www.w3.org/1999/xhtml">
<head>
<meta http-equiv="Content-Type" content="text/html; charset=utf-8" />
<title>name属性实现页面内跳转</title>
</head>
<body>
<h2><a href="#cx">春晓</a></h2>
<h2><a href="#xg">行宫</a></h2>
<h2><a href="#dgql">登鹳雀楼</a></h2>
<h2><a href="#xnjc">新嫁娘词</a></h2>
<h2><a href="#cl">鹿柴</a></h2>
<hr />
<h2><a name="cx">春晓</a></h2>
<p>孟浩然〔唐代〕<br />春眠不觉晓，处处闻啼鸟。<br />夜来风雨声，花落知多少。</p>
<h2><a name="xg">行宫</a></h2>
<p>元稹〔唐代〕<br />寥落古行宫，宫花寂寞红。<br />白头宫女在，闲坐说玄宗。</p>
<h2><a name="dgql">登鹳雀楼</a></h2>
<p>王之涣〔唐代〕<br />白日依山尽，黄河入海流。<br />欲穷千里目，更上一层楼。</p>
<h2><a name="xnjc">新嫁娘</a>词</h2>
<p>王建〔唐代〕<br />三日入厨下，洗手作羹汤。<br />未谙姑食性，先遣小姑尝。</p>
<h2><a name="cl">鹿柴</a></h2>
<p>王维〔唐代〕<br />空山不见人，但闻人语响。<br />返景入深林，复照青苔上。</p>
</body>
</html>
```

效果如图2.19所示。从图2.19可以看出，由于古诗内容过多，在网页中只能看到古诗的标题列表。

在代码中可以看到，每个古诗标题所在的<a>标签的href属性值与古诗正文中标题所在的<a>标签的name属性值一一对应。所以单击“登鹳雀楼”这个<a>标签后，网页焦点会自动跳转到该古诗的正文部分，如图2.20所示。

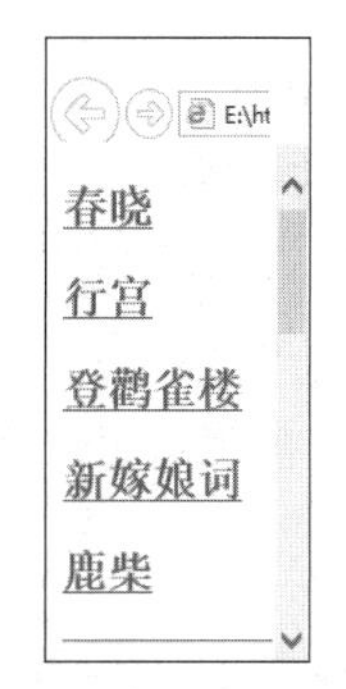

图2.19 古诗的标题列表

图2.20 网页焦点跳转到古诗正文

（2）页面外跳转

页面外跳转即通过锚点从一个网页跳转到另外一个网页中的特定位置，其语法形式如下。

```
<a href="链接地址#名称">起始位置</a>
<a name="名称">终点位置</a>
```

其中，第 1 个<a>标签的 href 属性值包括链接地址、井号（#）和名称 3 部分。其所在的<a>标签是锚点的起始位置。

第 2 个<a>标签的 name 属性值要与 href 属性的名称相同，但是不包括链接地址和井号。其所在的<a>标签是锚点的终点位置。

单击带有 href 属性的<a>标签后，会打开 href 属性值的链接指向的网页，并且会将焦点定位在 name 属性值所在的<a>标签的位置。

【示例 2-11】实现在第 1 个页面单击古诗标题，焦点跳转到第 2 个页面指定古诗的正文位置。

古诗标题页面的代码如下。

```
<!DOCTYPE html>
<html xmlns="http://www.w3.org/1999/xhtml">
<head>
<meta http-equiv="Content-Type" content="text/html; charset=utf-8" />
<title>页面外跳转</title>
</head>
<body>
<h2><a href="页面外2.html#dgql" target="_blank">登鹳雀楼</a></h2>
</body>
</html>
```

效果如图 2.21 所示。

图 2.21　第 1 个页面

古诗正文页面代码如下。

```
<!DOCTYPE html>
<html xmlns="http://www.w3.org/1999/xhtml">
<head>
<meta http-equiv="Content-Type" content="text/html; charset=utf-8" />
<title>页面外2</title>
</head>
<body>
<h2><a name="cx">春晓</a></h2>
<p>孟浩然〔唐代〕<br />春眠不觉晓，处处闻啼鸟。<br />夜来风雨声，花落知多少。</p>
<h2><a name="xg">行宫</a></h2>
<p>元稹〔唐代〕<br />寥落古行宫，宫花寂寞红。<br />白头宫女在，闲坐说玄宗。</p>
<h2><a name="dgql">登鹳雀楼</a></h2>
<p>王之涣〔唐代〕<br />白日依山尽，黄河入海流。<br />欲穷千里目，更上一层楼。</p>
<h2><a name="xnjc">新嫁娘</a>词</h2>
<p>王建〔唐代〕<br />三日入厨下，洗手作羹汤。<br />未谙姑食性，先遣小姑尝。</p>
<h2><a name="cl">鹿柴</a></h2>
<p>王维〔唐代〕<br />空山不见人，但闻人语响。<br />返景入深林，复照青苔上。</p>
</body>
</html>
```

效果如图 2.22 所示。

单击第 1 个页面中的古诗标题“登鹳雀楼”时，打开第 2 个页面并将焦点定位在《登鹳雀楼》这首古诗上，如图 2.23 所示。

2. id 属性

从 HTML 5 开始，通过<a>标签的 id 属性也可以设置锚点，这是对 name 属性的一个升级。通过 id 属性设置锚点只需要设置一个<a>标签为起始位置，当用户点击链接后，就能跳转到终点位置。终点位置可以是任何带有 id 属性的其他标签。这样在使用锚点时，应用范围更广，使用更加灵活。通过 id 属性实现锚点跳转也包含页面内跳转和页面外跳转两种。

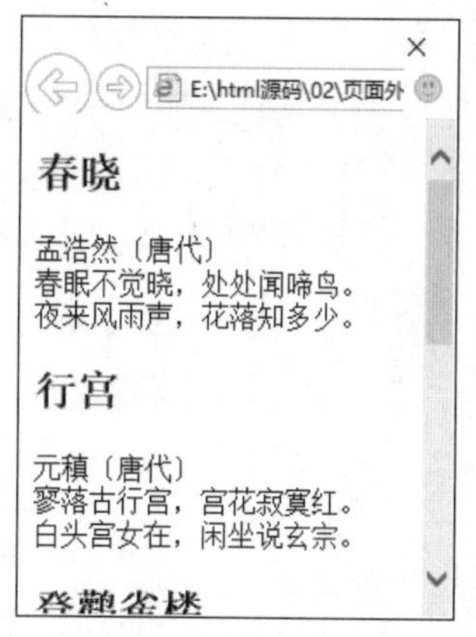

图 2.22 第 2 个页面

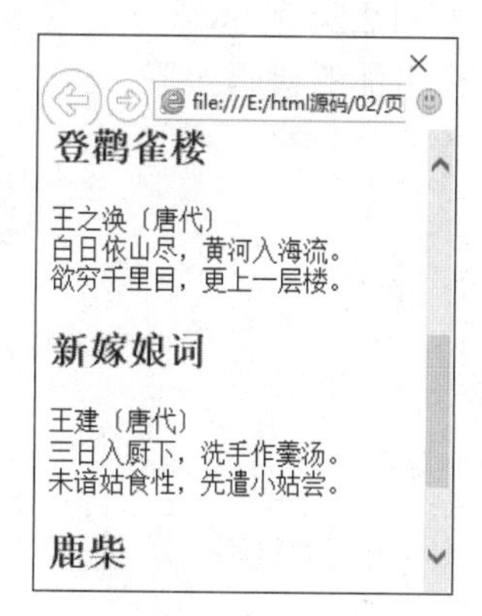

图 2.23 页面外跳转

（1）页面内跳转

页面内跳转是指以<a>标签为跳转的起始位置，然后通过 href 属性值跳转到拥有相同 id 属性值的标签所在位置，其语法形式如下。

```
<a href="#名称">起始位置</a>
<标签名 id="名称">终点位置</标签名>
```

其中，标签名是指任何带有 id 属性的标签。<a>标签的 href 属性值中的名称要与终点位置标签的 id 属性值相同。

（2）页面外跳转

页面外跳转是指以<a>标签为跳转的起始位置，然后通过 href 属性值中的链接跳转到对应页面的对应标签所在位置，其语法形式如下。

```
<a href="链接地址#名称">起始位置</a>
<标签名 id="名称">终点位置</标签名>
```

其中，标签名是指任何带有 id 属性的标签。<a>标签的 href 属性值中的名称要与终点位置标签的 id 属性值相同。

【示例 2-12】使用 id 属性实现锚点的页面内跳转与页面外跳转。

第 1 个页面的代码如下。

```
<!DOCTYPE html>
<html xmlns="http://www.w3.org/1999/xhtml">
<head>
<meta http-equiv="Content-Type" content="text/html; charset=utf-8" />
<title>id 锚点跳转</title>
</head>
<body>
<h1>蜀道难</h1>
<h5>【作者】李白 【朝代】唐</h5>
<h2><a href="#p1">第一段</a></h2>
<h2><a href="页面外 2.html#p2" target="_blank">第二段</a></h2>
<h2><a href="#p3">第三段</a></h2>
<p id="p1">噫吁嚱，危乎高哉！蜀道之难，难于上青天！蚕丛及鱼凫，开国何茫然！尔来四万八千岁，不与秦塞通人烟。西当太白有鸟道，可以横绝峨眉巅。地崩山摧壮士死，然后天梯石栈相钩连。上有六龙回日之高标，下有冲波逆折之回川。黄鹤之飞尚不得过，猿猱欲度愁攀援。青泥何盘盘，百步九折萦岩峦。扪参历井仰胁息，以手抚膺坐长叹。</p>
<p id="p3">剑阁峥嵘而崔嵬，一夫当关，万夫莫开。所守或匪亲，化为狼与豺。朝避猛虎，夕避长蛇；磨牙吮血，杀人如麻。锦城虽云乐，不如早还家。蜀道之难，难于上青天，侧身西望长咨嗟！</p>
</body>
</html>
```

效果如图 2.24 所示。

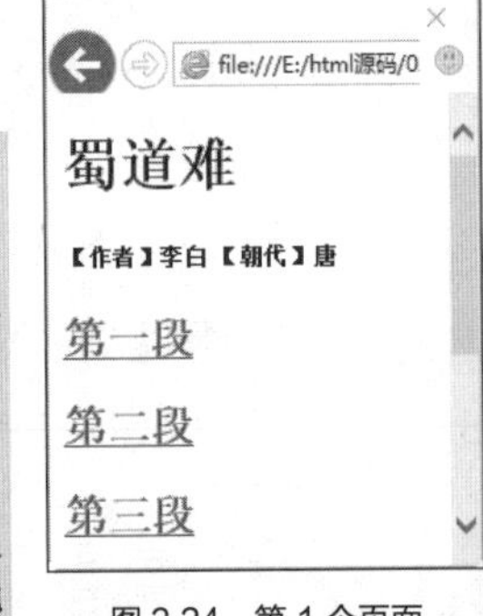

图 2.24　第 1 个页面

第 2 个页面的代码如下。

```
<!DOCTYPE html>
<html xmlns="http://www.w3.org/1999/xhtml">
<head>
<meta http-equiv="Content-Type" content="text/html; charset=utf-8" />
<title>页面外 2</title>
</head>
<body>
<p id="p2">问君西游何时还？畏途巉岩不可攀。但见悲鸟号古木，雄飞雌从绕林间。又闻子规啼夜月，愁空山。蜀道之难，难于上青天，使人听此凋朱颜！连峰去天盈尺，枯松倒挂倚绝壁。飞湍瀑流争喧豗，砯崖转石万壑雷。其险也如此，嗟尔远道之人胡为乎来哉！</p>
</body>
</html>
```

效果如图 2.25 所示。

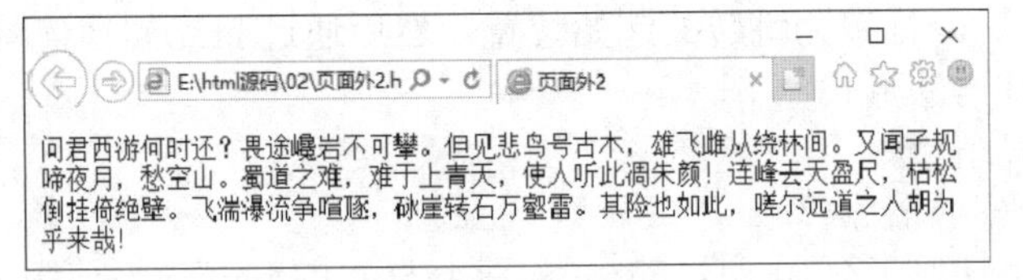

图 2.25　第 2 个页面

在第 1 个页面单击“第一段”实现页面内跳转，效果如图 2.26 所示。单击“第二段”实现页面外跳转，效果如图 2.27 所示。

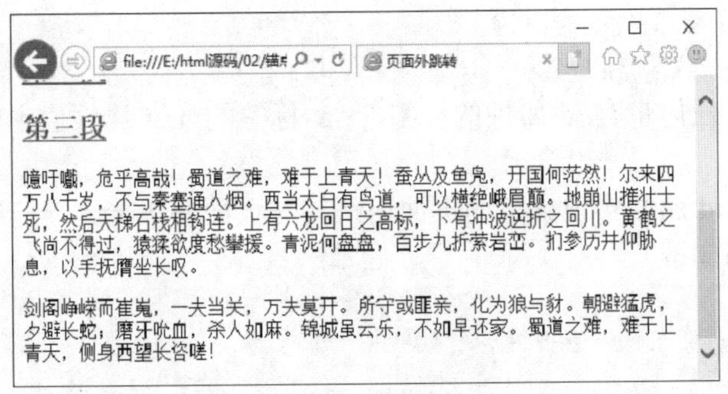

图 2.26　页面内跳转

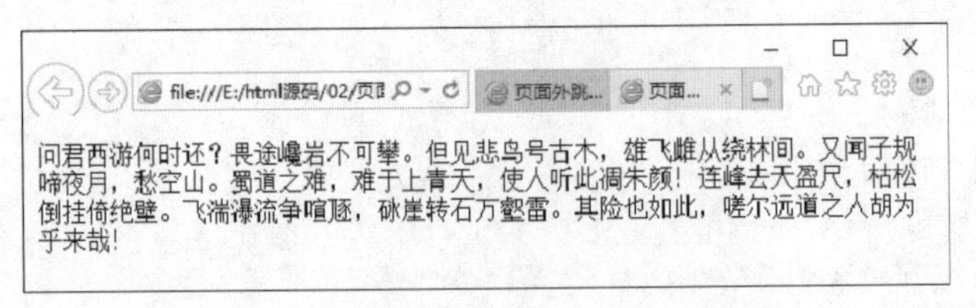

图 2.27　页面外跳转

2.5 使用多媒体

网页中不但有文字内容，还会巧妙地穿插一些图片、音频和视频，使网页的内容更加丰富多彩。例如，在购物网站中不仅用大量的图片和文字来介绍和展示商品，还会插入视频和音频，便捷地展示商品的用法或性能。

2.5.1 使用图片

在网页中添加图片可使网页文字的内容更加直观。接下来从图片的格式、图片的标签以及路径 3 个方面来讲解如何使用图片。

1. 图片的格式

在网页中常见的图片格式包含 GIF、PNG 和 JPG 3 种，这 3 种图片格式的优缺点如下。

- GIF 格式的图片支持动画，还支持透明（全透明或全不透明），十分适合在互联网上使用。GIF 格式是一种无损的图片格式，修改图片之后，图片质量几乎没有损失，常常用于 Logo、小图标及其他色彩相对单一的图片。
- PNG 格式的图片包括 PNG-8 和真色彩 PNG。PNG 格式最大的优势是文件小，支持 Alpha 透明，并且颜色过渡平滑，但不支持动画。
- JPG 格式的图片能保存超过 256 种颜色，JPG 格式是一种有损压缩的图片格式，在每次修改图片后都可能造成一些图像数据丢失，所以，类似照片的图片考虑使用 JPG 格式。

WebP 格式是一种新的图片格式。与 PNG、JPG 格式相比，WebP 格式的图片文件缩小了大约 30%，WebP 格式还支持有损压缩、无损压缩、透明和动画，理论上完全可以替代 PNG、JPG、GIF 等图片格式，但是目前 WebP 格式还没有得到全面的支持。所以，在网页展示中通常推荐使用 PNG 格式和 GIF 格式的图片。

2. 图片的标签

在网页中显示一张图片需要用到 HTML 的<img />标签。该标签为单标签，它在使用时有两个必要的属性如表 2.7 所示。

表 2.7 <img />标签的必要属性

属性	值	描述
alt	文本	规定图片的替代文本，图片加载失败或搜索引擎收录时使用
src	链接	规定显示图片的URL

另外，<img />标签还有多个用于控制图片位置和样式的属性，如表 2.8 所示。

表 2.8 <img />标签的控制图片位置和样式的属性

属性	值	描述
title	文本	鼠标指针悬停时显示的内容
width	像素	设置图片的宽度
height	像素	设置图片的高度
border	数字	设置图片边框的宽度
vspace	像素	设置图片顶部和底部的空白（垂直边距）
hspace	像素	设置图片左侧和右侧的空白（水平边距）
align	left	将图片对齐到左边
	right	将图片对齐到右边
	top	将图片的顶端和文本的第一行文字对齐，其他文字位于图片下方
	middle	将图片的水平中线和文本的第一行文字对齐，其他文字位于图片下方

【示例 2-13】实现一个图文混排的网页。

```
<!DOCTYPE html>
<html xmlns="http://www.w3.org/1999/xhtml">
<head>
<meta http-equiv="Content-Type" content="text/html; charset=utf-8" />
<title>图片显示</title>
</head>

<body>
<h1 align="center">插入带边框的图像</h1>
<p align="center"><img src="image/猫.png" alt="一只猫" title="一只蓝猫" width="300px" height=
"200px" border=2px; /></p>
<p align="center">图像左对齐和右对齐<img src ="image/猫.png" align="left" width="150px"
height="100px" ><img src ="image/猫.png" align="right" width="150px" height="100px" ></p>
<br /><br /><br />
<p>文本与<img src ="image/狗.png" align="bottom" width="150px"> 图像下方对齐</p>

<p align="center"><img src="ie/猫.png" alt="图片加载失败显示文本：一只猫"/></p>
</body>
</html>
```

效果如图 2.28 所示。从图 2.28 可以看出，在网页中不但可以插入图片，还可以使用属性对图片的对齐方式和边框进行设置。当鼠标指针悬停在第一张图片上时，会显示 title 属性的文本内容“一只蓝猫”；当图片加载失败时，会显示 alt 属性指定的文本内容“一只猫”。

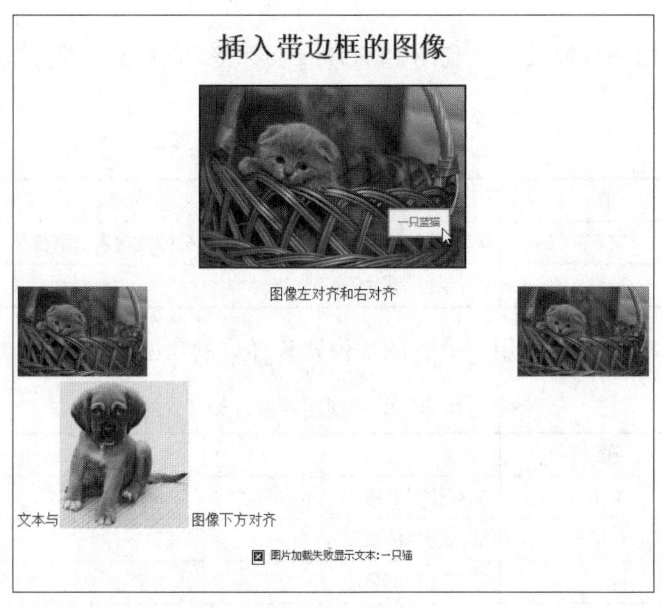

图 2.28　插入图片

3. 路径

路径是指文件的存储路径。路径可以简单理解为找到对应文件所要经过的所有目录。在本地磁盘中，目录就是各个文件夹的嵌套路径。在网络中，路径是指资源文件在网络中的唯一位置，被称为 URL。路径一般可以分为相对路径和绝对路径两种。

（1）相对路径

相对路径会受到 HTML 文件存放位置的影响。相对路径是以 HTML 文件所在的目录为起点开始寻找指定文件，在寻找过程中经过的路径就是该文件的相对路径。一般相对路径可以分为以下几种情况。

① 图像文件和 HTML 文件在同一文件夹（路径）中，只需输入图像文件的名称即可，代码如下。

```
<img src="Logo.gif" />
```

② 图像文件在 HTML 文件的下级文件（路径）中，输入文件夹名和文件名，之间用“/”隔开，代码如下。

```
<img src="img/p1.png" />
```

如果图像文件位于下两级，则需要使用“文件名/文件名/”，代码如下。

```
<img src="html/img/p1.png" />。
```

③ 图像文件在 HTML 文件的上级文件（路径）中，在文件名之前加入“../ ”。代码如下。

```
 <img src="../p2.png" />
```

如果文件位于上两级，则需要使用 “../ ../ ”，以此类推，代码如下。

```
<img src="../../p2.png" />
```

（2）绝对路径

绝对路径是指完整的路径。绝对路径不受 HTML 文件存放位置的约束。图像文件如果为本地文件，它的地址就是带盘符的完整路径，如“D:\image\01.png”。图像文件如果是网络文件，它的地址就是一个完整的网络地址，如“http://xxx.com/ pic/16/10/29/21f.jpg”。

【示例 2-14】将不同路径的图片插入网页中。

```
<!DOCTYPE html>
<html xmlns="http://www.w3.org/1999/xhtml">
<head>
<meta http-equiv="Content-Type" content="text/html; charset=utf-8" />
<title>路径</title>
</head>

<body>
<p>网络绝对地址图片
<img src="https://images.pexels.com/photos/5237645/pexels-photo-5237645.jpeg" width=
"100px"/>
本地绝对地址图片
<img src="E:\共享\img\狗.png" width="100px"/></p>
<p>下一层相对地址图片
<img src="image/猫.png" width="100px"/>
上一层相对地址图片
<img src="../猴子.png" width="100px"/></p>
</body>
</html>
```

效果如图 2.29 所示。从图 2.29 可以看出，无论插入什么路径的图片都可以正常显示。

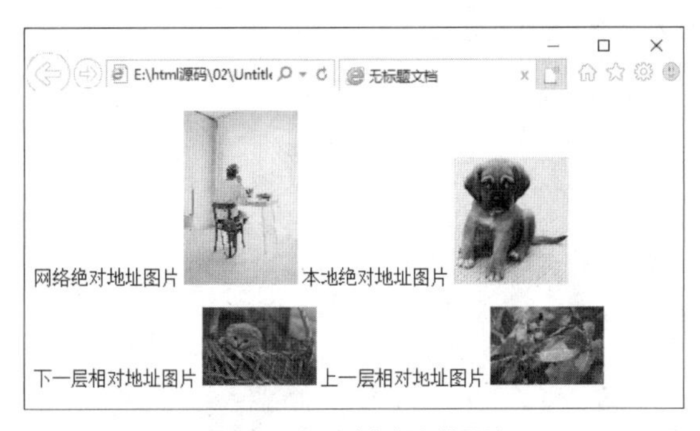

图 2.29　不同路径插入的图片

注意

图片路径一定要完全正确，否则会加载失败。如果图片路径为网络路径，那么图片加载时要求本地计算机有网络，并且在加载时，图片加载速度会受到网速的影响。

扫码看微课

使用视频和音频

2.5.2 使用视频和音频

视频网站和音乐网站存有大量的视频、音频文件，用户通过这些网站可以很轻松地选择自己喜欢的视频和音频。HTML 5 引入了<video>和<audio>标签用来在页面中嵌入视频和音频文件。目前支持这两个标签的浏览器版本如表 2.9 所示。

表 2.9　支持视频、音频的浏览器版本

浏览器	支持版本
IE	9.0及以上版本
Frefox	3.5及以上版本
Opear	10.5及以上版本
Chrome	3.0及以上版本
Safari	3.2及以上版本

HTML 5 支持的视频格式包括 Ogg、MP4 和 WebM 3 种，支持的音频格式包括 Ogg、MP3 和 Wav 3 种。在网页中使用<video>和<audio>标签时要注意视频和音频文件的格式。

1. 插入视频文件

在 HTML5 中，<video>标签的语法形式如下。

```
<video src="视频文件路径" controls="controls"></video>
```

其中，src 属性用于指定视频文件的路径，路径可以是本地路径，也可以是网络路径。controls 属性用于控制是否向用户显示播放控件，如是否显示播放按钮。除了这两个必要属性，<video>标签还有其他几个常用属性如表 2.10 所示。

表 2.10　<video>标签的其他常用属性

属性	值	描述
autoplay	autoplay	设置该值表示视频在就绪后马上播放
height	像素（px）	设置视频播放器的高度
loop	loop	设置该值表示循环播放
muted	muted	设置该值表示视频的音频输出为静音
poster	URL	规定视频下载时显示的图像，或者用户单击播放按钮前显示的图像
preload	preload	设置该值，视频在页面加载时加载，并预备播放。如果使用autoplay属性，则忽略该属性
width	像素（px）	设置视频播放器的宽度

【示例 2-15】制作一个视频播放页面。

```
<!DOCTYPE html>
<html xmlns="http://www.w3.org/1999/xhtml">
<head>
<meta http-equiv="Content-Type" content="text/html; charset=utf-8" />
<title>视频播放</title>
</head>
<body>
<h1 align="center">数字大片</h1>
```

```
    <p align="center">
        <video src="video/123.mp4"  controls="controls" poster="image/狗.png" height="300px"
width="400"/>您的浏览器不支持 video 标签。</video>
    </p>
    </body>
    </html>
```

效果如图 2.30 所示。从图 2.30 可以看到，网页中成功显示了一个等待播放的视频，以及播放控件的相关按钮。视频的封面为指定的小狗图片。单击播放按钮后，视频开始播放，效果如图 2.31 所示。

图 2.30　等待播放的视频

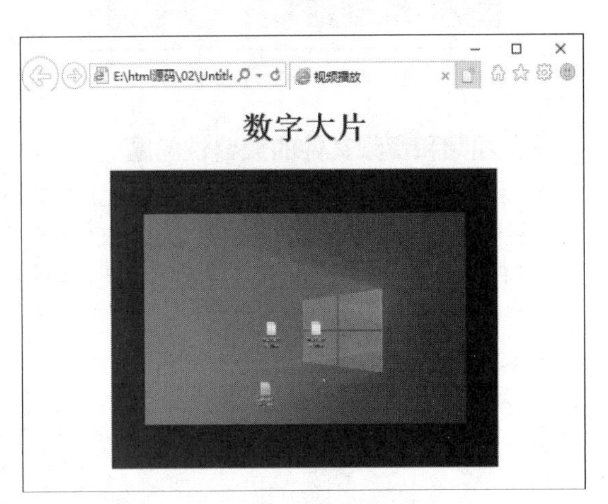

图 2.31　视频开始播放

2. 插入音频文件

在 HTML 5 中，< audio >标签的语法形式如下。

```
<audio src="音频文件路径" controls="controls"></audio>
```

其中，src 属性用于指定音频文件的路径。controls 属性用于控制是否向用户显示播放控件。<audio>标签的其他常用属性如表 2.11 所示。

表 2.11　<audio>标签的其他常用属性

属性	值	描述
autoplay	autoplay	设置该值表示音频在就绪后马上播放
loop	loop	设置该值表示循环播放
muted	muted	设置该值表示视频的音频输出为静音
preload	preload	设置该值表示音频在页面加载时进行加载，并预备播放。如果使用autoplay属性，则忽略该属性

【示例 2-16】制作一个音频播放页面。

```
<!DOCTYPE html>
<html xmlns="http://www.w3.org/1999/xhtml">
<head>
<meta http-equiv="Content-Type" content="text/html; charset=utf-8" />
<title>音频播放</title>
</head>
<body>
<h1 align="center">音乐欣赏</h1>
<p align="center">
    <audio src="video/10711.mp3"  controls="controls" >该浏览器不支持 audio 标签</audio>
</p>
```

```
</body>
</html>
```

效果如图 2.32 所示。从图 2.32 可以看出，网页中成功显示了一个等待播放的音频，以及播放控件的相关按钮。单击播放按钮后，音频开始播放，效果如图 2.33 所示。

图 2.32 等待播放的音频

图 2.33 音频开始播放

3. 视频和音频文件的兼容性问题

由于常用的浏览器种类非常多，并且每种浏览器对视频和音频文件支持的格式不同，所以开发者要注意视频和音频文件在使用时的兼容性问题。

在 HTML 5 中，<source>标签可用来解决格式兼容性问题，其实现原理就是通过多个<source>标签加载一个视频或音频的多种不同格式文件，让浏览器自行选择可以加载的文件。

<source>标签的语法形式如下。

```
<audio controls="controls">
    <source src="文件地址" type="媒体文件类型/格式">
    ……
    <source src="文件地址" type="媒体文件类型/格式">
</audio>
```

其中，文件地址是指视频或音频文件的地址。在解决兼容性问题时，将多种格式的同一视频或音频文件通过<source>标签进行多次添加，以保证任何浏览器都可以正常识别。

添加多种格式的同一视频文件来解决兼容性问题的主要代码如下。

```
<video width="300" height="400" controls="controls">
  <source src="123.mp4" type="video/mp4" />
  <source src="123.ogg" type="video/ogg" />
  <source src="123.webm" type="video/webm" />
</video>
```

2.6 表格设计

在网页中插入表格可以使网页的信息显示更加整洁、直观。本节将讲解表格的创建与边框的设置。

扫码看微课

创建表格与表格样式设置

2.6.1 创建表格

在 HTML 中创建表格需要用到<table>、<tr>和<td>这 3 个标签。在表格中可以存放具体的信息，如文本、图像、列表、表单等。创建一个表格的语法形式如下。

```
<table>
    <tr>
    <td>内容</td>
        <td>内容</td>
   </tr>
```

```
    ......
    <tr>
    <td>内容</td>
        <td>内容</td>
    </tr>
</table>
```

其中，<table>标签用于定义一个表格，<tr>标签用于定义表格中的一行，<td>标签用于定义一行中的一个单元格。这 3 个标签之间的嵌套关系不能乱，必须先定义表格，再定义行，最后定义行中的单元格。

2.6.2　设置表格样式

表格的默认样式十分简单，要把表格样式设置得美观，需要用到表格中 3 个标签的属性。

1. <table>标签的属性

<table>标签通过自带属性可以让表格的样式发生改变，从而让表格看起来更加美观，其属性如表 2.12 所示。

表 2.12　<table>标签的属性

属性	描述	常用属性
border	设置表格的边框（默认border="0"为无边框）	像素值
cellspacing	设置单元格与单元格边框的间距	像素值（默认为2像素）
cellpadding	设置单元格内容与单元格边框的间距	像素值（默认为1像素）
width	设置表格的宽度	像素值
height	设置表格的高度	像素值
align	设置表格在网页中的水平对齐方式	left、center、right
bgcolor	设置表格的背景颜色	预定义的颜色值、十六进制#RGB、rgb(r,g,b)
background	设置表格的背景图像	URL地址

2. <tr>标签的属性

<tr>标签通过自带属性可以控制行高、对齐方式等表格样式，其属性如表 2.13 所示。

表 2.13　<tr>标签的属性

属性	描述	常用属性
height	设置行高	像素值
align	设置一行内容的水平对齐方式	left、center、right
valign	设置一行内容的垂直对齐方式	top、middle、bottom
bgcolor	设置行背景颜色	预定义的颜色值、十六进制#RGB、rgb(r,g,b)
background	设置行背景图像	URL地址，不推荐使用

注：颜色值、十六进制#RGB以及rgb是多种颜色表达方式。

3. <td>标签的属性

<td>标签通过自带属性可以控制单元格的高度、宽度和对齐方式等表格样式，其属性如表 2.14 所示。

表 2.14　<td>标签的属性

属性	描述	常用属性
width	设置单元格的宽度	像素值，设置一个单元格会影响所有单元格的宽度
height	设置单元格的高度	像素值，设置一个单元格会影响所有单元格的高度

续表

属性	描述	常用属性
align	设置单元格内容的水平对齐方式	left、center、right
valign	设置单元格内容的垂直对齐方式	top、middle、bottom
bgcolor	设置单元格的背景颜色	预定义的颜色值、十六进制#RGB、rgb(r,g,b)
background	设置单元格的背景图像	URL地址
colspan	设置单元格横跨的列数（用于合并水平方向的单元格）	正整数
rowspan	设置单元格竖跨的行数（用于合并垂直方向的单元格）	正整数

4. 表格标题

每个表格都有一个专用的标题，通过标题，用户可以快速了解表格数据的作用。<caption>标签的作用就是为指定的表格设置一个标题，它位于<table>标签之后。

5. 表头单元格

表格多用于数据的管理或展示，因此表格第一行（即表头单元格）或者第一列的信息是十分重要的。我们在查询表格中的信息时，大多依靠表头单元格的数据来实现。例如，在购票系统中按照姓名查找“李小明”的座位号。

为了区分表头单元格与普通单元格，HTML 提供了<th>标签用于设置表头单元格，这样在后台处理数据时将十分方便。<th>标签一般位于表格的第一行或者第一列，其默认样式为加粗，如图 2.34 所示。

姓名	**年龄**	**性别**
姓名	内容	内容
年龄	内容	内容
性别	内容	内容

图 2.34　表头默认加粗

6. 表格结构

为了便于搜索引擎理解网页中的表格，可以将表格划分为头部、主体和页脚 3 个部分。HTML 通过 3 个标签划分这 3 个部分，具体如下。

- <thead>标签：定义表格头部。
- <tbody>标签：定义表格主体。
- <tfoot>标签：定义表格的页脚。

<thead>、<tbody>和<tfoot>标签必须全部使用，不能单独使用其中的某个标签。它们出现的顺序为<thead>、<tfoot>、<tbody>。使用结构标签可以让浏览器更好、更快地加载网页中的表格。

【示例 2-17】设计一个学生信息表。

```
<!DOCTYPE html >
<html xmlns="http://www.w3.org/1999/xhtml">
<head>
<meta http-equiv="Content-Type" content="text/html; charset=utf-8" />
<title>表格</title>
</head>
<body>
<table border="5" bgcolor="#00CCCC" cellpadding="5px" cellspacing="5px" width="500px"
align="center" >
    <thead>
        <caption>学生信息表</caption>
        <tr align="center">
            <th bgcolor="#FF0000">学号</th>
            <th bgcolor="#6600CC">姓名</th>
            <th bgcolor="#FF6600">年龄</th>
            <th bgcolor="#0099FF">性别</th>
        </tr>
    </thead>
    <tfoot>
        <tr>
```

```
            <th colspan="4">共 3 名同学</th>
        </tr>
    </tfoot>
    <tbody>
        <tr bgcolor="#999999"  align="center">
            <td>001</td>
            <td>张三</td>
            <td>18</td>
            <td>男</td>
        </tr>
        <tr align="center">
            <td>002</td>
            <td>李四</td>
            <td>19</td>
            <td>女</td>
        </tr>
        <tr bgcolor="#999999" align="center">
            <td>003</td>
            <td>王五</td>
            <td>18</td>
            <td>男</td>
        </tr>
    </tbody>
</table>
</body>
</html>
```

效果如图 2.35 所示。从图 2.35 可以看出，表格宽度为 500px，全部内容居中对齐，表头单元格的背景色各不相同，隔行设置表格主体背景色为灰色。

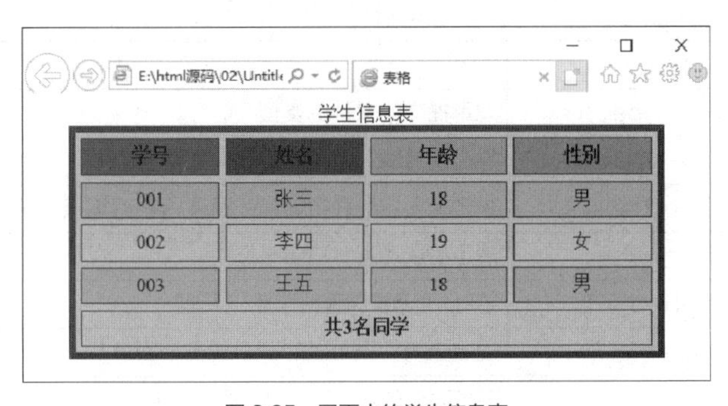

图 2.35　网页中的学生信息表

2.7　表单设计

在网页中，用户可以通过表单填入指定的信息，然后提交表单，这些信息会被发送到网站服务器后台中进一步处理。在 HTML 中只需学会在网页中布局一个合理的表单即可，本节将讲解表单的相关内容。

扫码看微课

表单创建与相关控件讲解

2.7.1　创建表单

创建表单需要用到<form>标签。<form>标签可以规定表单的范围，并告知浏览器这个标签范围内的数据属性与表单数据，只使用该标签是没有任何效果的。创建表单的语法形式如下。

```
<form 属性名="属性值">
        各种表单控件
</form>
```

在表单中需要包含其他控件才能实现表单的功能，主要为 input 控件，其他还有 textarea 控件、fieldset 控件、legend 控件和 label 控件。这些控件都有自己专属的作用，只有配合<form>标签使用，才能实现表单的功能。

<form>标签有多个属性，通过这些属性可规定表单在提交时的很多规则。<form>标签的常用属性如表 2.15 所示。

表 2.15 <form>标签的常用属性

属性	值	描述
action	URL	规定当提交表单时向何处发送表单数据
method	get、post	规定用于发送form-data的HTTP方法
name	文本	规定表单的名称，以区分一个页面中的多个表单

2.7.2 input 控件

input 控件的相应功能用<input/>标签实现，该标签为单标签，需要嵌套在<form>标签中使用。input 控件是表单最常见的控件，可以修改其 type 属性为表单添加单行文本框、单选按钮、复选框等样式。其语法形式如下。

```
<input type="控件类型"/>
```

<input>标签的常用属性如表 2.16 所示。

表 2.16 <input>标签的常用属性

属性	值	描述
accept	mime_type	规定提交的文件的类型
autocomplete	on、off	是否使用输入字段的自动完成功能
autofocus	autofocus	规定输入字段在页面加载时是否获得焦点，不适用于type="hidden"
checked	checked	规定首次加载时应当被选中
disabled	disabled	当input元素加载时禁用该元素
form	formname	规定输入字段所属的一个或多个表单
formaction	URL	覆盖表单的action属性，适用于type="submit"或"image"
formenctype	application、multipart或text	覆盖表单的enctype属性，适用于type="submit"或"image"，确定是否编码
formmethod	get、post	覆盖表单的method属性，适用于type="submit"或"image"
formnovalidate	formnovalidate	覆盖表单的novalidate属性，如果使用该属性，则提交表单时不进行验证
formtarget	_blank、_self、_parent、_top	覆盖表单的target属性，适用于type="submit"或"image"
height	像素、百分比	定义input字段的高度，适用于type="image"
list	datalist表的id值	引用包含输入字段的预定义选项的datalist
max	number	规定输入字段的最大值。与min属性配合使用来创建合法值的范围
min	number	规定输入字段的最小值。与max属性配合使用来创建合法值的范围
multiple	multiple	如果使用该属性，则允许一个以上的值
name	field_name	定义input元素的名称
pattern	regexp_pattern	规定输入字段的值的模式或格式

续表

属性	值	描述
placeholder	文本	规定帮助用户填写输入字段的提示
readonly	readonly	规定输入字段为只读
required	required	指示输入字段的值是必需的
size	number_of_char	定义输入字段的宽度
src	URL	定义以提交按钮形式显示的图像的URL
step	number	规定输入字段的合法数字间隔
value	value	规定input元素的值
width	pixels、%	定义input字段的宽度，适用于type="image"
type	text	单行文本输入框
	password	密码输入框
	radio	单选按钮
	checkbox	复选框
	button	普通按钮
	submit	提交按钮
	reset	重置按钮
	image	图像形式的提交按钮
	hidden	隐藏域
	file	文件域
	email	邮箱地址格式，验证输入的内容是否符合邮箱格式
	url	URL格式
	tel	电话号码格式，常与pattern属性配合使用来限制号码长度
	search	搜索关键词，能自动记录字符，其右侧附带删除图标，单击后可清除内容
	color	颜色设置框，用于输入RGB颜色
	number	输入数值会自动检查该输入框中的内容是否为数字
	range	提供一定范围内数值的输入范围，在网页中显示为滑动条
	date pickers	时间日期类型，可选多个日期和时间的输入类型

<input/>标签的属性非常多，其中type属性直接决定表单的样式，一定要熟练掌握。

【示例2-18】设计个人信息调查表表单。

```
<!DOCTYPE html >
<html xmlns="http://www.w3.org/1999/xhtml">
<head>
<meta http-equiv="Content-Type" content="text/html; charset=utf-8" />
<title>表单</title>
</head>
<body>
<form action="#" method="get" name="表单">
姓名：<input type="text" /><br /> <br />
密码：<input type="password"  /><br /><br />
性别：<input type="radio"/>男<input type="radio"/>女<br /><br />
喜欢的颜色：<input type="color" /><br /><br />
出生日期：<input type="date"/><br /><br />
邮箱：<input type="email"/><br /><br />
电话：<input type="tel" pattern="^\d{11}$"/><br /><br />
个人博客：<input type="url"/><br /><br />
毕业证书复印件：<input type="file"/><br /><br />
```

```
想要从事的工作：<br /><br />
<input type="checkbox"/>医生<br /><br />
<input type="checkbox"/>老师<br /><br />
<input type="checkbox"/>警察<br /><br />
<input type="submit"/>
</form>
</body>
</html>
```

效果如图 2.36 所示。从图 2.36 可以看出，不同 type 属性展示的输入框样式不同。填完表单内容后，效果如图 2.37 所示。从图 2.37 可以看出，不同输入框输入的内容格式不同。

图 2.36　个人信息表单

图 2.37　填写表单

对于 email、tel 等属性值对应的输入框，单击“提交”按钮后，如果输入的格式有错，则弹出错误提示框告知用户，如图 2.38 所示。

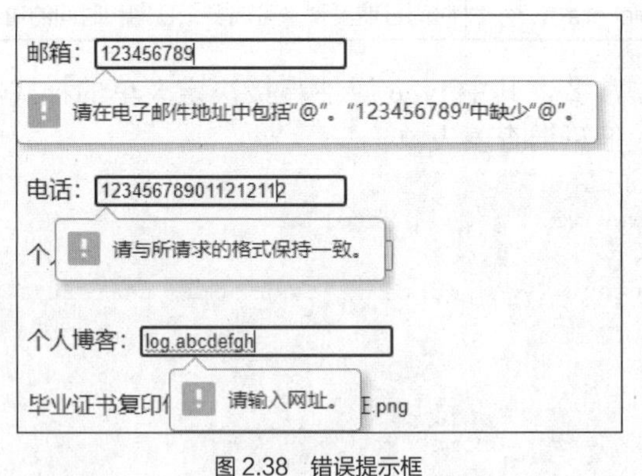

图 2.38　错误提示框

2.7.3　多行文本框

多行文本框用<textarea>标签实现，该标签为双标签，需要嵌套在<form>标签中使用。<textarea>标签可以实现多行文本输入的效果。其语法形式如下。

```
<textarea cols="每行的字符数" rows="显示的行数">
    文本内容
</textarea>
```

其中，cols 和 rows 属性为必须设置的属性。cols 属性可以定义每行的字符数，rows 属性可以定义显示的行数。

【示例 2-19】设计一个多行文本框。

```
<!DOCTYPE html >
<html xmlns="http://www.w3.org/1999/xhtml">
<head>
<meta http-equiv="Content-Type" content="text/html; charset=utf-8" />
<title>表单</title>
</head>
<body>
<form action="#" method="get" name="表单">
<textarea cols="50" rows="3">
请输入一段散文
</textarea>
</form>
</body>
</html>
```

效果如图 2.39 所示。从图 2.39 可以看到，在网页中会显示一个多行文本框，默认显示“请输入一段散文”。用户可以将这段文本内容删除，然后输入多行文本，效果如图 2.40 所示。

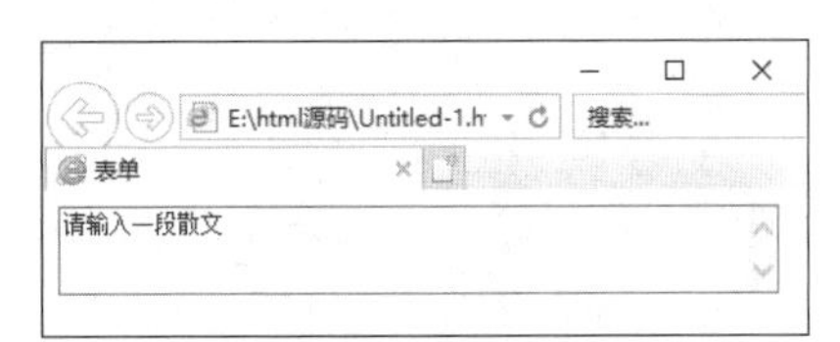

图 2.39　多行文本框

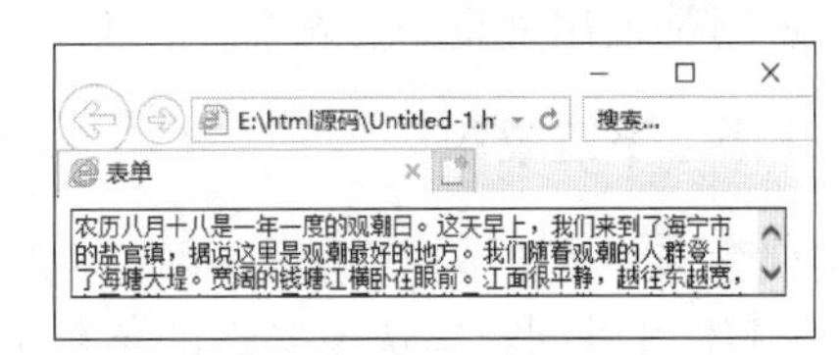

图 2.40　在多行文本框中输入多行文本

2.7.4　表单分组

在使用表单获取用户信息时，可以将表单分为多个组，每组的主题内容不同，这样便于对信息进行分类展示。例如，可以将个人的信息调查表分为基础信息、个人爱好、健康状况、兴趣爱好等多个组。

表单分组需要用到<fieldset>标签。<fieldset>标签嵌套于<form>标签内，可以将表单内容的一部分进行分组。每组表单在不同浏览器中会以不同的方式显示。

每组表单还可以使用<legend>标签命名，从而拥有独立的名称。为表单分组的完整语法如下。

```
<form>
  <fieldset>
   <legend>名称</legend>
     输入框标签
   </fieldset>
</form>
```

【示例 2-20】创建一个有多个分组的个人信息调查表单。

```
<!DOCTYPE html >
<html xmlns="http://www.w3.org/1999/xhtml">
<head>
<meta http-equiv="Content-Type" content="text/html; charset=utf-8" />
<title>表单分组</title>
</head>
<body>
<form>
  <fieldset>
    <legend>基本信息</legend>
```

```
      姓名：<input type="text" /><br /><br />
      年龄：<input type="text" />
    </fieldset><br />
    <fieldset>
    <legend>兴趣、爱好</legend>
      喜欢的体育项目：<input type="text" /><br /><br />
      喜欢的歌曲：<input type="text" /><br /><br />
      喜欢的电影：<input type="text" />
    </fieldset><br />
    <fieldset>
      <legend>健康信息</legend>
      身高：<input type="text" /><br /><br />
      体重：<input type="text" />
    </fieldset><br />
  </form>
  </body>
  </html>
```

效果如图 2.41 所示。从图 2.41 可以看出，网页中的表单被分成 3 组，每组表单都有自己专有的名称，并且每组表单之间都使用方框进行分隔。

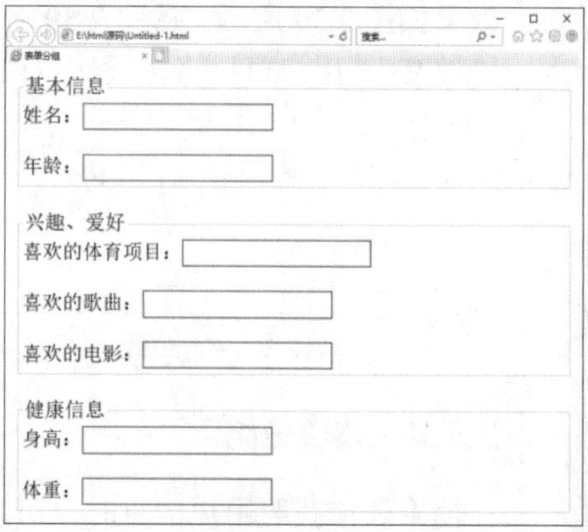

图 2.41　表单分组

2.7.5　下拉菜单

实现含多个选项的下拉菜单可以使用<select>标签。<select>标签可以创建单选或多选的菜单项。菜单的每个选项由<option>标签实现。创建一个菜单的语法形式如下。

```
  <select>
    <option>选项 1</option>
    ……
    <option>选项 n</option>
  </select>
```

其中，<select>标签的可选属性如表 2.17 所示，<option>标签的可选属性如表 2.18 所示。

表 2.17　<select>标签的可选属性

属性	值	描述
autofocus	autofocus	规定在页面加载后文本区域自动获得焦点
disabled	disabled	规定禁用该下拉列表
form	form_id	规定文本区域所属的一个或多个表单
multiple	multiple	规定可选择多个选项
name	name	规定下拉列表的名称
required	required	规定文本区域是必填的
size	number	规定下拉列表中可见选项的数目

注：下拉列表是属性说法，下拉菜单则是一种网页布局模式，注意区分。

表 2.18　<option>标签的可选属性

属性	值	描述
disabled	disabled	规定此选项应在首次加载时被禁用
label	text	定义使用<optgroup>时所使用的标注
selected	selected	规定选项表现为选中状态
value	text	定义送往服务器的选项值

【示例 2-21】创建一个包含多个选项的下拉菜单。

```
<!DOCTYPE html >
<html xmlns="http://www.w3.org/1999/xhtml">
<head>
<meta http-equiv="Content-Type" content="text/html; charset=utf-8" />
<title>下拉菜单</title>
</head>
<body>
选择月份：<select size="2">
  <option>18</option>
  <option>19</option>
  <option >20</option>
  <option selected>21</option>
</select>
选择性别：<select >
  <option>男</option>
  <option>女</option>
</select>
</body>
</html>
```

效果如图 2.42 所示。从图 2.42 中可以看出，在“选择月份”下拉菜单中，<select>标签的 size 属性设置为 2，所以显示两个选项。在显示为 21 的选项中，<option>标签添加了 selected 属性，所以在网页加载时默认选中“21”。“选择性别”下拉菜单中为默认显示样式，只显示一个选项，并且没有默认选中的选项。

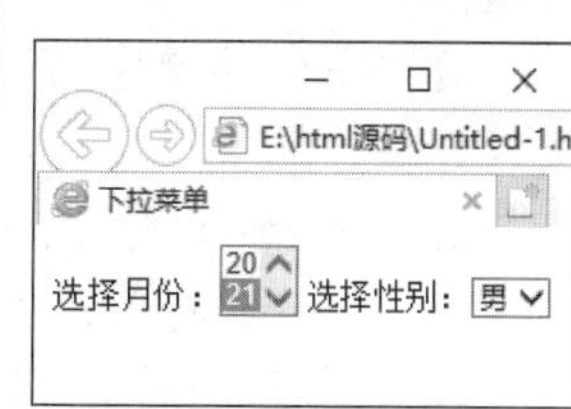

图 2.42 下拉菜单

2.8 HTML 5 新结构

2.8.1 HTML 5 概述

HTML 5 基于 HTML 4.01 相关标准进行了革新。它删除了一些旧的元素，增加一些新的元素及功能，以符合现代网络发展的需求。

扫码看微课

HTML5 概述与文档结构标签讲解

现在，HTML 5 已经成为互联网的下一代标准，是构建以及呈现互联网内容的首推方式，也被认为是互联网的核心技术之一。

HTML 5 将 Web 带入一个成熟的应用平台。在这个平台上，对视频、音频、图像以及与设备的交互都进行了规范。HTML 5 的优点如下。

- 扩展性和可移植性更强：用户可以从任意终端访问相同的程序和云端的信息。
- 功能更强：HTML 5 允许程序通过 Web 浏览器运行，并且将视频等目前需要插件和其他平台才能使用的多媒体内容也纳入其中。这使得浏览器成为一种通用的平台，用户可以通过浏览器完成所有任务。
- 不受位置和设备的限制：用户可以采用远程方式访问存储在“云”中的各种内容。
- 响应速度更快：HTML 5 技术使用了先进的本地存储技术，降低了应用程序的响应时间，给用户带来更便捷的体验。
- 兼容性好：HTML 5 对于旧版本的 HTML 有很好的兼容性。
- 简单易用：HTML5 拥有简化的字符集声明、简化的 DOCTYPE 以及浏览器原生能力。

❑ 支持的浏览器更多：最新版本的 Safari、Chrome、Firefox、Opera 浏览器，以及 Internet Explorer 9 及以上版本均支持 HTML 5，如图 2.43 所示。

图 2.43 支持 HTML 5 的浏览器

2.8.2 HTML 5 文档结构标签

HTML 5 提供了很多文档结构方面的标签，使用这些标签可以更好地表达网页的结构和语义，并且对搜索引擎更加友好，为搜索引擎抓取和收录网页内容提供了更大的便利。

HTML 5 定义了一组关于文档结构的标签，包括<header>、<nav>、<article>和<footer>等，合理使用这些标签有利于简化网页设计。这些标签的具体作用如下。

❑ <article>标签：用于描述独立、完整的内容，如一篇文章、一段评论等。在<article>标签内可以使用其他文档结构的标签实现不同的描述。

❑ <header>标签：用于定义页眉信息，可以包含多个标题标签、导航标签<nav>及其他普通标签。

❑ <hgtoup>标签：用于对网页或区段的标题进行组合，可以对<header>标签内的标题进行分组。

❑ <nav>标签：可以定义页面中的导航部分。导航部分一般可以分为顶部导航、侧边栏导航、页内导航等。

❑ <section>标签：用于对网页内容进行分块处理。

❑ <aside>标签：用于定义页面的附属信息，如引用、侧边栏、广告等。

❑ <footer>标签：用于定义脚注部分，如版权信息、授权信息等。

【示例 2-22】使用 HTML 5 新结构标签设计一个画展介绍网页。

```
<!DOCTYPE html >
<html xmlns="http://www.w3.org/1999/xhtml">
<head>
<meta http-equiv="Content-Type" content="text/html; charset=utf-8" />
<title>HTML5 结构标签</title>
</head>
<body>
<article>
<header><img  border=2px src="02/image/色彩.jpg" width="100%"  /></header>
<hr />
<nav style="background:#66C"><font size="+3" color="#FFFFFF">首页</font>  
  <font size="+2" color="#FFFFFF">展览</font></nav>
<section >
<dl>
<dt>画展</dt>
<hr />
<dd>画展是一个汉语词语，拼音 huà zhǎn，是指绘画展览，亦指绘画展览会。画展是绘画艺术家在单位或组织主办的活动中展示自己艺术成果的一种方式。在画展中将展示艺术家一段时间或终身的艺术作品，通过画展可以让艺术家与观众之间有更深层次的思想交流。</dd>
</dl>
</section>
<hr />
<section>
<b>展览时间：</b>2024-02-28<br />
<b>展览城市：</b>北京<br />
<b>展览地址：</b>成华大道<br />
</section>
<hr />
```

```
<footer>责任编辑：小明  电话：010-80xxxx88-8  邮箱:123abc@abc.cn</footer>
</article>
</body>
</html>
```

效果如图 2.44 所示。从图 2.44 可以看出，HTML 5 的文档结构标签本身是没有任何效果的，它们只是将网页进行了划分。

图 2.44　画展介绍网页

拓展知识
HTML5 其他
标签元素

2.9　实战案例解析——植树节主题电子板报

扫码看微课

植树节主题电子板报
实战讲解

设立植树节是为了保护植被，倡导人民种植树木，鼓励人民爱护树木，提醒人民重视树木。树木对于人类生存和地球的生态环境都起着非常重要的作用。本节将实现一个以植树节为主题的电子板报。

（1）将主题的文本内容添加到网页中，代码如下。

```
<p>建绿色家园树绿色理想</p>
<hr/>
<h1>植树节的起源</h1>
<p>中国古代在清明节就有插柳植树的传统，历史上最早在路旁植树是由一位叫韦孝宽的人于 1400 多年前在陕西首创的。</p>
<hr/>
<h1>树的作用</h1>
<ol>
   <li>树能调节气候，保持生态平衡。树通过光合作用，吸收二氧化碳，释放氧气，使空气清新。</li>
   <li>树能防风固沙，涵养水土，还能吸附各种粉尘。</li>
   <li>树林能减少噪声污染。</li>
   <li>以树为原材料的木材可以建造房屋、桥梁、家具、门窗等。</li>
</ol>
<hr/>
<h1>加入我们吧！成为一个绿色小战士</h1>
<form action="#" method="get" name="表单">
姓名：<input type="text" /><br /> <br />
```

```
电话：<input type="tel" pattern="^\d{11}$"/><br /><br />
<input type="submit"  value="加入我们"  />
</form>
```

效果如图 2.45 所示。从图 2.45 可以看出，在网页中使用段落、标题、列表等标签插入文本内容，并使用水平线将内容分隔为多个版块。

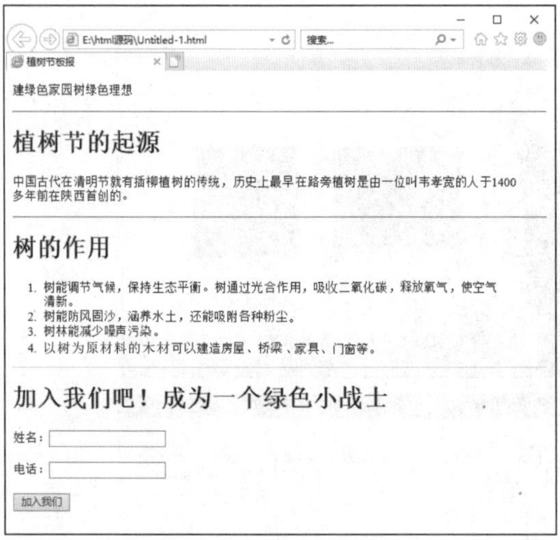

图 2.45　插入文本内容

（2）对网页内容进行美化，即对文本内容进行排版，并在合适位置插入图片，代码如下。

```
<!DOCTYPE html >
<html xmlns="http://www.w3.org/1999/xhtml">
<head>
<meta http-equiv="Content-Type" content="text/html; charset=utf-8" />
<title>植树节板报</title>
</head>
<body bgcolor="#6fbbo1">
<img src="02/image/house.jpg" width="100%" />
<p  align="center"><font  face="黑体"  size="+3"  color="#FFFFFF">建绿色家园    树绿色理想</font></p>
<img src="02/image/tree.png"/ width="200px" align="left"><p>植树节是按照法律规定宣传保护树木，并组织动员群众积极参加以植树造林为活动内容的节日。植树节按时间长短可分为植树日、植树周和植树月，统称为国际植树节。通过这种活动，激发人们爱林造林的热情，意识到环保的重要性。</p>
<p>2020 年 7 月 1 日起，施行新修订的《中华人民共和国森林法》，明确每年 3 月 12 日为植树节。</p>
<hr/>
<h1><font  color="#FFFFFF">植树节的起源</font></h1>
<p>中国古代在清明节就有插柳植树的传统，历史上最早在路旁植树是由一位叫韦孝宽的人于<u>1400 多年前在陕西首创的</u>。</p>
<hr/>
<img src="02/image/sapling.png" align="right" width="200px" />
<h1><font  color="#FFFFFF">树的作用</font></h1>
<ol>
   <li>树能调节气候，保持生态平衡。树通过光合作用，吸收二氧化碳，释放氧气，使空气清新。</li>
   <li>树能防风固沙，涵养水土，还能吸附各种粉尘。</li>
   <li>树林能减少噪声污染。</li>
   <li>以树为原材料的木材可以建造房屋、桥梁、家具、门窗等。</li>
</ol>
<hr/>
```

```
<h1><font  color="#FFFFFF">加入我们吧！成为一个绿色小战士</font></h1>
<form action="#" method="get" name="表单">
<b>姓名：</b><input type="text" /><br /> <br />
<b>电话：</b><input type="tel" pattern="^\d{11}$"/><br /><br />
<input type="submit"  value="加入我们"  />
</form>
</body>
</html>
```

效果如图 2.46 所示。从图 2.46 可以看出，在网页中插入了 3 张图片，分别位于网页顶端、左侧以及右侧，并对网页整体的背景颜色以及标题文本的颜色和字号进行了设置。

图 2.46 植树节主题电子板报

疑难解答

1．HTML 标签之间的关系是怎样的？

HTML 每个标签都可以为对应的内容添加独立的样式。标签之间的关系包括平行关系和嵌套关系两种形式。平行关系的标签之间的样式互不受影响。如果是嵌套关系，则子级标签的元素会受到父级标签样式的影响。例如，<b>标签中嵌套的<a>标签的文本内容会加粗显示。

2．使用 HTML 设计网页有哪些缺陷？

HTML 只能实现静态页面，并且 HTML 标签自带的属性效果十分有限。在设置元素属性时，还需要使用行内样式。所以，只使用 HTML 设计网页实现的网页效果十分有限，并且在编写标签样式时，代码界面十分混乱，代码可读性差，不便于后期维护。

思考与练习

一、填空题

1．HTML 的全称为 Hyper Text Markup Language，翻译过来就是________。

2．HTML 是由 Tim Berners-Lee 和同事 Daniel W. Connolly 于________年创立的一种标记语言。

3．使用 HTML 编写的文档称为________，俗称网页文档。

4．标签根据使用方式可以分为________和________两种。

5．标签还可以分为________和________。

6．块元素的标签在浏览器中会实现________。

7．内联元素在浏览器中________实现自动换行。

二、选择题

1．下列标签中，改变文本字体样式为斜体字的标签是（　　）。

A．<big>...</big>　　B．<small>...</small>

C．<u>...</u>　　D．<em>…</em>

2．下列标签中，可以使文本居中对齐的标签是（　　）。

A．<p align=left>　　B．<p align=center>

C．<p align=right>　　D．<p align=middle>

3．下列属性中，可以改变文本和图片水平方向的距离的是（　　）。

A．<img src="图片/黑白照片.jpg" hspace="30px">

B．<img src="图片/黑白照片.jpg" vspace="30px">

C．<img src="图片/黑白照片.jpg " with="30px"/>

D．<img src="图片/黑白照片.jpg " height ="30px">

4．下列标签中，可以添加图片的标签是（　　）。

A．<p>　　B．<img>　　C．<b>　　D．<h1>

三、上机实验题

1．设计一个学生信息登记表单，效果如图 2.47 所示。

2．创建一个员工工资登记表，效果如图 2.48 所示。

3．用 6 种标题样式在网页中居中显示自己的名字。

4．使用段落标签在网页中显示古诗《悯农》。

5．使用列表标签对体育运动进行展示，包括篮球、足球、跳远、跳高、跳水、跑步。

6．使用<font>标签显示你的名字为红色，字体为楷体，字号为 20px。

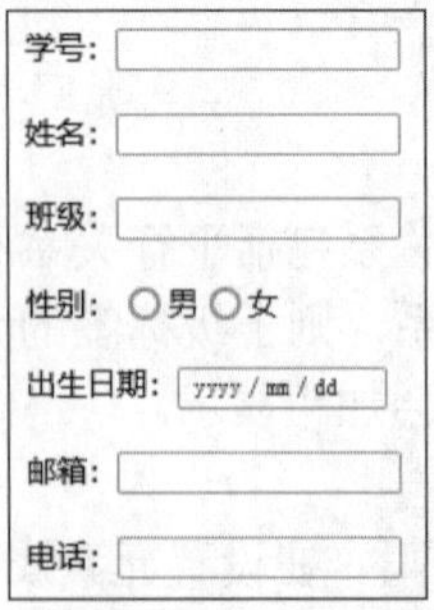

学号：
姓名：
班级：
性别：○男 ○女
出生日期：yyyy / mm / dd
邮箱：
电话：

图 2.47　学生信息登记表单

员工工资登记表

工号	姓名	工资	电话
001	张三	18000	123456789
002	李四	19000	112233445
003	王五	18500	123456879

图 2.48　员工工资登记表

3 Chapter

第3章 CSS基础

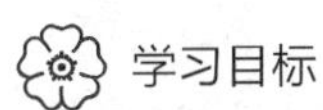

学习目标

- ❑ 掌握CSS样式规则
- ❑ 掌握CSS样式引入方式
- ❑ 掌握CSS的选择器
- ❑ 掌握CSS的继承性、层叠性与优先级

随着网站应用的普及，用户对网页的要求越来越高。网页变得越来越复杂，HTML代码“臃肿不堪”。这不仅加大了设计人员的工作量，还占用了更多系统资源和网络资源。为了解决这个问题，设计人员引入了CSS的相关技术，将格式和结构分离。本章将讲解CSS的基础知识。

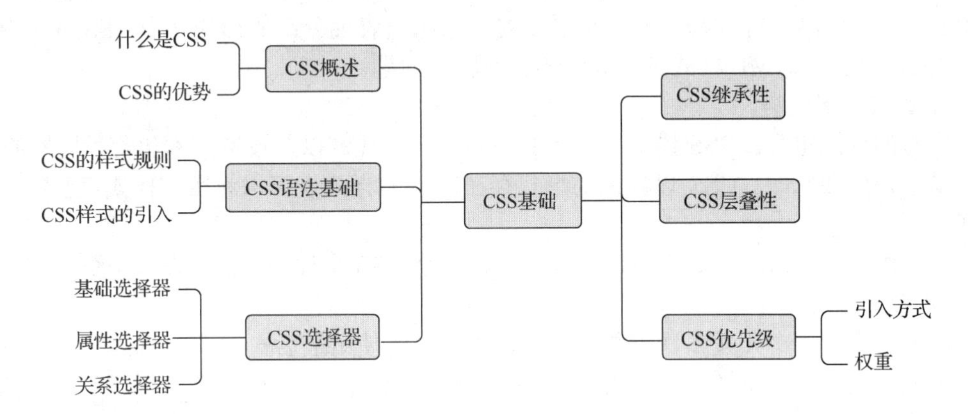

3.1 CSS概述

CSS是一种用来表现HTML或XML等文件样式的计算机语言。CSS不仅可以静态地修饰网页，还可以配合各种脚本语言动态地对网页各元素进行格式化。CSS支持几乎所有的字体、字号样式，拥有编辑网页对象和模型样式的能力，能够对网页中元素位置的排版进行像素级的精确控制。CSS还具有丰富的样式定义、多页面应用、层叠、页面压缩等技术。本节将讲解CSS的概念和优势等内容。

3.1.1 什么是CSS

扫码看微课
CSS 基础讲解

层叠样式表（Cascading Style Sheets，CSS）可以控制HTML元素在网页中描述的内容。CSS 用于定义网页的样式，包括针对不同设备和屏幕尺寸的设计和布局。

CSS技术是为了解决HTML代码臃肿而诞生的，其发展历史如下。

- 1994年哈肯·维姆·莱（Hakon Wium Lie）提出了CSS的最初建议。
- 1996年12月，CSS规范第一版（Cascading Ctyle Sheets Level 1，CSS 1）完成并发布，成为W3C的推荐标准。
- 1997年初，W3C组织负责CSS 的工作组开始讨论第一版中没有涉及的问题。
- 1998年5月，CSS规范第二版（Cascading Ctyle Sheets Level 2，CSS 2）发布。
- 1999年，W3C开始制订CSS第三版（Cascading Ctyle Sheets Level 3，CSS 3）。
- 2001年5月23日W3C完成了CSS第三版的工作草案，在该草案中将CSS标准进行了模块化。

CSS被划分为盒子模型模块、列表模块、超链接方式模块、语言模块、背景和边框模块、文字特效模块、多栏布局模块等多种模块。

在后续十几年中，CSS第三版不断增加了新的模块并对各大模块的规范进行不断更新。例如，2022年11月1日，W3C对CSS第三版的颜色模块进行了第四次更新，更新内容涉及color属性、前景颜色和组不透明度属性的标准。

3.1.2 CSS的优势

CSS的出现实现了网页结构与表现分离的效果。在网页设计中，只需用HTML标签搭建网页的基本结构，所有的网页样式都由CSS设置。这种结构与表现分离的形式使得CSS样式有更好的独立性，并且解决了HTML样式过多导致的代码臃肿问题。

CSS主要有以下优势。

- 丰富的样式定义。CSS提供了丰富的文档样式外观，以及设置文本和背景属性的能力。
- 易于使用和修改。CSS以独立的形式存在，CSS样式表可以将所有样式声明统一存放、统一管理。
- 多页面应用。CSS样式表可以单独存放在一个CSS文件中，然后在多个页面中使用同一个CSS样式表。
- 层叠。当对一个元素多次设置同一个样式时，将使用最后一次设置的属性值。
- 页面压缩。可以将样式的声明单独存放到CSS样式表中，并且支持样式复用，从而减小页面文件的大小，缩短网页的加载时间和下载时间。
- 摒弃冗余代码结构。CSS 3的新功能可摒弃冗余的代码结构，减少JavaScript脚本或者Flash代码使用量，极大地节约了开发成本。

3.2 CSS语法基础

扫码看微课

CSS的样式规则与引入

CSS属于一门计算机语言，它也有自身的语法规则。本节将讲解CSS的样式规则、样式引入、层叠性、继承性以及优先级的相关内容。

3.2.1 CSS的样式规则

CSS的样式规则可以理解为CSS的语法规则。CSS的样式规则由选择器与声明语句构成，其语法形式如下。

```
选择器{声明1;声明2;……;声明n;}
```

其中，选择器是指要改变样式的HTML元素标签。声明语句可以有一条或多条，由英文分号（;）分隔。单条声明由属性和值组成，语法形式如下。

```
属性:值;
```

其中，属性是要修改的标签的样式属性，值是该属性要设定的值，两者由英文冒号（:）分隔。完整的CSS样式规则如下。

```
选择器{属性1:属性值1;属性2:属性值2;……;属性n:属性值n;}
```

例如，修改标签<p>的颜色属性为红色，字号为30px，代码如下。

```
p{color:red;font-size:30px}
```

3.2.2 CSS样式的引入

要用CSS样式控制HTML标签，首先须将CSS样式引入HTML文档中。CSS样式包括内联样式、内部样式和外部样式3种。

1. 内联样式

内联样式又称为行内样式。内联样式是通过style属性在HTML的头标签中实现的。使用style属性可以修改标签的属性值，其语法形式如下。

```
<标签名 style="属性1:属性值1;属性2:属性值2;……"> 内容 </标签名>
```

其中，每个属性之间要用英文分号（;）分隔。属性与属性值之间使用英文冒号（:）分隔。整个style属性的值用英文双引号（"）引起来。

【示例3-1】使用内联样式设置<p>标签的背景为红色，字号为30px。

```
<p style="font-size:30px;background:red">30个像素大小背景为红色</p>
```

效果如图3.1所示。

2. 内部样式

内部样式又称为内嵌式。内部样式是将CSS代码集中嵌入HTML的头部标签<head>中，并配合<style>标签实现，其语法形式如下。

```
<head>
<style type="text/css">
      选择器 {属性1:属性值1; 属性2:属性值2; 属性3:属性值3;}
</style>
</head>
```

其中，type="text/css"可以省略。

【示例3-2】使用内部样式设置网页整体背景为红色，字号为40px。

```
<!DOCTYPE html >
<html xmlns="http://www.w3.org/1999/xhtml">
<head>
<meta http-equiv="Content-Type" content="text/html; charset=utf-8" />
<title>无标题文档</title>
<style type="text/css">
     body { background:#F00; font-size:40px;}
</style>
</head>
<body>
```

```
<p>整体背景为红色，字号为 40px</p>
</body>
</html>
```

效果如图 3.2 所示。

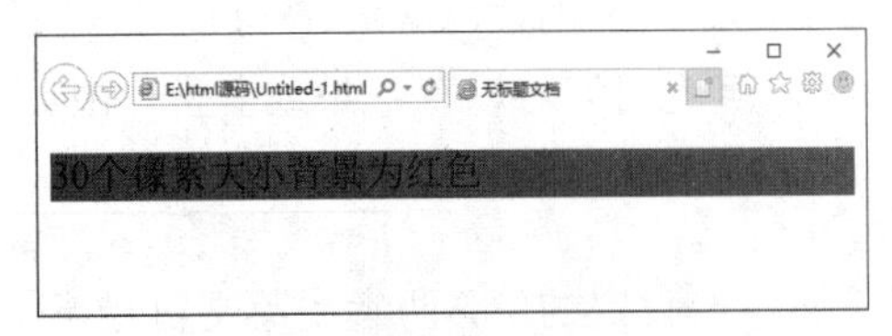

图 3.1　内联样式修改标签样式

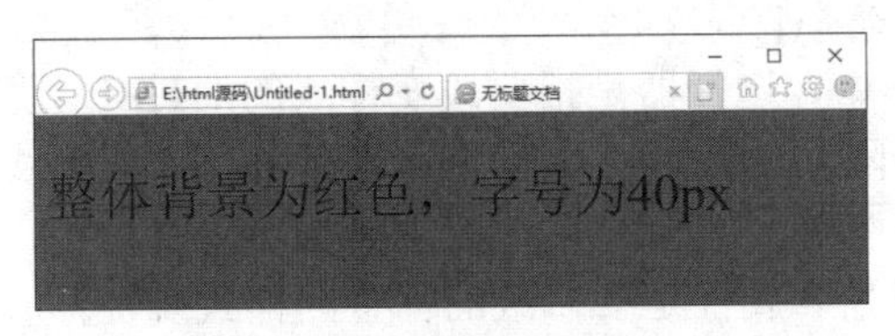

图 3.2　内部样式修改标签样式

3. 外部样式

外部样式又称为链入式。外部样式是将 CSS 代码存放在一个或多个以.CSS 为扩展名的外部样式文件中。然后在 HTML 文档的头部标签<head>中使用<link>标签将这些外部样式文件链接到 HTML 文档中，其语法形式如下。

```
<head>
<link rel="stylesheet" type="text/css" href="xxx.css">
</head>
```

这段代码表示，在浏览器加载对应网页时自动读取“xxx.css”中的样式，并根据读取到的样式作用于网页中的 HTML 标签。

CSS 样式文件可以在 Dreamweaver 软件中创建的具体步骤如下。

（1）在 Dreamweaver 中选择“文件”→“新建”命令，打开“新建文档”对话框，选择“空白页”→“CSS”项目，单击“创建”按钮，如图 3.3 所示。

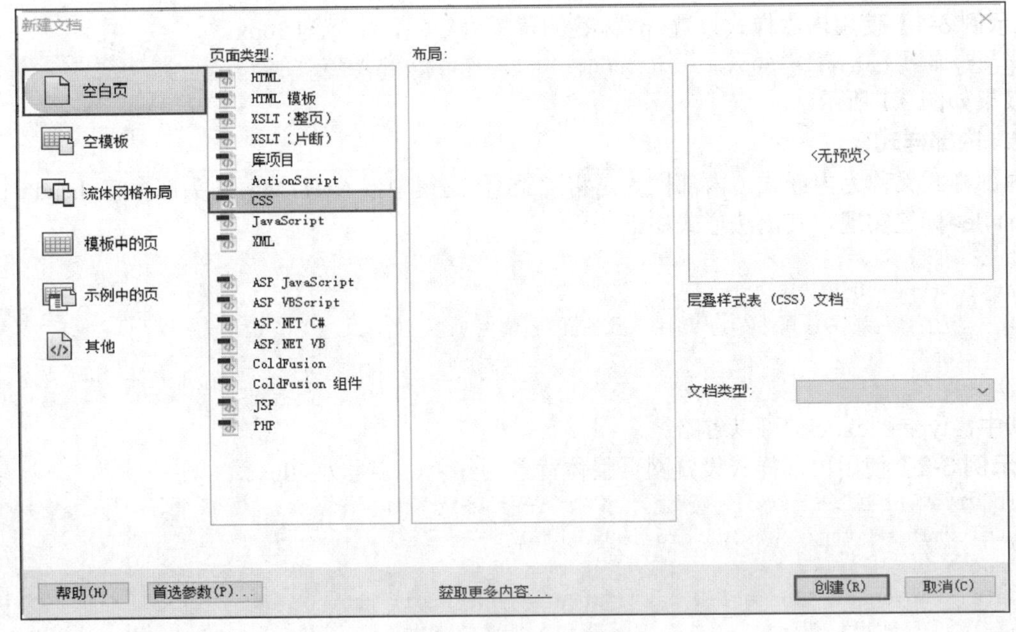

图 3.3　创建 CSS 样式文件

（2）进入 CSS 样式编辑窗口，如图 3.4 所示。

（3）在 CSS 样式编辑窗口中编写 CSS 样式后，选择“文件”→“保存”命令，弹出“另存为”对话框，修改文件名，单击“保存”按钮，如图 3.5 所示，即可保存 CSS 文件。

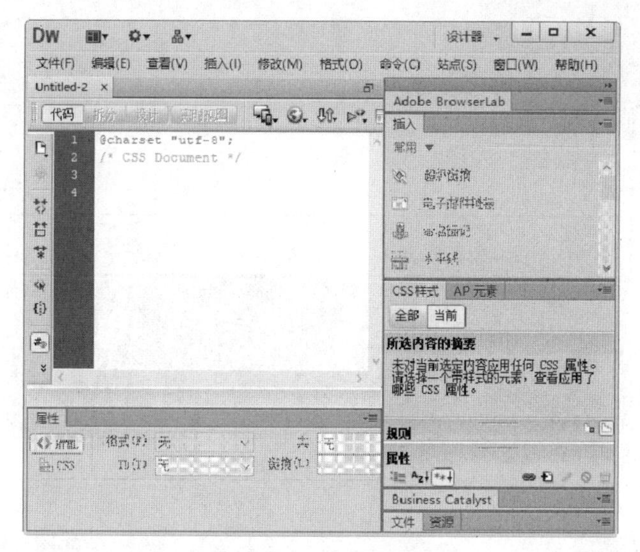

图 3.4　CSS 样式编辑窗口

图 3.5　“另存为”对话框

【示例 3-3】使用外部样式设置网页背景为蓝色，标签<h1>文字的字号为 40px，文字颜色为白色。

HTML 文档代码如下。

```
<!DOCTYPE html >
<html xmlns="http://www.w3.org/1999/xhtml">
<head>
<meta http-equiv="Content-Type" content="text/html; charset=utf-8" />
<link rel="stylesheet" type="text/css" href="myStyle.css" >    <!--引入了名为myStyle.css的文件-->
<title>无标题文档</title>
</head>
<body>
<h1>网页背景蓝色，文字字号 40px，文本颜色白色</h1>
</body>
</html>
```

myStyle.css 文件代码如下。

```
@charset "utf-8";
/* CSS Document */
body { background:#00F; font-size:40px;}
h1 { font-size:40px; color:#FFF;}
```

效果如图 3.6 所示。

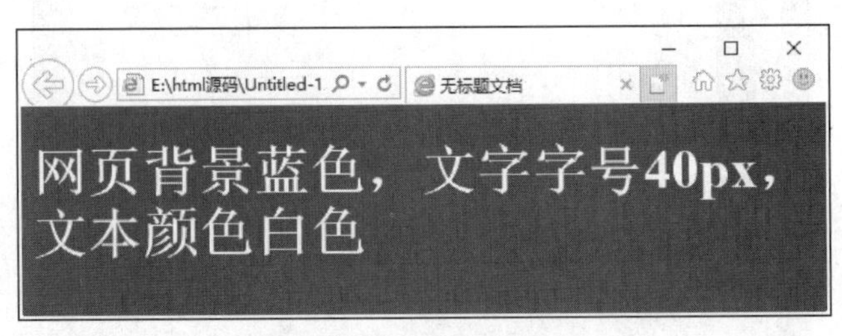

图 3.6　用外部样式修改标签样式

3.3 CSS 选择器

CSS 选择器用于查找或者选择要设置样式的 HTML 标签。CSS 选择器分为基础选择器、属性选择器、关系选择器、伪类选择器和伪元素选择器 5 种。本节将讲解 CSS 选择器的相关内容。

扫码看微课

基础选择器讲解

3.3.1　基础选择器

根据选择元素的方式，基础选择器又分为 5 种，分别为元素选择器、id 选择器、类选择器、通用选择器和分组选择器。

1. 元素选择器

元素选择器又称为标签选择器，是 CSS 中最基础的选择器。它通过标签名实现对标签的选择，其语法形式如下。

```
标签名{属性 1:属性值 1; 属性 2:属性值 2;……属性 n:属性值 n;}
```

元素选择器选择标签的特点是“指定范围全覆盖打击”。在 HTML 中，只要标签名符合元素选择器设置的名称，就都会受到该选择器定义样式的影响。

【示例 3-4】使用元素选择器设定<h1>元素的背景色为黑色，文本颜色为白色。

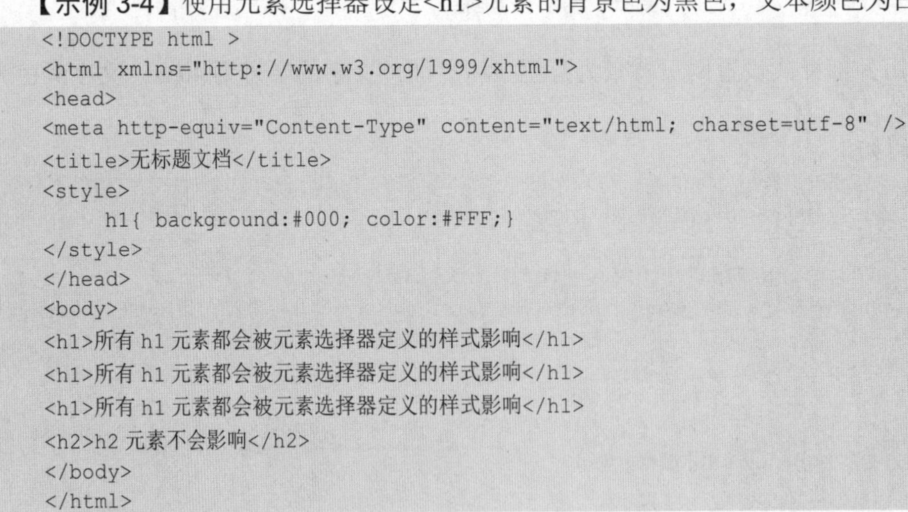

```
<!DOCTYPE html >
<html xmlns="http://www.w3.org/1999/xhtml">
<head>
<meta http-equiv="Content-Type" content="text/html; charset=utf-8" />
<title>无标题文档</title>
<style>
    h1{ background:#000; color:#FFF;}
</style>
</head>
<body>
<h1>所有 h1 元素都会被元素选择器定义的样式影响</h1>
<h1>所有 h1 元素都会被元素选择器定义的样式影响</h1>
<h1>所有 h1 元素都会被元素选择器定义的样式影响</h1>
<h2>h2 元素不会影响</h2>
</body>
</html>
```

效果如图 3.7 所示。从图 3.7 可以看出，HTML 文档中所有<h1>元素的样式都被影响了。

图 3.7　使用元素选择器修改<h1>元素的样式

2. id 选择器

id 选择器是利用 HTML 标签的 id 属性来选择对应的标签。每个 HTML 标签都拥有一个 id 属性，id 选择器通过设置 id 属性值来精确控制某个标签的样式。

使用 id 选择器分为两步。第一步，在 HTML 文档中为指定标签的 id 属性赋值（指定 id 名称），其语法形式如下。

```
<标签名 id="id 名称">……</标签名>
```

第二步，使用 id 选择器设置样式，其语法形式如下。

```
#id 名称 {属性 1:属性值 1; 属性 2:属性值 2;……属性 n:属性值 n;}
```

在使用 id 选择器时要注意以下几点。

- 井号（#）与 id 名称之间不能有空格。
- id 名称不能以数字开头，名称中不能有空格。
- 多个名称相同或名称不同的标签都可以使用同一个 id 名称。

id 选择器的特点是“精准打击”。它可以根据特定的 id 名称精准地设置某一个或多个标签的样式，而不影响其他同类型的标签样式。

【示例 3-5】使用 id 选择器设置 id 名称为 Nbr1 的<h1>元素的背景色为蓝色，文本颜色为白色。

```
<!DOCTYPE html >
<html xmlns="http://www.w3.org/1999/xhtml">
<head>
<meta http-equiv="Content-Type" content="text/html; charset=utf-8" />
<title>无标题文档</title>
<style>
#Nbr1{ background:#00F; color:#FFF;}
</style>
</head>
<body>
<h1 id="Nbr1">id 名为 Nbr1 的 h1 元素会被修改样式</h1>
<h1 id="Nbr1">id 名为 Nbr1 的 h1 元素会被修改样式</h1>
<h1>该 h1 元素没有设置 id 属性不会被修改样式</h1>
</body>
</html>
```

效果如图 3.8 所示。

图 3.8　使用 id 选择器修改<h1>元素的样式

3. 类选择器

类选择器是利用 HTML 标签的 class 属性来实现对标签的选择。HTML 标签默认有一个 class 属性。通过该属性，设计人员可以将多个标签归为一类，统一管理。

使用类选择器也分为两步。第一步，在 HTML 文档中为指定标签的 class 属性赋值（指定 class 名称），其语法形式如下。

```
<标签名 class="class 名称">……</标签名>
```

第二步，使用类选择器设置样式，其语法形式如下。

```
.class 名称 {属性 1:属性值 1; 属性 2:属性值 2;……;属性 n:属性值 n;}
```

在使用类选择器时要注意以下几点。

- 点号（.）与 class 名称之间不能有空格。
- class 名称不能以数字开头，名称中不能有空格。
- 多个名称相同或名称不同的标签都可以使用同一个 class 名称。
- 一个标签可以有多个 class 名称。

类选择器的特点是“按类别精准打击”。根据网页具体需要的样式，它可以将标签的某种样式进行分类管理，而不影响该标签的其他样式。

例如，可以对需要居中显示的标签添加同一个 class 名称。当需要修改对齐样式时，只需要修改选择器中的一个属性或删除某个标签中的 class 属性，而不用依次修改所有标签的属性，从而实现统筹管理，提高修改网页样式的效率。

【示例 3-6】 修改所有 class 为 right 的标签元素的文本颜色为红色，对齐方式为右对齐。

```
<!DOCTYPE html >
<html xmlns="http://www.w3.org/1999/xhtml">
<head>
<meta http-equiv="Content-Type" content="text/html; charset=utf-8" />
<title>无标题文档</title>
<style>
.right{ text-align:right; color:#F00;}
</style>
</head>
<body>
<h1 class="right">h1 元素实现右对齐</h1>
<h2 class="right">h2 元素实现右对齐</h2>
<p class="right">段落 p 实现右对齐</p>
<h1>h1 元素不会受影响</h1>
<h2>h2 元素不会受影响</h2>
</body>
</html>
```

效果如图 3.9 所示。从图 3.9 可以看出，只需要在对应标签的 class 属性中添加一个 class 名称，即可实现标签右对齐效果。这种类选择器的使用方式能够快速对多个标签添加一种或多种样式，在实际开发网页过程中起到“画龙点睛”的效果。

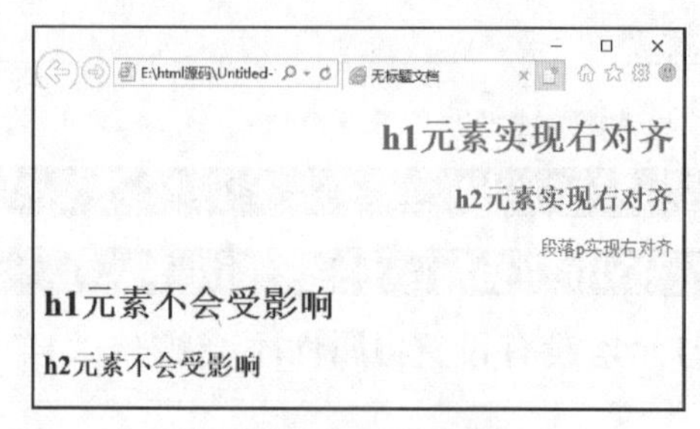

图 3.9 使用类选择器修改标签样式

类选择器还可以配合使用元素名称来设置特定 HTML 元素的样式，其语法形式如下。

```
元素名称.class 名称 {属性:值; 属性:值;……;属性:值;}
```

这种类选择器的使用方式可以将同类的相关标签进行细化分组，从而在统一管理的前提下提高精准控制各组标签的能力。例如，可以使用类选择器选中右对齐类中的所有<a>标签进行加粗，修改所有<p>标签的字体。

【示例 3-7】修改所有 class 为 right 的<p>标签的文本颜色为红色，对齐方式为右对齐。

```
<!DOCTYPE html >
<html xmlns="http://www.w3.org/1999/xhtml">
<head>
<meta http-equiv="Content-Type" content="text/html; charset=utf-8" />
<title>无标题文档</title>
<style>
p.right{ text-align:right; color:#F00;}
</style>
</head>
<body>
<h1 class="right">不是 p 标签不会影响样式</h1>
<h2 class="right">不是 p 标签不会影响样式</h2>
<p>没有设置 class 属性，所以没有影响</p>
<p class="right">class 为 right 并且是 p 标签所以右对齐</p>
<p class="right">class 为 right 并且是 p 标签所以右对齐</p>
</body>
</html>
```

效果如图 3.10 所示。从图 3.10 可以看出，只有 class 属性值为 right 的<p>标签被修改了样式，class 属性值同为 right 的<h1>标签并没有被修改。

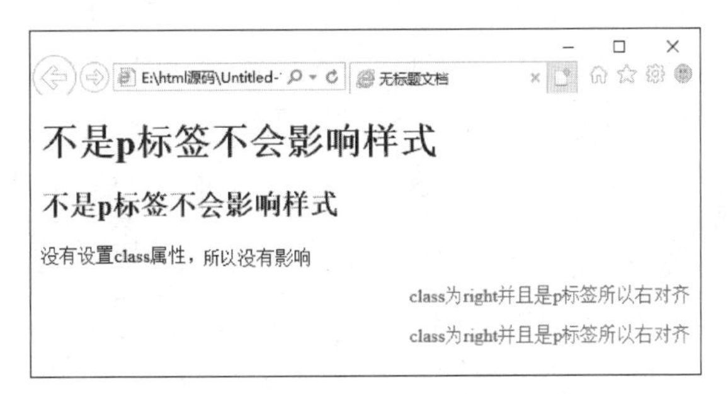

图 3.10　使用类选择器修改指定标签样式

多个类选择器还可以同时为同一个标签添加样式，其语法形式如下。

```
<标签名 class=" class 名称 1   class 名称 2   ……  class 名称 n ">……</标签名>
```

这种类选择器的使用方式适合在网页布局中对样式进行“查缺补漏”。当发现网页布局有部分样式缺失时，只需要定义一个新的类选择器，然后将类选择器名添加到对应标签即可，这将大大减少代码维护和代码修改的工作量。

【示例 3-8】使用多个类选择器为<p>标签添加多种样式。

```
<!DOCTYPE html >
<html xmlns="http://www.w3.org/1999/xhtml">
<head>
<meta http-equiv="Content-Type" content="text/html; charset=utf-8" />
<title>无标题文档</title>
<style>
.center{ text-align:center;}
.color{ color:#0F0;}
```

```
.size{ font-size:36px;}
</style>
</head>
<body>
<p class="center color size">通过多个类选择器修改这段文本的样式</p>
</body>
</html>
```

效果如图 3.11 所示。从图 3.11 可以看出，<p>标签使用了 3 个不同类选择器设定的样式。

图 3.11　多个类选择器修改标签样式

4. 通用选择器

通用选择器用于选择页面中的所有 HTML 元素，其语法形式如下。

```
* {属性:值; 属性:值;……;属性:值;}
```

通用选择器的特点是“无差别攻击”，它会作用于页面中的所有 HTML 标签。它一般出现在 CSS 样式的开始部分，用于规定整个网页的通用样式，以保证各种浏览器的默认样式尽量一致，从而减少浏览器兼容性问题带来的影响。

【示例 3-9】使用通用选择器将页面中所有标签的文本颜色设置为蓝色。

```
<!DOCTYPE html >
<html xmlns="http://www.w3.org/1999/xhtml">
<head>
<meta http-equiv="Content-Type" content="text/html; charset=utf-8" />
<title>无标题文档</title>
<style>
*{ color:#09C;}
</style>
</head>
<body>
<h3>标题 3 文本</h3>
<a href="#">单击链接</a>
<p id="center">段落文本</p>
</body>
</html>
```

效果如图 3.12 所示。从图 3.12 可以看出，页面中所有标签的文本颜色都变为了蓝色。

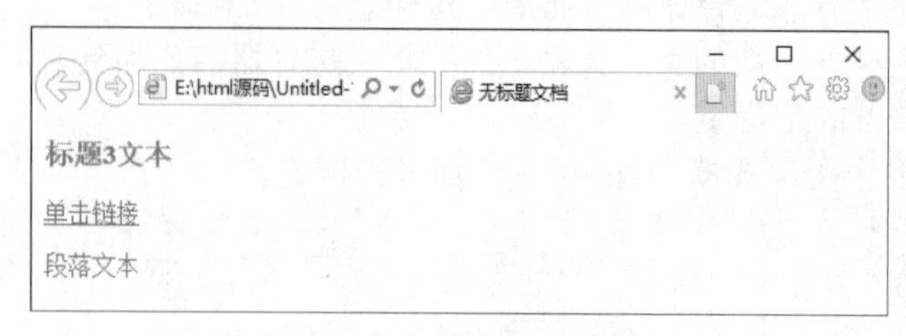

图 3.12　通用选择器修改样式

5. 分组选择器

分组选择器是以简化代码为目标的一种 CSS 语法形式。如果多个标签的样式完全相同，就可以使用分组选择器来简化代码，其语法形式如下。

```
元素名称 1,元素名称 2,……,元素名称 n {属性 1:属性值 1; 属性 2:属性值 2;……;属性 n:属性值 n;}
```

每个元素名称之间要使用英文逗号（,）分隔。

【示例 3-10】使用分组选择器设置多个标签的文本颜色为白色，背景色为灰色，字号为 24px。

```
<!DOCTYPE html >
<html xmlns="http://www.w3.org/1999/xhtml">
<head>
<meta http-equiv="Content-Type" content="text/html; charset=utf-8" />
<title>无标题文档</title>
<style>
a,h1,p{color:#FFF; background:#666; font-size:24px; }
</style>
</head>
<body>
<a href="#">单击链接</a>
<h1>标题 1 文本</h1>
<p id="center">段落文本</p>
</body>
</html>
```

效果如图 3.13 所示。从图 3.13 可以看出，通过一个分组选择器就实现了多个标签的样式修改。

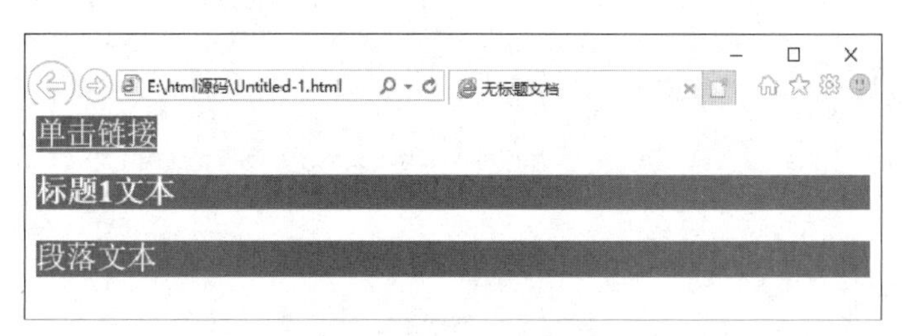

图 3.13　分组选择器修改样式

3.3.2　属性选择器

属性选择器可以根据标签的属性或属性值来选择元素。根据选择的条件划分，属性选择器分为 3 种形式，分别为根据属性名称选择、根据属性值选择和根据指定条件的属性值选择。

扫码看微课

属性选择器讲解

1. 根据属性名称选择

根据属性名称选择是指选择指定类型标签中设定了指定属性的所有元素，其语法形式如下。

```
标签名[属性名] {属性 1:属性值 1; 属性 2:属性值 2;……;属性 n:属性值 n;}
```

其中，标签名可以省略，但中括号不可以省略。

【示例 3-11】选择标签<a>中设置了 href 属性的元素，将其背景色设置为灰色。

```
<!DOCTYPE html >
<html xmlns="http://www.w3.org/1999/xhtml">
<head>
<meta http-equiv="Content-Type" content="text/html; charset=utf-8" />
<title>无标题文档</title>
<style>
a[href]{ background:#999;}
</style>
</head>
<body>
```

```
<a href="#">单击链接 1</a>
<a>单击链接 2</a>
<a>单击链接 3</a>
</body>
</html>
```

效果如图 3.14 所示。由于只有第一个<a>标签元素设置了 href 属性，所以其背景色为灰色。

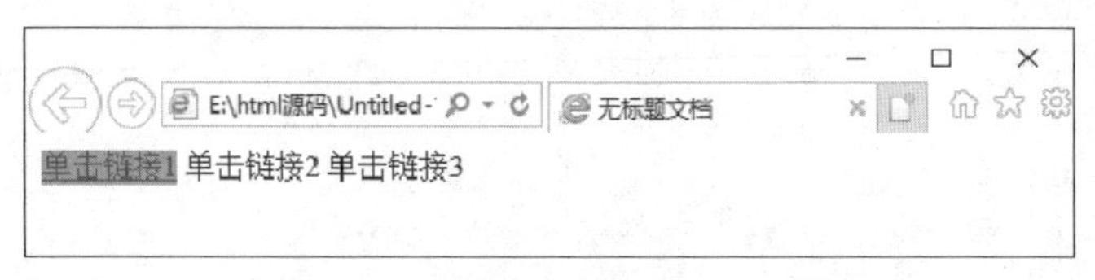

图 3.14　修改带有 href 属性的标签样式

2. 根据属性值选择

根据属性值选择是指选择某种类型标签中特定属性设置了指定值的所有元素，其语法形式如下。

```
标签名[属性名="属性值"] {属性 1:属性值 1; 属性 2:属性值 2;……;属性 n:属性值 n;}
```

其中，标签名可以省略，中括号不可以省略。这种方式可以根据属性选取对应的标签，快速找到拥有指定样式的标签，然后对其进行维护或样式修改。

【示例 3-12】选择标签<a>中设置 target 属性值为_blank 的所有标签，将其字号设置为 20px。

```
<!DOCTYPE html >
<html xmlns="http://www.w3.org/1999/xhtml">
<head>
<meta http-equiv="Content-Type" content="text/html; charset=utf-8" />
<title>无标题文档</title>
<style>
[target="_blank"]{ font-size:20px;}
</style>
</head>
<body>
<a href="#">单击链接 1</a><br />
<br />
<a href="#" target="_top">单击链接 2</a><br />
<br />
<a href="#" target="_blank">单击链接 3</a>
</body>
</html>
```

效果如图 3.15 所示。由于只有第 3 个<a>标签元素的 target 属性值为_blank，所以其字号为 20px，比其他两个<a>标签的字号大。

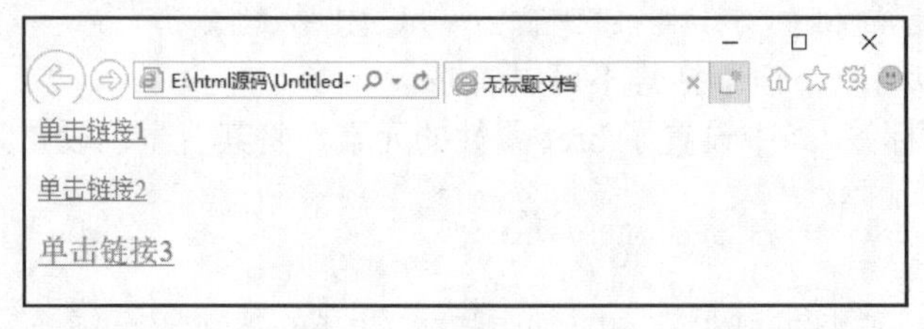

图 3.15　修改带有 target 属性且值为_blank 的标签样式

3. 根据指定条件的属性值选择

根据指定条件的属性值选择是指通过模糊查找的方式选择对应的元素，其语法形式如下。

```
标签名[属性名 条件符号="属性值"] {属性 1:属性值 1; 属性 2:属性值 2;……;属性 n:属性值 n;}
```

其中，标签名可以省略，中括号不可以省略。条件符号有 5 种，如表 3.1 所示。

表 3.1 条件符号

条件符号	语法形式	举例	描述
~	标签名[属性名~="属性值"]	a[href ~=da]	选择href属性值包含“da”一词的所有<a>标签元素
|	标签名[属性名|="属性值"]	[class|=right]	选择class属性值以“right”一词开始的所有元素
*	标签名[属性名*="属性值"]	[class*="color"]	选择class属性值包含子串“color”的所有元素
^	标签名[属性名^="属性值"]	[id^="Num1"]	选择id属性值以“Num1”开头的所有元素
$	标签名[属性名$="属性值"]	a[href$=".png"]	选择href 属性值以“.png”结尾的所有<a>标签元素

注意

（~）和（|）条件符号中的“一词”要求是一个独立的单词。例如，da gong ji 中的 da 就属于一个单词，而 dagongji 或 da_gong_ji 中的 da 就不属于独立的单词。

【示例 3-13】使用属性选择器根据不同的条件符号选择并修改对应元素的背景色。

```
<!DOCTYPE html >
<html xmlns="http://www.w3.org/1999/xhtml">
<head>
<meta http-equiv="Content-Type" content="text/html; charset=utf-8" />
<title>无标题文档</title>
<style>
*{ color:#FFF;}                         /*所有标签文本颜色为白色*/
a[href~=da]{ background:#666;}          /*href 属性值包含单词“da”的链接背景色为灰色*/
a[href$=".png"]{ background:#0CC;}      /*href 属性值以“.png”字符串结束的 a 标签背景色为天蓝色*/
[class|=right]{ background:#F00;}       /*class 属性值以单词“right”开始的段落背景色为红色*/
[class*="color"]{ background:#0F0;}     /*class 属性值包含字符串“color”的段落背景色为绿色*/
[id^="Num1"] { background:#00F;}        /*id 属性值以字符串“Num1”开头的段落背景色为蓝色*/
</style>
</head>
<body>
<a href=" da gong ji">href 属性值包含单词“da”的链接</a><br />
<br />
<a href="www.wyjs.png">href 属性值以“.png”字符串结束的<a>标签</a>
<p class="right">class 属性值以单词“right”开始的段落</p>
<p class="colorred">class 属性值包含字符串“color”的段落</p>
<p id="Num1abc">id 属性值以字符串“Num1”开头的段落</p>
</body>
</html>
```

效果如图 3.16 所示。从图 3.16 可以看出，根据不同属性选择器的条件，对不同的标签设置了对应的背景色。

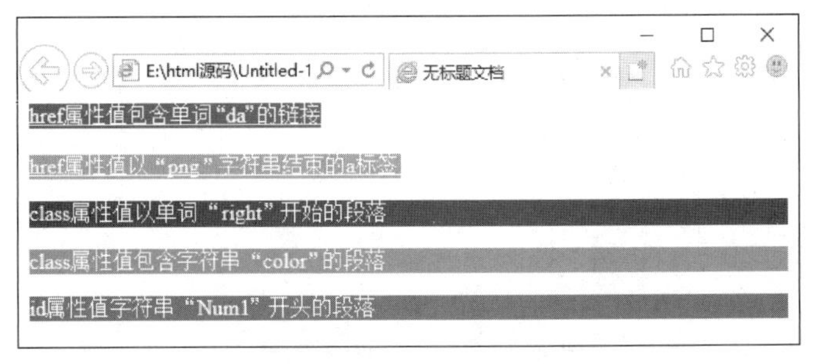

图 3.16 根据不同条件符号修改不同元素样式

3.3.3 关系选择器

扫码看微课
关系选择器讲解

关系选择器也称为组合器选择器。关系选择器是依据 HTML 中各个元素的包含或同级关系发挥作用。关系选择器可以在多层样式中依靠标签的嵌套关系对标签的样式进行管理。关系选择器可以分为 4 种，分别为后代选择器、子选择器、相邻兄弟选择器和通用兄弟选择器。

1. 后代选择器

后代选择器是在标签有多层嵌套关系时使用。通过后代选择器可以选择指定元素的指定后代元素或所有后代元素，其语法形式如下。

```
标签名1 标签名2{属性:值; 属性:值;……;属性:值;}
```

使用后代选择器时要注意以下几点。

- 标签名 1 是指父标签，也就是根元素或祖宗元素，位于标签嵌套关系的最外层。
- 标签名 2 是指后代标签，也就是要选择的子孙辈的元素。
- 标签名 1 和标签名 2 之间要用空格隔开。
- 标签名 2 可以使用星号（*）指代所有后代元素。

【示例 3-14】修改<p>元素所有后代元素的背景色为绿色，修改儿子元素<a>的文本颜色为白色，修改孙子元素<strong>的文本颜色为红色，字号为 24px。

```
<!DOCTYPE html >
<html xmlns="http://www.w3.org/1999/xhtml">
<head>
<meta http-equiv="Content-Type" content="text/html; charset=utf-8" />
<title>无标题文档</title>
<style>
p *{ background:#0C6;}                          /*设置<p>标签所有后代元素的背景色为绿色*/
p strong{ color:#F00; font-size:20px;}   /*设置<p>标签的strong子元素的文本颜色为红色,字号为24px*/
p a{ color:#FFF;}                               /*设置<p>标签的 a 子元素的文本颜色为白色*/
</style>
</head>
<body>
<p>
    <a>儿子元素<br/>
   <br/>
   <strong>孙子元素</strong>
   </a><br/>
   <br/>
    <img src="image/01.png"/>
</p>
</body>
</html>
```

运行效果如图 3.17 所示。从图 3.17 可以看出，后代选择器不但可以精准修改指定后代元素的文本颜色和字号，还可以直接修改所有后代元素的背景色。

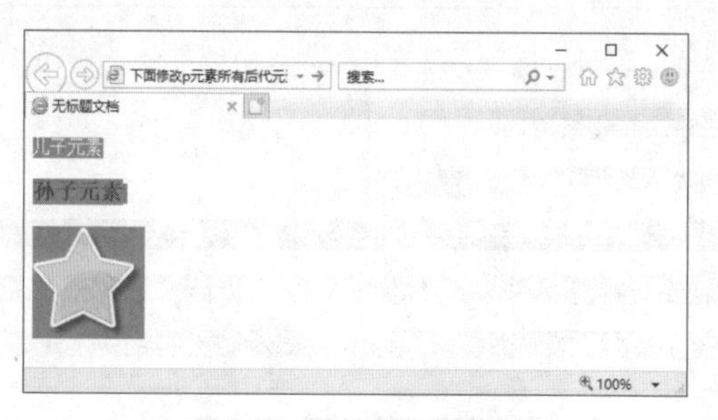

图 3.17　修改后代元素样式

2. 子选择器

子选择器适用于标签之间只有一层嵌套关系的情况。通过子选择器可以选择指定元素的某个子元素或所有子元素，其语法形式如下。

```
父级标签名>子级标签名{属性:值; 属性:值;……;属性:值;}
```

其中，父级标签名与子级标签名之间用大于号（>），即子结合符分隔。子级元素可以使用星号（*）指代所有子元素。

【示例 3-15】使用子选择器为<p>标签的儿子元素设置背景色为绿色，并尝试将孙子元素的字号修改为 36px。

```
<!DOCTYPE html >
<html xmlns="http://www.w3.org/1999/xhtml">
<head>
<meta http-equiv="Content-Type" content="text/html; charset=utf-8" />
<title>无标题文档</title>
<style>
p>img{ background:#099;}                    /*设置<p>标签的儿子元素的背景色为绿色*/
p>strong{ font-size:36px;}                  /*设置<p>标签的孙子元素的字号无效*/
</style>
</head>
<body>
    <p>
        <a>儿子元素<br /><strong>孙子元素</strong></a>
        <img src="image/01.png"/>
    </p>
</body>
</html>
```

运行效果如图 3.18 所示。从图 3.18 可以看出，使用子选择器可以设置儿子元素<img>的背景色，但是无法对孙子元素<strong>的字号进行修改。

图 3.18 子选择器修改元素样式

3. 相邻兄弟选择器

当多个元素有相同的父级元素时，相邻兄弟选择器可选择与其紧邻的另外一个元素。这相当于在同父的几个兄弟中，可以根据大儿子选择出相邻的二儿子，但是不能选择间隔开的三儿子。

相邻兄弟选择器的语法形式如下。

```
兄标签名+弟标签名{属性:值; 属性:值;……;属性:值;}
```

其中，兄标签名与弟标签名之间使用加号（+）分隔。在 HTML 中，弟标签必须紧跟兄标签，并且两个标签都有同一个父级元素。

【示例 3-16】使用相邻兄弟选择器设定弟元素的背景色为绿色。

```
<!DOCTYPE html >
<html xmlns="http://www.w3.org/1999/xhtml">
<head>
<meta http-equiv="Content-Type" content="text/html; charset=utf-8" />
<title>无标题文档</title>
```

```
<style>
a+img{ background:#099;}
</style>
</head>
<body>
    <p>
        <a>a 标签是兄标签，后面紧跟着弟标签 img</a>
        <img src="image/01.png"/>
    </p>
</body>
</html>
```

效果如图 3.19 所示。从图 3.19 可以看出，标签<img>的背景色被设置为了绿色。

图 3.19　使用相邻兄弟选择器修改元素样式

4. 通用兄弟选择器

通用兄弟选择器可以选择指定元素后的某一个或者所有同级元素。就像根据大哥选择他的兄弟，其兄弟不需要是亲兄弟，并且不需要与大哥紧紧相邻。

通用兄弟选择器的语法形式如下。

```
兄标签名~同级弟标签名{属性:值; 属性:值;……;属性:值;}
```

其中，兄标签名与同级弟标签名之间用波浪号（~），即通用兄弟结合符分隔。弟标签不必紧跟兄标签，但是需要有相同的父级元素。同级弟标签名可以使用星号（*）指代后面所有同级元素。

【示例 3-17】使用星号（*）选择<a>标签后的同级元素，将背景色设置为蓝色，并选择<a>标签后的<strong>同级元素，将字号设置为 25px。

```
<!DOCTYPE html >
<html xmlns="http://www.w3.org/1999/xhtml">
<head>
<meta http-equiv="Content-Type" content="text/html; charset=utf-8" />
<title>无标题文档</title>
<style>
a~*{ background:#09C;}                    /*设置<p>标签的所有通用兄弟背景色为蓝色*/
a~strong{ font-size:25px;}                /*设置<p>标签的 strong 通用兄弟元素字号为 25px*/
</style>
</head>
<body>
    <p>
    <strong>在第 1 个 a 标签之前不属于通用兄弟</strong><br />
      <br />
        <a>第 1 个 a 标签</a><br />
      <br />
      <img src="image/01.png"/><br />
      <br />
      <a>在第 1 个 a 标签之后属于通用兄弟</a><br />
      <br />
      <strong>在第 1 个 a 标签之后属于通用兄弟</strong><br />
```

```
        </p>
    </body>
    </html>
```

效果如图 3.20 所示。其中，代码“a~*{ background:#09C;}”修改了第 1 个<a>标签之后的所有同级元素的背景色。代码“a~strong{ font-size:36px;}”修改了第一个<a>标签之后的所有同级 strong 元素的字号。

图 3.20　使用通用兄弟选择器修改元素样式

拓展知识
伪类选择器

拓展知识
伪元素选择器

3.4 CSS 继承性

扫码看微课

CSS 继承性讲解

在 CSS 样式表中，后代标签会自动拥有根标签的部分属性，这称为 CSS 的继承性。继承的属性以 color-、font-、text-、line-开头，不能继承的属性包括盒子、定位、布局。

【示例 3-18】利用继承性修改后代标签中的样式。

```
<!DOCTYPE html >
<html xmlns="http://www.w3.org/1999/xhtml">
<head>
<meta http-equiv="Content-Type" content="text/html; charset=utf-8" />
<title>无标题文档</title>
<style>
body{ color:#33F;}
</style>
</head>
<body>
<p>段落 1</p>
<h1>标题 1</h1>
<strong>加粗文本</strong>
</body>
</html>
```

效果如图 3.21 所示。从图 3.21 可以看出，修改根标签<body>的文本颜色后，其后代标签的文本颜色都发生了改变。

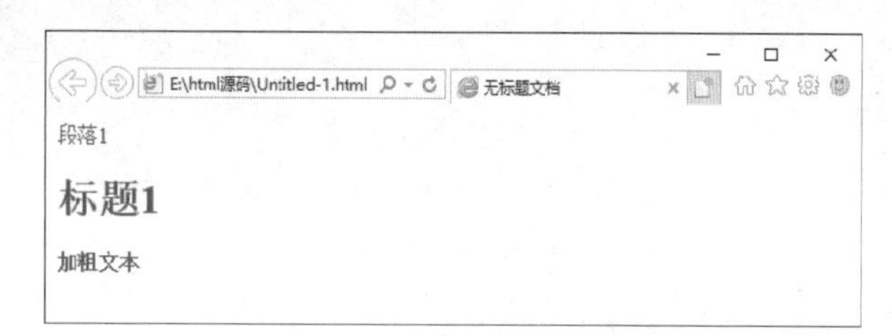

图 3.21　通过继承修改了后代元素的样式

3.5 CSS 层叠性

CSS 的层叠性为设计人员提供了处理 CSS 冲突的能力。这里的 CSS 冲突是指，当多个选择器同时为一个标签的同一个属性指定不同的属性值时，CSS 会选择应用其中的一个样式。这种处理能力就称为层叠性。

【示例 3-19】使用元素选择器、id 选择器和类选择器同时为<p>标签修改文本颜色。

```
<!DOCTYPE html >
<html xmlns="http://www.w3.org/1999/xhtml">
<head>
<meta http-equiv="Content-Type" content="text/html; charset=utf-8" />
<title>无标题文档</title>
<style>
p{ color:#00F;}
#Pcolor{ color:#F00;}
.YS{ color:#0F0;}

</style>
</head>
<body>
<p class="YS" id="Pcolor">段落的颜色</p>
</body>
</html>
```

效果如图 3.22 所示。从图 3.22 可以看出，id 选择器修改的样式成功应用到了<p>标签的元素中，而其他两种选择器的样式被舍弃。这里 CSS 在选择样式时就使用了 CSS 层叠性。CSS 层叠性会遵守以优先级为基础的原则对样式冲突进行处理。

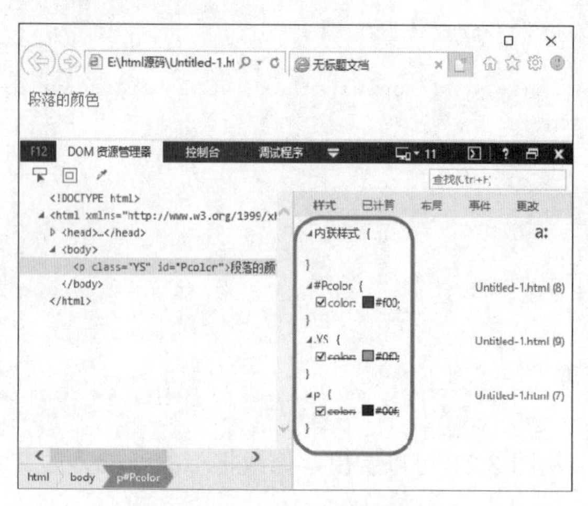

图 3.22　使用 3 种选择器同时修改样式

3.6 CSS 优先级

CSS 优先级是 CSS 层叠性在处理冲突时的选择规则。CSS 层叠性会选择应用优先级最高的样式。影响优先级的基本规则为就近原则，距离元素越近的样式优先级越高。除了该原则之外，还有两种因素会影响到优先级，分别为样式表的引入方式和选择器的权重。

扫码看微课

CSS 的引入方式与权重讲解

3.6.1 引入方式

对于相同的选择器，其样式表引入方式的排序实行就近原则，具体顺序为：内联样式 > 内嵌样式表 > 外部样式表。

【示例 3-20】使用 3 种样式表对标签<p>的背景色进行设置。

HTML 代码如下。

```
<!DOCTYPE html >
<html xmlns="http://www.w3.org/1999/xhtml">
<head>
<meta http-equiv="Content-Type" content="text/html; charset=utf-8" />
<link rel="stylesheet" type="text/css" href="myStyle.css">
<title>无标题文档</title>
<style>
p{ background:red;}
</style>
</head>
<body>
<p style="background:yellow;" class="YS" id="Pcolor">段落的颜色</p>
</body>
</html>
```

CSS 样式表代码如下。

```
@charset "utf-8";
/* CSS Document */
p{ background:green;}
```

效果如图 3.23 所示。从图 3.23 可以看出，<p>标签应用了内联样式的属性值，背景色为黄色。

图 3.23　使用多种样式表修改样式

3.6.2 权重

权重可以理解为重要程度。选择器的权重越高越重要，CSS 越会优先选择。CSS 对不同选择器指定的权重如表 3.2 所示。

表 3.2 选择器的权重

选择器	权重
关系选择器	0000
通配符选择器	0000
伪元素选择器	0001
元素选择器	0001
类选择器	0010
伪类选择器	0010
属性选择器	0010
id选择器	0100
行内选择器	1000

在相同样式表的情况下，根据权重决定优先级主要有以下几种情况。

1. 权重不同，权重越高优先级越高

当多个选择器对同一元素设置样式时，选择器的权重越高，其优先级越高。

【示例 3-21】使用 3 种选择器对<p>标签的背景色进行设置。

```
<!DOCTYPE html >
<html xmlns="http://www.w3.org/1999/xhtml">
<head>
<meta http-equiv="Content-Type" content="text/html; charset=utf-8" />
<title>无标题文档</title>
<style>
a { background:red;}
.YS { background:blue;}
#Pcolor{ background:yellow;}
</style>
</head>
<body>
<p class="YS" id="Pcolor">p 标签的背景色</a></p>
</body>
</html>
```

效果如图 3.24 所示。从图 3.24 可以看出，由于 3 种选择器中 id 选择器的权重最高，所以应用了 id 选择器设置的背景色。

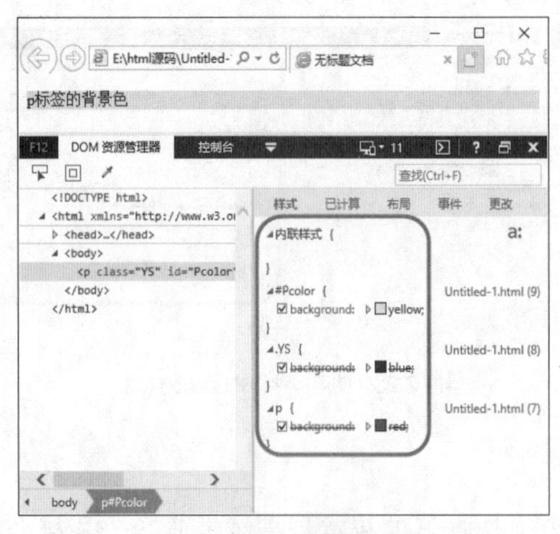

图 3.24 id 选择器权重最高

2. 权重相同，执行就近原则

当多种选择器的权重相同时，执行就近原则，选择器书写的位置离对应元素越近，其优先级越高。

【示例 3-22】使用权重相同的类选择器和属性选择器设置标签<a>的背景色。

```
<!DOCTYPE html >
<html xmlns="http://www.w3.org/1999/xhtml">
<head>
<meta http-equiv="Content-Type" content="text/html; charset=utf-8" />
<title>无标题文档</title>
<style>
.aYS{ background:red;}
[href] { background:yellow;}
</style>
</head>
<body>
<a href="#" class="aYS">a 标签的背景色</a>
</body>
</html>
```

效果如图 3.25 所示。从图 3.25 可以看出，由于属性选择器相对标签<a>位置更近，所以背景色设置为属性选择器设置的黄色。

图 3.25　权重相同就近原则

3.7 实战案例解析——404 通知页面

扫码看微课

404 通知页面实战讲解

有时浏览网页会遇到 404 通知页面。这类页面会显示相关页面丢失无法访问的信息。本节将以制作一个 404 页面为例，针对 CSS 的相关内容进行实战练习，具体步骤如下。

（1）确定 404 页面要展示的内容，包括 404 提示、中英文解释以及发现了 404 页面如何联系网站等，具体内容如下。

```
404
Sorry, the page does not exist!
您需要的网页不存在！
此网页可能没有发布，或者已被删除，也可能由于错误的链接把您带到了这里。
```

```
无论如何，请您及时与我们取得联系，通过下面的邮箱向我们提交这个错误的链接
服务邮箱：server@123456789.com.cn
```

（2）使用 HTML 标签将要展示的内容添加到网页。由于展示的内容以文本为主，所以主要使用<p>标签实现，代码如下。

```
<p id="bannr" class="center">404</p>
<p id="YW" class="center">Sorry, the page does not exist!</p>
<p id="JS" class="center">您需要的网页不存在! </p>
<p class="small center">此网页可能没有发布，或者已被删除，也可能由于错误的链接把您带到了这里。</p>
<p class="small center">无论如何，请您及时与我们取得联系，通过下面的邮箱向我们提交这个错误的链接</p>
<p class="small center">服务邮箱：server@123456789.com.cn</p>
```

效果如图 3.26 所示。从图 3.26 可以看出，纯文本的内容已经显示到网页中，但是没有添加任何样式，这样的页面让用户的体验感非常差。

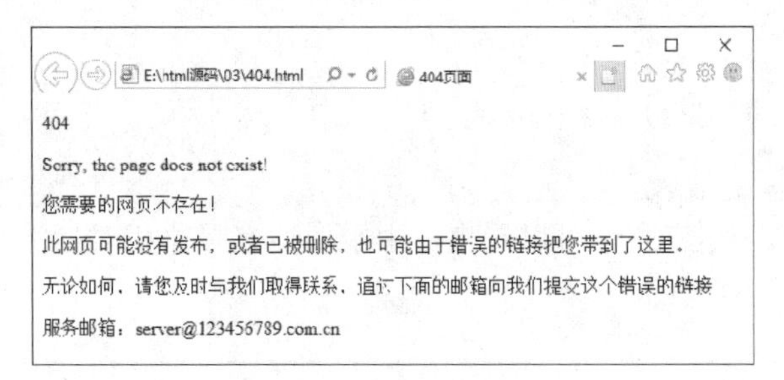

图 3.26 纯 HTML 标签页面

（3）为文本添加样式。创建一个 CSS 外部样式。CSS 样式根据内容的不同分为标题部分、副标题部分和正文部分。由于这几个部分的样式不同，所以使用 id 选择器来添加不同的样式。由于整体页面的文本需居中，所以使用类选择器添加一个通用样式。最终 CSS 样式代码如下。

```
@charset "utf-8";
/* CSS Document */
body{ background:url(img/01.jpg);background-position: 50% 10%; background-repeat:no-repeat;}

/* 通用样式 */
.center{ text-align:center;}

/* 标题 */
#bannr{ font-family:Arial, Helvetica, sans-serif; font-size:150px; color:rgb(189,45,48); height:200px;}

/* 副标题 */

#YW{ font-family:"Arial Black", Gadget, sans-serif; font-size:36px; height:50px;}
#JS{ font-size:36px; height:50px;}

/* 正文 */
.small{ font-size:12px;}
```

（4）在 HTML 代码头部插入 CSS 样式，代码如下。

```
<link href="404.css" rel="stylesheet" type="text/css" />
```

（5）最终 404 页面的 HTML 代码如下。

```
<!DOCTYPE html >
<html xmlns="http://www.w3.org/1999/xhtml">
<head>
<meta http-equiv="Content-Type" content="text/html; charset=utf-8" />
```

```
<title>404 页面</title>
<link href="404.css" rel="stylesheet" type="text/css" />
</head>

<body>
<p id="bannr" class="center">404</p>
<p id="YW" class="center">Sorry, the page does not exist!</p>
<p id="JS" class="center">您需要的网页不存在！</p>
<p class="small center">此网页可能没有发布，或者已被删除，也可能由于错误的链接把您带到了这里。</p>
<p class="small center">无论如何，请您及时与我们取得联系，通过下面的邮箱向我们提交这个错误的链接</p>
<p class="small center">服务邮箱：server@123456789.com.cn</p>
</body>
</html>
```

CSS 样式代码如下。

```
@charset "utf-8";
/* CSS Document */

body{ background:url(img/01.jpg);background-position: 50% 10%; background-repeat:no-repeat;}
/* 通用样式 */
.center{ text-align:center;}

/* 标题 */
#bannr{ font-family:Arial, Helvetica, sans-serif; font-size:150px; color:rgb(189,45,48);
height:200px;}

/* 副标题 */

#YW{ font-family:"Arial Black", Gadget, sans-serif; font-size:36px; height:50px;}
#JS{ font-size:36px; height:50px;}

/* 正文 */
.small{ font-size:12px;}
```

效果如图 3.27 所示。

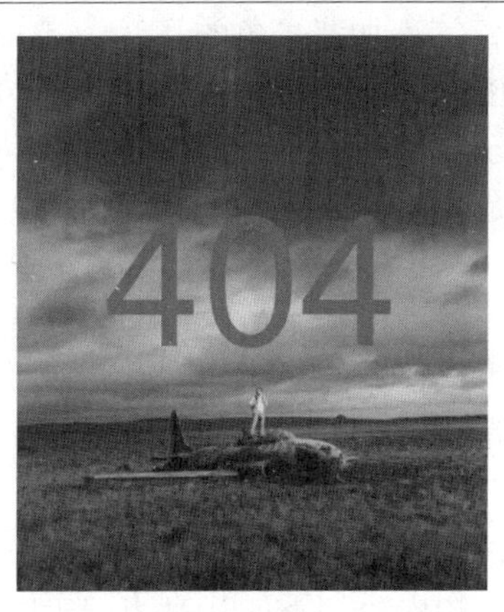

图 3.27 404 页面

疑难解答

1．什么时候使用 id 选择器，什么时候使用类选择器？

id 选择器可以精准查找某个元素，类选择器可以一次性查找多个元素。在布局 CSS 样式时，对于元素的特殊样式，默认使用 id 选择器设置。对于通用样式，默认使用类选择器实现。例如，为某个元素增加独特的背景颜色通过 id 选择器实现。为多个元素添加浮动样式，默认使用类选择器实现。

2．伪类选择器的常用方式有哪些？

伪类选择器最大的特点是可以根据元素的不同状态指定元素的样式。在网页交互效果设计中，最常用的伪类选择器包括获取焦点选择器:focus 和鼠标悬停选择链接选择器 a:hover 两种。其中，选择器:focus 多用在用户选中表单后修改样式，选择器 a:hover 多用在鼠标与元素交互时修改样式。

思考与练习

一、填空题

1．CSS 用于定义网页的样式，包括针对不同设备和屏幕尺寸的________和________。

2．CSS 技术是为了解决 HTML 页面________而诞生的。

3．修改标签<p>的颜色属性为红色，字号为 30px，代码为________。

4．CSS 样式表的引入方式有________、________、________3 种。

5．CSS 选择器分为________、________、关系选择器、伪类选择器和________。

6．基础选择器分为________、________、类选择器和组合选择器。

二、选择题

1．下列哪一项是 CSS 正确的语法构成？（　　）

A．body:color=black　　B．{body;color:black}

C．body{color:black}　　D．{body:color=black}

2．下面哪一项 CSS 属性是用来改变背景色的？（　　）

A．background-color　B．bgcolor　C．color　D．text

3．下面代码中，为所有<h1>标签添加背景色的是（　　）。

A．.h1 { background-colo:ffff }　　B．h1 { background-color;}

C．h1.all { background-colo:-:f#fff }　　D．#h1 { background-olffff }

4．下面不属于关系选择器的是（　　）。

A．后代选择器　　B．子选择器

C．相邻兄弟选择器　　D．id 选择器

5．下面代码中，没有使用伪类选择器的是（　　）。

A．a:active　B．input:checked　C．::after　D．input:disabled

三、上机实验题

1．实现当鼠标指针放置在链接上方，a 元素的字号放大，并且颜色变红的效果。

2．制作一个活动通知页面。通知内容如下：2021 年 11 月 11 日下午 2 点，全体单身同事请到餐厅集合，参加相亲大会。

制作要求：自由设计版式，包含图片（自选）、通知内容。

3．设置网页整体背景为黑色，p 元素为白色、20px 大小的文本。

4．使用 id 选择器设定 p 元素的背景色为黑色，文本颜色为白色。

5．使用 class 选择器设定 h2 元素的背景色为红色，文本颜色为蓝色。

6．使用关系选择器设定 p 元素中的 a 元素的背景色为蓝色，文本颜色为白色。

4 Chapter

第 4 章 CSS 网页元素

学习目标

- ❑ 掌握使用 CSS 样式修改文本、表格和列表的样式
- ❑ 掌握盒子模型的概念和使用
- ❑ 掌握 CSS 高级属性

CSS 提供了一套比 HTML 标签属性更加炫丽丰富的元素显示样式。CSS 样式属性大致可以分为文本、边框、列表、光标、滤镜等。本章将讲解使用 CSS 网页元素实现文本、表格、列表、盒子模型以及 CSS 高级属性的内容。

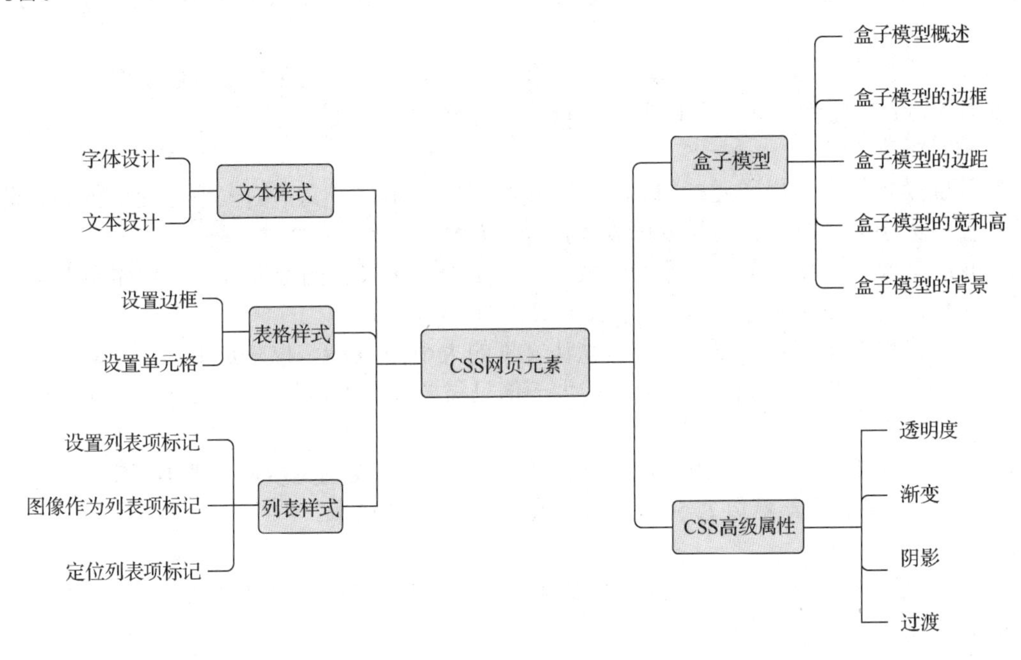

4.1 文本样式

文本是网页的主体内容之一，是最主要的信息载体。恰当的文本样式不仅能给用户带来高效的阅读效率，而且能让用户有非常舒适的阅读体验。CSS 提供的文本样式属性可以通过字体设计

和文本设计两部分实现更加丰富的文本外观样式。本节将讲解使用 CSS 属性控制文本样式的相关内容。

扫码看微课

CSS 字体设计

4.1.1 字体设计

字体设计主要涉及文本的字体、字号、颜色以及语义样式和特殊显示样式的实现。字体设计要遵循识别度和美感两个基本原则。

- 识别度十分好理解，文本越周正越清晰，其识别度越高。在网页中使用识别度越高的字体，文本信息传递效率越高。影响文本识别度的主要因素包括文本字体和颜色搭配两方面。
- 美感是指在合适的场景使用合适的表达方式，并不是越花哨越美。例如，设计学校或公务网站，其文本要简单大方，颜色尽量庄重严肃。制作传媒类网站，文本显示就可以变化多样，可以通过圆润或花哨的字体、多种字号以及多种颜色搭配等方式给人时尚的感觉。

CSS 拥有多个字体属性，可用于修改对应文本的字体、字号等外观样式。

1. 文本字体

font-family 属性用于设置文本的字体，其语法形式如下。

```
font-family:'字体名称'
```

其中，字体名称须使用英文单引号（'）或双引号（"）引导。网页中常用的字体有宋体、黑体等。这些字体的笔画非常简洁，结构清晰，识别度较高。

2. 文本字号

font-size 属性用于设置文本的字号，其语法形式如下。

```
font-size:值
```

其中，值由一个整数和一个长度单位组成。长度单位包括绝对长度和相对长度两种形式。

（1）绝对长度

绝对长度是指直接指定文本的大小，不会受其他因素影响。绝对长度可以使用的长度单位包括 in（英寸）、cm（厘米）、mm（毫米）和 pt（磅）。

（2）相对长度

相对长度是指相对于周围元素的大小，采用相对长度单位，文本的大小会受浏览器的设置以及浏览器窗口大小的影响。相对长度单位包括以下几种。

- px：是像素，1px 是一个像素的大小，它是相对于设备的长度单位，具体要根据显示器屏幕的分辨率确定。段落标签<p>的文本大小默认为 16px。
- em：是相对于默认文本的大小，默认文本的大小为 16px，也就是 1em。如果当前元素为段落标签<p>，1em 就等于 16px。将字号扩大一倍只需要设置<p>的大小为 2em，表示<p>的文本大小为 32px。
- vm：为相对窗口大小。使用该单位设置的文本大小会受浏览器窗口大小的影响。1vm = 窗口宽度的 1%。如果浏览器窗口为 50 厘米宽，则 1vm 为 0.5 厘米。

3. 文本加粗

文本加粗用于强调某些文本内容，如重点的讲话内容、新闻的主题内容。文本加粗须使用 font-weight 属性，其语法形式如下。

```
font-weight:属性值
```

其中，该属性的值如表 4.1 所示。

表 4.1 font-weight 属性的值

值	描述
normal	默认值，定义标准的字符

续表

值	描述
bold	定义粗体字符
bolder	定义更粗的字符
lighter	定义更细的字符
100~900（100的整数倍）	定义由细到粗的字符。其中400等同于normal，700等同于bold，该值越大，字体越粗

4. 斜体文本

斜体文本用于强调作品的名称，如诗歌、电影、戏剧等。另外数学中的变量也可以使用斜体表示。当然，在网页中为了美观也可以使用斜体。实现文本斜体显示须使用 font-style 属性，其语法形式如下。

```
font-style:属性值
```

其中，该属性的值如表 4.2 所示。

表 4.2　font-style 属性的值

值	描述
normal	文字正常显示
italic	文本以斜体显示
oblique	文本倾斜（倾斜与斜体非常相似，但支持较少）显示

5. 综合设置样式

由于 CSS 文本样式属性的代码量较多，所以为了简写代码，CSS 提供了 font 属性用于简写字体属性，其语法形式如下。

```
font: font-style 的值 font-variant 的值 font-weight 的值 font-size 的值/line-height 的值 font-family 的值
```

其中，font-size 的值和 font-family 的值是必需的，其他属性值可以省略，或显示为默认值。“font-size 的值/line-height 的值”用于指定字号和行高，其书写形式如下。

```
20px/30px
```

font-variant 的值用于指定是否以缩小后的大写字母替代小写字母，这在中文网页中使用较少。

【示例 4-1】使用 CSS 字体属性修改字体样式。

```
<!DOCTYPE html >
<html xmlns="http://www.w3.org/1999/xhtml">
<head>
<meta http-equiv="Content-Type" content="text/html; charset=utf-8" />
<title>字体设计</title>
<style>
#family{ font-family:"黑体";}
#size{ font-size:36px;}
#weight{ font-weight:bolder;}
#italic{ font-style:italic;}
#all{ font:italic  small-caps bold 28px/30px "楷体"}
</style>
</head>
<body>
<h1 align="center">唯美古诗词鉴赏</h1>
<p id="family">枯藤老树昏鸦，小桥流水人家，古道西风瘦马。</p>
<p id="size">月落乌啼霜满天，江枫渔火对愁眠。姑苏城外寒山寺，夜半钟声到客船。</p>
<p id="weight">在天愿作比翼鸟，在地愿为连理枝。</p>
```

```
<p id="italic">落霞与孤鹜齐飞，秋水共长天一色。</p>
<p id="all">多情自古伤离别，更那堪，冷落清秋节！今宵酒醒何处？杨柳岸，晓风残月。</p>
</body>
</html>
```

效果如图 4.1 所示。从图 4.1 可以看出，通过不同的 CSS 字体属性可以准确修改对应元素中文本的显示样式。另外，在代码量较小的情况下，使用 font 属性直接定义字体样式效率更高。

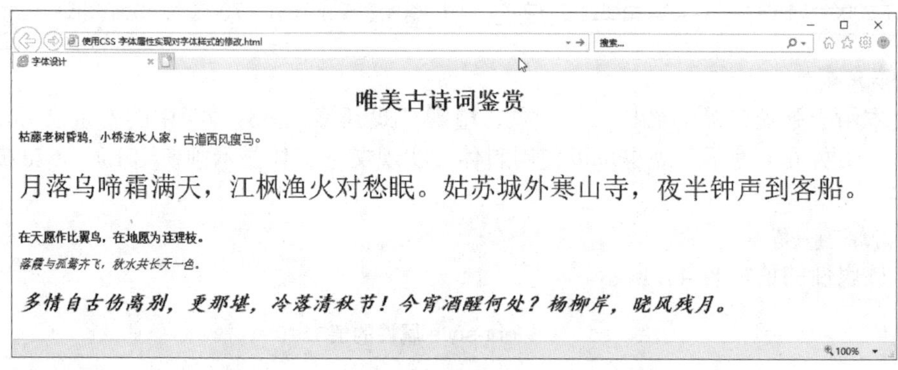

图 4.1　字体设计效果

4.1.2　文本设计

文本设计主要涉及文本的外观、排版格式等方面样式的实现，具体包括文本的颜色、缩进、装饰、对齐等方面。

扫码看微课

CSS 文本设计

1. 文本颜色

文本颜色使用 color 属性实现，其语法形式如下。

```
color:属性值
```

其中，color 属性值包含 3 种方式。

- ❑ 颜色名称：直接使用 CSS 预存的颜色名称设置文本颜色，包括“red”“blue”“green”等常用颜色。
- ❑ 十六进制：使用 6 位或 3 位十六进制数（0～9 和 A～F 共 16 位）表示颜色。例如，白色的十六进制数可以为#FFFFFF 或#FFF。
- ❑ RGB 代码：RGB 色彩是通过对红（R）、绿（G）、蓝（B）3 个颜色通道的变化以及它们相互之间的叠加来得到各式各样的颜色。例如，白色为 rgb(255,255,255)。

2. 文本背景色

背景色用于设置文本的背景颜色，使用 background-color 属性实现，其语法形式如下。

```
background-color:颜色值
```

其中，颜色值与 color 属性的颜色值使用方式相同。

3. 文本对齐

文本水平对齐使用 text-align 属性实现，其语法形式如下。

```
text-align:属性值
```

其中，属性值包含 left（左对齐）、right（右对齐）、center（居中对齐）和 justify（两端对齐）。两端对齐可以将大段文本的左右两侧完全对齐，解决因为符号影响导致每行文字参差不齐的问题。

4. 文本转换

文本转换用于控制英文字母的大小写，使用 text-transform 属性实现，其语法形式如下。

```
text-transform:属性值
```

其中，属性值包含 none（不转换，为默认值）、capitalize（首字母大写）、uppercase（全部字符大写）和 lowercase（全部字符小写）。

5. 文本装饰

文本装饰是通过控制下划线、删除线或上划线来修改文本样式，最常用就是取消<a>标签的下划线。该样式使用 text-decoration 属性实现，其语法形式如下。

```
text-decoration:属性值
```

其中，属性值包含 none（正常文本，为默认值）、underline（下划线）、overline（上划线）和 line-through（删除线）。

6. 文字间距

文字间距是指文字与文字之间的空白距离，使用 letter-spacing 属性实现，其语法形式如下。

```
letter-spacin:属性值
```

其中，属性值可以为不同单位的数值，也允许使用负值，默认值为 normal。

7. 文本首行缩进

首行缩进样式一般位于段落的起始位置，可以使用 text-indent 属性实现，其语法形式如下。

```
text-indent:属性值
```

其中，属性值支持多种单位的数值，包括常用的长度单位、em、百分比等。该属性值允许使用负值，并建议使用 em 作为设置单位。例如，缩进 2 个字符就是 2em，这样比较好掌握缩进尺寸。

8. 文本空格、空行的控制

在 HTML 中可使用转义符 来显示网页中的空格，在 CSS 中可使用 white-space 属性来实现，其语法形式如下。

```
white-space:属性值
```

其中，属性值的具体功能如下。

- normal：为默认值，文本中的空格、空行无效，文本满一行后自动换行。
- pre：设置按文档的书写格式保留空格、空行，换行原样显示。
- nowrap：设置空格、空行无效，强制文本不能换行，除非遇到换行标签
。内容超出元素的边界也不换行，若超出浏览器页面，则自动增加滚动条。

9. 文本阴影

为文本添加阴影可以增强文本内容的立体感，使用 text-shadow 属性可实现这一效果，其语法形式如下。

```
text-shadow:水平距离属性值 垂直距离属性值 模糊半径属性值 阴影颜色属性值
```

其中，属性值的具体功能如下。

- h-shadow（水平距离）：用于设置水平阴影的距离。
- v-shadow（垂直距离）：用于设置垂直阴影的距离。
- blur（模糊半径）：用于设置模糊半径。
- color（阴影颜色）：用于设置阴影颜色。

【示例 4-2】使用 CSS 文本属性修改文本样式。

```
<!DOCTYPE html >
<html xmlns="http://www.w3.org/1999/xhtml">
<head>
<meta http-equiv="Content-Type" content="text/html; charset=utf-8" />
<title>文本设计</title>
<style>
p{ font-family:"楷体";}
#color{ color:#0099FF;}
#bcolor{ color:#FFFFFF; background-color:#0000FF;}
```

```
#ta{ text-align:right;}
#td{ text-decoration:overline;}
#td b{ text-decoration:line-through;}
#td a{ text-decoration:none;}
#ls{ letter-spacing:2em;}
#ti{ text-indent:4em;}
#ws{ white-space:pre; }
#tsd{ text-shadow:10px 10px 2px red; }
</style>
</head>
<body>
<h1 align="center">古诗词鉴赏</h1>
<p id="color">风华是一指流砂，苍老是一段年华。</p>
<p id="bcolor">举杯独醉，饮罢飞雪，茫然又一年岁。</p>
<p id="ta">长街长，烟花繁，你挑灯回看。</p>
<p id="td">多少红颜悴，<b>多少相思碎</b>，唯留血染墨香哭乱冢。<a href="#">琵琶吟</a></p>
<p id="ls">前不见古人，后不见来者。念天地之悠悠，独怆然而涕下！</p>
<p id="ti">昨夜雨疏风骤，浓睡不消残酒。试问卷帘人，却道海棠依旧。知否，知否？应是绿肥红瘦。</p>
<p id="ws">十年生死两茫茫，不思量，自难忘。千里孤坟，无处话凄凉。
纵使相逢应不识，尘满面，鬓如霜。
夜来幽梦忽还乡，小轩窗，正梳妆，相顾无言，惟有泪千行。
料得年年肠断处，明月夜，短松冈。</p>
<p id="tsd">锦瑟无端五十弦，一弦一柱思华年。庄生晓梦迷蝴蝶，望帝春心托杜鹃。沧海月明珠有泪，蓝田日暖玉生烟。此情可待成追忆，只是当时已惘然。</p>
</body>
</html>
```

效果如图 4.2 所示。从图 4.2 可以看出，使用对应的 CSS 文本属性依次实现了文本颜色、背景色、对齐、装饰、间距、首行缩进、格式保留，以及文本阴影的效果。

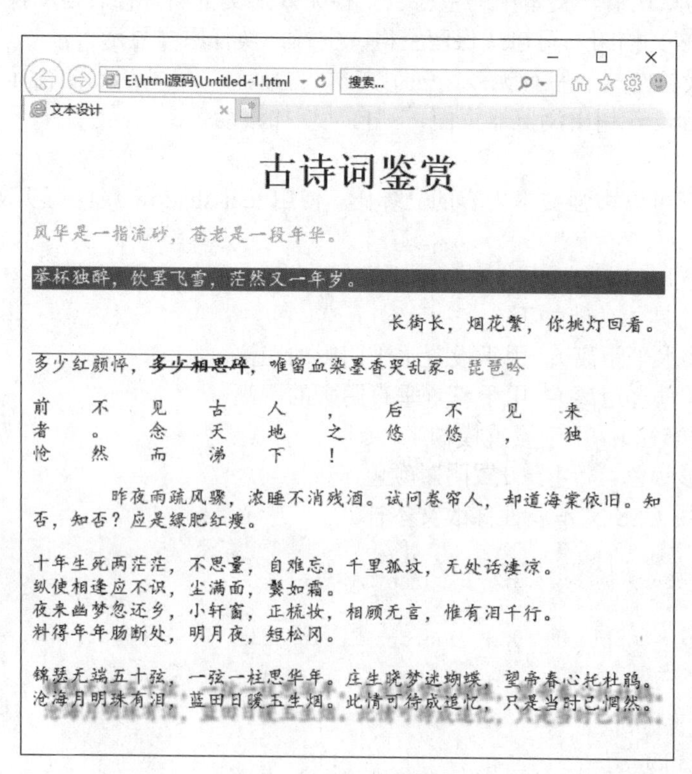

图 4.2　文本设计效果

4.2 表格样式

表格最主要的特点是可以对数据进行高效加载和展示，使信息表达更直观、易读。使用 CSS 样式可以对表格的边框、宽高、颜色等进行控制，让表格更加美观。本节将讲解使用 CSS 样式设置表格外观的相关内容。

扫码看微课

CSS 设置边框

4.2.1　设置边框

表格由<table>标签、<th>标签和<td>标签组成。使用 border 属性可以一次性设置表格 4 条边框的宽度、样式以及颜色，其语法形式如下。

```
border: 边框宽度属性值 边框样式属性值 边框颜色属性值
```

其中，每个属性值的可选值如下。

- 边框宽度属性值：包括 thin（细边框）、medium（中等边框）、thick（粗边框）和数值指定。
- 边框样式属性值：包括 dotted（点状）、solid（实线）、double（双线）和 dashed（虚线）。
- 边框颜色属性值：使用 3 种颜色表达方式中的一种即可。

【示例 4-3】使用 CSS 样式设置表格边框样式。

```
<!DOCTYPE html >
<html xmlns="http://www.w3.org/1999/xhtml">
<head>
<meta http-equiv="Content-Type" content="text/html; charset=utf-8" />
<title>表格边框</title>
<style>
table{ border:10px double #0000FF;}
tr th{ border:3px dashed #666666;}
tr td{ border:3px dotted #3366CC;}
</style>
</head>
<body>
<table align="center">
    <caption>员工信息表</caption>
    <tr align="center"><th>工号</th><th>姓名</th><th>年龄</th><th>性别</th></tr>
    <tr><td>001</td><td>张三</td><td>18</td><td>男</td></tr>
    <tr><td>002</td><td>李四</td><td>19</td><td>女</td></tr>
    <tr><td>003</td><td>王五</td><td>18</td><td>男</td></tr>
</table>
</body>
</html>
```

图 4.3　表格边框样式

效果如图 4.3 所示。从图 4.3 可以看出，表格外边框为双线，表头单元格为虚线，普通单元格为点状线。

4.2.2　设置单元格

设置单元格包括合并表格边框和控制单元格边距两种。

1. 合并表格边框

合并表格边框是将表格的边框与最外层单元格的边框

合并（即使它们重合）。合并边框须使用 border-collapse 属性，其语法形式如下。

扫码看微课

CSS 设置单元格

```
border-collapse:属性值
```

其中，属性值为 collapse，设置该属性值表示合并边框，没有设置该属性值表示不合并边框。

2. 控制单元格边距

单元格边距是指单元格内容与单元格边框之间的距离，可以通过<td>标签设置内边距样式属性 padding 来控制单元格边距，其语法形式如下。

```
padding:属性值
```

其中，属性值为一个以 px 为单位的数值。

【示例 4-4】使用 CSS 样式合并表格边框并设置单元格边距。

```
<!DOCTYPE html >
<html xmlns="http://www.w3.org/1999/xhtml">
<head>
<meta http-equiv="Content-Type" content="text/html; charset=utf-8" />
<title>表格边框</title>
<style>
table{ border:10px double #0000FF;  border-collapse: collapse;}
tr th{ border:3px dashed #666666;}
tr td{ border:3px dotted #3366CC;}
td{ padding:30px;}
</style>
</head>
<body>
<table align="center">
    <caption>员工信息表</caption>
    <tr align="center"><th>工号</th><th>姓名</th><th>年龄</th><th>性别</th></tr>
    <tr><td>001</td><td>张三</td><td>18</td><td>男</td></tr>
</table>
</body>
</html>
```

效果如图 4.4 所示。从图 4.4 可以看出，单元格最外层的边框与表格内层边框合并，并且单元格内容与单元格边框的距离设置为 30px。

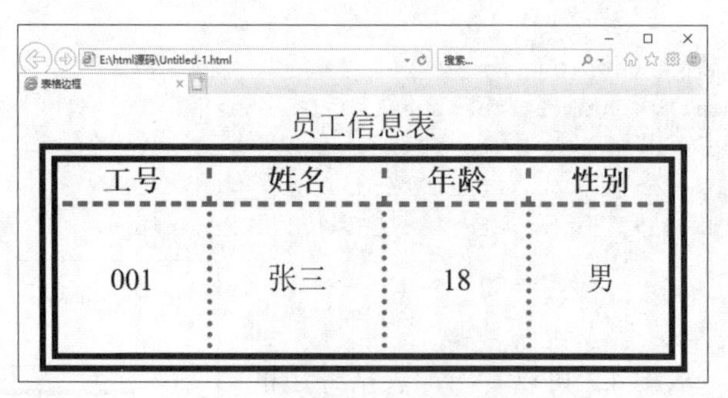

图 4.4　合并表格边框与设置单元格边距

4.3 列表样式

在网页中列表的使用是十分普遍的，特别是网页导航部分大多通过列表来实现。本节将讲解使用 CSS 样式设置列表样式。

4.3.1　设置列表项标记

扫码看微课

CSS 列表样式讲解

列表标签在使用时会带有默认的圆点或数字项目符号。如果想设置为其他项目符号或删除项目符号，则可以使用 list-style-type 属性实现，其语法形式如下。

```
list-style-type:属性值
```

其中，属性值如表 4.3 所示。

表 4.3　　list-style-type 属性值

属性值	描述
none	无标记
disc	默认值，标记是实心圆
circle	标记是空心圆
square	标记是实心方块
decimal	标记是数字
decimal-leading-zero	以0开头的数字标记，如01、 02、03等
lower-roman	小写罗马数字，如i、 ii、iii、iv、v等
upper-roman	大写罗马数字，如I、II、III、IV、V等
lower-alpha	小写英文字母，如a、b、c、d、e等
upper-alpha	大写英文字母，如A、B、C、D、E等
lower-greek	小写希腊字母，如alpha、beta、gamma等
lower-latin	小写拉丁字母，如a、b、c、d、e等
upper-latin	大写拉丁字母，如A、B、C、D、E等

注意

在网页布局中，特别是使用列表制作网页导航时，一般默认不显示列表的项目标记。所以，在 CSS 通用样式中会设置列表元素的 list-style-type 属性为 none。

【示例 4-5】设置列表的不同列表项标记。

```
<!DOCTYPE html >
<html xmlns="http://www.w3.org/1999/xhtml">
<head>
<meta http-equiv="Content-Type" content="text/html; charset=utf-8" />
<title>列表项目标记</title>
<style>
#none{ list-style-type:none; float:left;}
#circle{ list-style-type:circle; float:left;}
#square{ list-style-type:square; float:left;}
#dlz{ list-style-type:decimal-leading-zero; float:left;}
#lr{ list-style-type:lower-roman; float:left;}
#ur{ list-style-type:upper-latin; float:left;}
</style>
</head>
<body>
<ol id="none"><li>红茶</li><li>绿茶</li><li>果汁</li></ol>
<ol id="circle"><li>红茶</li><li>绿茶</li><li>果汁</li></ol>
<ol id="square"><li>红茶</li><li>绿茶</li><li>果汁</li></ol>
<ul id="dlz"><li>白菜</li><li>菠菜</li><li>土豆</li></ul>
<ul id="lr"><li>白菜</li><li>菠菜</li><li>土豆</li></ul>
```

```
<ul id="ur"><li>白菜</li><li>菠菜</li><li>土豆</li></ul>
</body>
</html>
```

效果如图 4.5 所示。从图 4.5 可以看出，使用不同的属性值可以显示不同的列表项标记。其中，代码“float:left;”用于让列表依次在一行中显示。

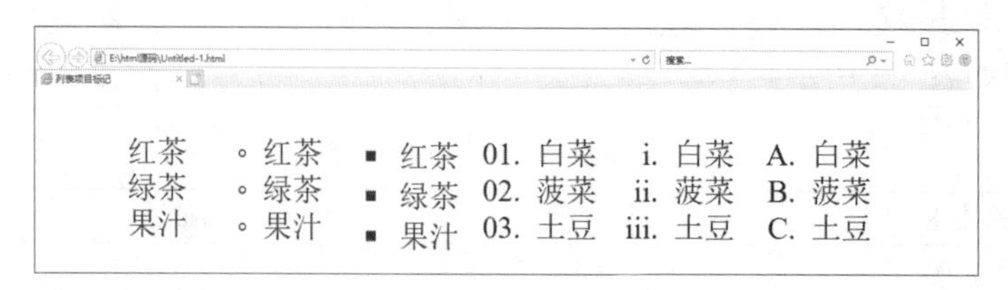

图 4.5 不同列表项标记的样式

4.3.2 图像作为列表项标记

如果 CSS 提供的列表项标记无法满足设计者的需求，则还可以使用 list-style-image 属性将指定的图片作为列表项标记，其语法形式如下。

```
list-style-image:url(图片路径);
```

【示例 4-6】将指定图片作为列表项标记。

```
<!DOCTYPE html >
<html xmlns="http://www.w3.org/1999/xhtml">
<head>
<meta http-equiv="Content-Type" content="text/html; charset=utf-8" />
<title>图片列表项</title>
<style>
ul{ list-style-image:url(04/image/flw15.png)}
</style>
</head>
<body>
<ul><li>红茶</li><li>绿茶</li><li>果汁</li></ul>
</body>
</html>
```

效果如图 4.6 所示。从图 4.6 可以看出，列表项标记变为了指定的图片。

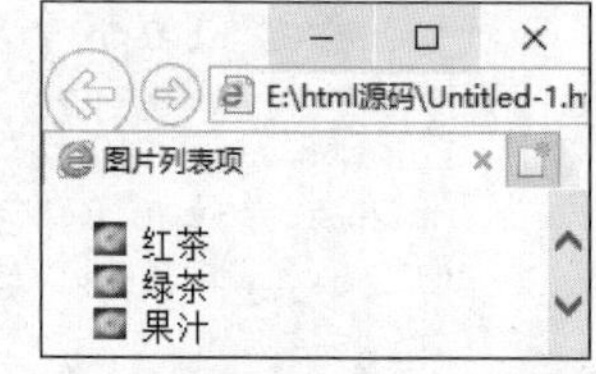

图 4.6 将图片作为列表项标记

4.3.3 定位列表项标记

列表项标记的位置包括列表文本以内和列表文本以外两种。使用 list-style-position 属性可以对其位置进行控制，其语法形式如下。

```
list-style-position:属性值
```

其中，属性值包括 inside（列表项标记位于列表文本以内）、outside（列表项标记位于列表文本以外）和 inherit（从父级标签继承该属性）。

【示例 4-7】使用 CSS 样式控制列表项标记的位置。

```
<!DOCTYPE html >
<html xmlns="http://www.w3.org/1999/xhtml">
<head>
<meta http-equiv="Content-Type" content="text/html; charset=utf-8" />
<title>列表项目标记位置</title>
<style>
#lr{ list-style-type:lower-roman; list-style-position:inside; }
#ur{ list-style-type:lower-roman; list-style-position:outside; }
```

```
</style>
</head>
<body>
<ul id="lr"><li>白菜</li><li>菠菜</li><li>土豆</li></ul>
<ul id="ur"><li>白菜</li><li>菠菜</li><li>土豆</li></ul>
</body>
</html>
```

效果如图 4.7 所示。从图 4.7 可以看出，属性值设置为 inside 的列表项标记会向内缩进 2 个字符的位置，表示该标记项处于文本的位置之内。

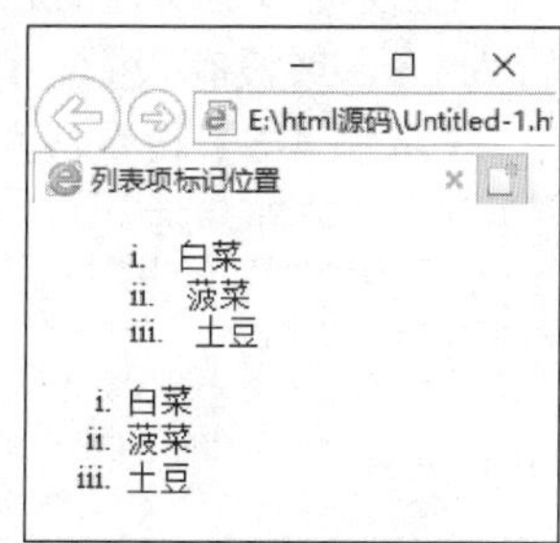

图 4.7　列表项标记位置

4.4　盒子模型

盒子模型是网页布局的基础，初学者熟练掌握盒子模型的使用，能更好地对网页进行布局设计。本节将讲解盒子模型的概念、盒子属性的相关内容。

4.4.1　盒子模型概述

扫码看微课

盒子模型基础讲解

盒子模型（Box Model）是 CSS 为了提高网页布局效率而引入的一个概念。在 CSS 中，将元素看作一个盒子模型，通过多个属性来控制模型的布局。盒子模型如图 4.8 所示。

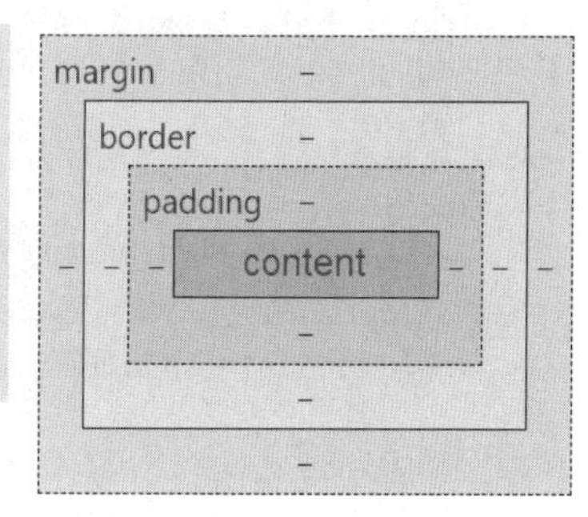

图 4.8　盒子模型

盒子模型的属性如下。

- border（边界）：盒子的四周。
- margin（外边距）：盒子与盒子之间的距离。
- padding（内边距）：盒子中的内容与盒子之间的边界。
- content（内容）：盒子中的内容，即在网页中显示的内容。

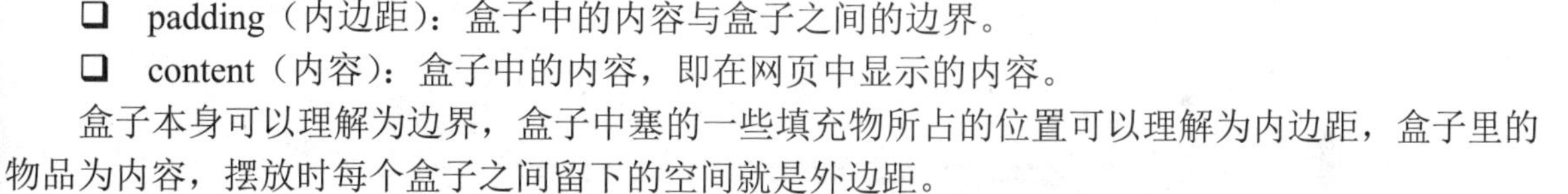

盒子本身可以理解为边界，盒子中塞的一些填充物所占的位置可以理解为内边距，盒子里的物品为内容，摆放时每个盒子之间留下的空间就是外边距。

在 HTML 页面中几乎所有的标签都能当作盒子使用。每个盒子会在网页中占有一定的位置和空间。每个盒子之间又会相互影响，最终形成一个网页的内容。

4.4.2　盒子模型的边框

盒子模型的边框样式可以通过 CSS 属性指定。盒子的边框属性如表 4.4 所示。

表 4.4　盒子的边框属性

设置内容	属性与语法	常用属性值
边框样式	border-style:上边 右边 下边 左边;	none（无）、solid（单实线）、dashed（虚线）、dotted（点线）和double（双实线）
边框宽度	border-width:上边 右边 下边 左边;	thin（细边框）、medium（中等边框）、thick（粗边框）和px像素
边框颜色	border-color:上边 右边 下边 左边;	颜色值、#十六进制数、rgb(r,g,b)、rgb(r%,g%,b%)
综合设置边框	border:四边宽度 四边样式 四边颜色;	border-width的值、border-style的值、border-color的值
圆角边框	border-radius:水平半径参数/垂直半径参数;	像素值或百分比

续表

设置内容	属性与语法	常用属性值
图片边框	border-images:图片路径 裁切方式/边框宽度/边框扩展距离 重复方式;	重复方式包括平铺(repeat)、铺满(round)和拉伸(stretch)

在设置边框属性时，需要先设置边框样式属性，然后设置其他属性。如果边框样式的属性设置为 none 或没有设置，那么其他边框属性将无法实现。

【示例 4-8】设置段落标签<p>的边框样式。

```
<!DOCTYPE html >
<html xmlns="http://www.w3.org/1999/xhtml">
<head>
<meta http-equiv="Content-Type" content="text/html; charset=utf-8" />
<title>盒子的边框</title>
<style>
#quan{ border-style:double; border-color:#FF0000; border-width:10px; border-radius:3em;}
#up{ border-style:solid; border-width:15px;  border-image:url(04/image/02.png)5 5 5 5 
repeat;}
#four{ border-style:solid double dotted dashed ; border-color:#FF0000 #00CC33 #0066FF 
#000000; border-width:5px 10px 5px 10px; }
</style>
</head>
<body>
<p id="quan">设置边框宽度为 10px,样式为双实线，颜色为红色，圆角半径为 2em</p>
<p id="up">设置边框为图片，原图片为<img src="04/image/02.png"/></p>
<p id="four">设置边框四条边颜色、样式和宽度不同</p>
</body>
</html>
```

效果如图 4.9 所示。从图 4.9 可以看出，边框的样式可以一次性设置，也可以分别设置，并且可以使用图片作为边框。

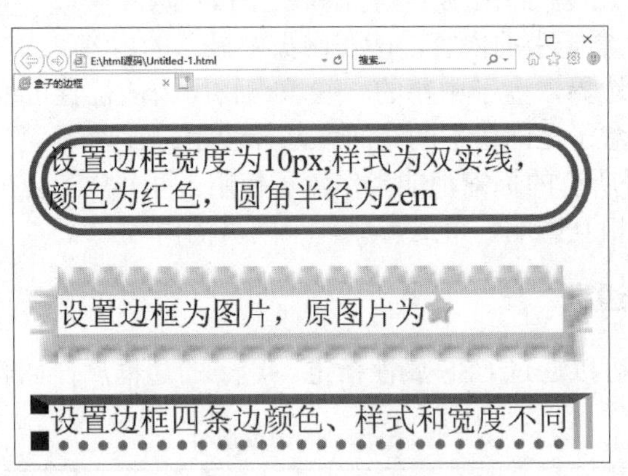

图 4.9 盒子的边框样式

4.4.3 盒子模型的边距

盒子模型的边距分为外边距和内边距两部分。控制这两个边距可以精准控制盒子在网页中的位置。

1. 外边距

外边距是当前盒子边框与其他盒子之间的距离，就像给盒子增加了一层保护罩，保护罩的厚度就是外边距。外边距使用 margin 属性控制，该属性可以单独控制每条边的外边距，其语法形式如下。

```
margin-top:上外边距;
margin-right:右外边距;
margin-bottom:下外边距;
margin-left:左外边距;
```

另外，该属性还可以一次性控制 4 条边的外边距，其语法形式如下。

```
margin:4 条边的外边距;
```

其中，4 条边的外边距也可以成对设置，其语法形式如下。

```
margin:上下外边距 左右外边距;
```

或者，分别设置上下边距，统一设置左右边距，其语法形式如下。

```
margin:上外边距 左右外边距 下外边距;
```

对于块元素来说，如果使用了 width 属性，那么配合以下代码

```
margin:0 auto;
```

可以让块元素在网页中居中显示，这种做法是网页布局最常用的方式。

2. 内边距

内边距是盒子边框与盒子中内容之间的距离。内边距使用 padding 属性控制，该属性可以单独控制每条边框的外边距，其语法形式如下。

```
padding-top:上内边距;
padding-right:右内边距;
padding-bottom:下内边距;
padding-left:左内边距;
```

另外，该属性还可以一次性控制 4 条边框的内边距，其语法形式如下。

```
padding:4 条边框的内边距;
```

其中，4 条边框的内边距也可以成对设置，其语法形式如下。

```
padding:上下外内距 左右内边距;
```

或者分别设置上下内边距，统一设置左右内边距，其语法形式如下。

```
padding:上外内边距 左右内边距 下内边距;
```

3. 内外边距清理

为了使浏览器的默认样式尽量一致，在网页布局之前，通常会在 CSS 样式起始部分添加清理代码，其中最重要的一项是内外边距清零，清零代码如下。

```
*{
    padding:0;          /*清除内边距*/
    margin:0;           /*清除外边距*/
}
```

这段代码的作用是将盒子的内边距和外边距都设置为 0，从而在布局元素时减少对应的干扰因素。

【示例 4-9】使用内外边距属性控制元素位置。

```
<!DOCTYPE html >
<html xmlns="http://www.w3.org/1999/xhtml">
<head>
<meta http-equiv="Content-Type" content="text/html; charset=utf-8" />
<title>盒子的边距</title>
<style>
a{ text-decoration:none; color:#000000; border:  1px solid #CCCCCC; margin:5px; padding:5px;}
a:hover{ background:#00CC66;}
</style>
</head>
<body>
```

```
<h1>商品展示</h1>
<a href="#"><img src="04/image/02.png"/>外套</a>
<a href="#"><img src="04/image/02.png"/>裤子</a>
<a href="#"><img src="04/image/02.png"/>棉衣</a>
<a href="#"><img src="04/image/02.png"/>鞋子</a>
</body>
</html>
```

效果如图 4.10 所示。从图 4.10 可以看出，4 个标签整齐地排列，实现了一个简单的导航栏效果。其中使用外边距控制每个<a>标签之间的距离，使用内边距控制文字与边框之间的距离。

图 4.10 控制盒子的内外边距

4.4.4 盒子模型的宽和高

在网页中，每个盒子模型都有固定的宽和高，但是每个盒子的宽和高并不是 width 属性和 height 属性指定的值，而是会受到外边距、内边距以及边框宽度的影响，如图 4.11 所示。

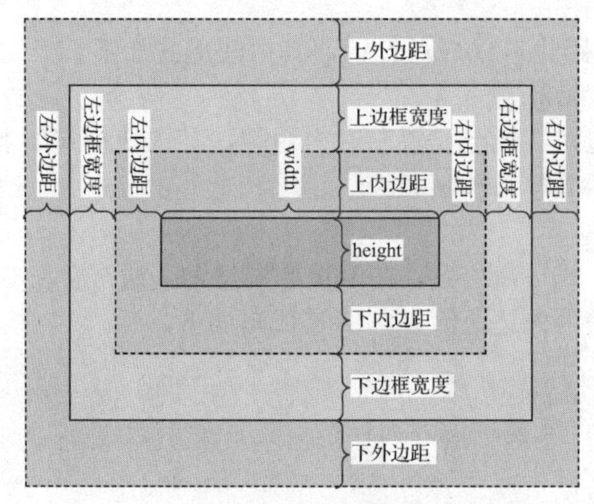

图 4.11 盒子的宽和高

盒子的宽与高的计算公式如下。

盒子的宽=width+左内边距+左边框宽度+左外边距+右内边距+右边框宽度+右外边距

盒子的高=height+上内边距+左边框宽度+上外边距+下内边距+下边框宽度+下外边距

所以，在布局元素时，一定要准确计算出每个盒子的宽和高，否则会导致布局混乱或者元素溢出。

4.4.5 盒子模型的背景

在网页设计中，根据网页展示的不同主题选择相应的背景作为衬托是十分重要的。合适的背景能让网页整体看起来浑然天成，从而提升用户的访问体验。CSS 提供了多个属性用于设置盒子的背景。

1. 设置背景色

设置盒子的背景色可以使用 background-color 属性实现，该属性可以为盒子设置一个纯色背景，并且该颜色会填充盒子除了外边距外的其他所有区域。如果盒子的边框为点状或虚线，则边框的空白部分也会显示背景色，该属性的语法形式如下。

```
background-color:背景色属性值;
```

其中，背景色属性值可以使用 3 种方式表示：颜色值、十六进制色值和 rgb 格式颜色值。

2. 设置背景图像

盒子的背景也可以设定为图像，需要使用 background-image 属性实现，图像会显示在除了外边距的其他范围内。该属性的语法形式如下。

```
background-image: url(路径);
```

3. 设置图像重复显示方式

背景图像在显示时默认位于盒子的左上角，并且在水平方向和垂直方向不断重复。改变背景图像的重复显示方式可以使用 background-repeat 属性实现，其语法形式如下。

```
background-repeat:属性值;
```

其中，属性值的可选项如表 4.5 所示。

表 4.5 属性值可选项

属性值	描述
repeat	默认，背景图像将在垂直方向和水平方向重复显示
repeat-x	背景图像将在水平方向重复显示
repeat-y	背景图像将在垂直方向重复显示
no-repeat	背景图像将仅显示一次
inherit	规定应该从父级元素继承background-repeat属性的设置

4. 设置背景图像位置

设置背景图像位置可以使用 background-position 属性。通过精确控制图像位置，可以更好地实现图文混排效果。该属性的语法形式如下。

```
background-position:属性值;
```

其中，属性值的可选项如表 4.6 所示。

表 4.6 背景图像位置的属性值

属性值	语法形式	描述
预定义关键字	background-position: 关键字1 关键字2	如果仅规定了一个关键字，则第二个值默认为"center"。可选值包括top left、top center、top right、center left、center center、center right、bottom left、bottom center、bottom right
坐标百分比	background-position: x% y%	x%是水平位置，y%是垂直位置。 左上角是0% 0%，右下角是100% 100% 如果规定一个值，则另一个值是50%
坐标数值	background-position: xpos ypos	xpos是水平位置，ypos是垂直位置。 左上角是0 0。单位是像素（0px 0px）或任何其他单位。 如果规定了一个值，则另一个值是50% 可以混合使用%和position值

5. 设置背景图像固定位置

在网页的两侧空白处常常会出现一个位置固定不变的广告图片，滚动网页时也不会影响该图片的位置。这种效果可以使用 background-attachment 属性实现，其语法形式如下。

```
background-attachment:属性值
```

其中，属性值包括 scroll（跟随页面滚动）和 fixed（图像固定在屏幕上）两个值。

6. 综合设置背景图像

为了减少代码量，提高样式编写效率，还可以使用 background 对背景图像的相关样式进行一次性设置，其语法形式如下。

```
background:背景色 url("图像") 平铺 定位 固定;
```

【示例 4-10】使用背景属性布局图片。

```
<!DOCTYPE html >
<html xmlns="http://www.w3.org/1999/xhtml">
<head>
<meta http-equiv="Content-Type" content="text/html; charset=utf-8" />
<title>盒子的背景图</title>
<style>
body{width:1250px;margin:0
auto;background-color:#FFCC00;background-image:url(04/image/gd.png);
background-repeat:no-repeat; background-position:center right; background-attachment:fixed;}
h1{ background: url(04/image/h1b.png); height:50px; text-align:center; padding-top:10px; }
a:hover{ background:#00CC66;}
a{ margin-right:75px; width:200px; height:200px;}
#lft{ margin-left:105px;}
</style>
</head>
<body>
<h1>水果超市</h1>
<a id="lft" href="#"><img src="04/image/1.png"/></a>
<a href="#"><img src="04/image/2.png"/></a>
<a href="#"><img src="04/image/3.png"/></a>
<a href="#"><img src="04/image/4.png"/></a>
<a id="lft" href="#"><img src="04/image/4.png"/></a>
<a href="#"><img src="04/image/3.png"/></a>
<a href="#"><img src="04/image/1.png"/></a>
<a href="#"><img src="04/image/2.png"/></a>
</body>
</html>
```

效果如图 4.12 所示。从图 4.12 可以看出，<body>标签的背景色被设置为黄色，背景图片设置为于右侧中部不重复并且位置固定的反馈意见图片，滚动网页时，该图片不会移动。

图 4.12 盒子的背景图片

4.5 CSS 高级属性

为了去除冗余代码并丰富网页的样式功能，CSS3 添加了一些新的盒子模型属性，包括透明度、渐变、阴影和过渡等。

CSS 高级属性讲解

4.5.1 透明度

在网页设计中利用透明度调整可以实现视觉上的透明效果。例如，模拟玻璃效果，穿透上层图片看到背景色或背景图片的内容，形成一种神秘的朦胧感。调整透明度需要用到 opacity 属性，其语法形式如下。

```
opacity:属性值;
```

其中，属性值的取值范围为 0.0～1.0，属性值越低，透明度越高。

【示例 4-11】实现鼠标指针悬停在背景图片上时，透明度发生改变。

```
<!DOCTYPE html >
<html xmlns="http://www.w3.org/1999/xhtml">
<head>
<meta http-equiv="Content-Type" content="text/html; charset=utf-8" />
<title>透明度</title>
<style>
body{ background-color:#FFCC00;}
a:hover{ opacity:0.1;}
a{ margin-left:75px; width:200px; height:200px;}
</style>
</head>
<body>
<a href="#"><img src="04/image/2.png"/></a>
<a href="#"><img src="04/image/3.png"/></a>
<a href="#"><img src="04/image/4.png"/></a>
</html>
```

效果如图 4.13 所示。从图 4.13 可以看出，当鼠标指针悬停在对应图片上方时，图片的透明度发生改变，可以透过图片看到网页的背景色。

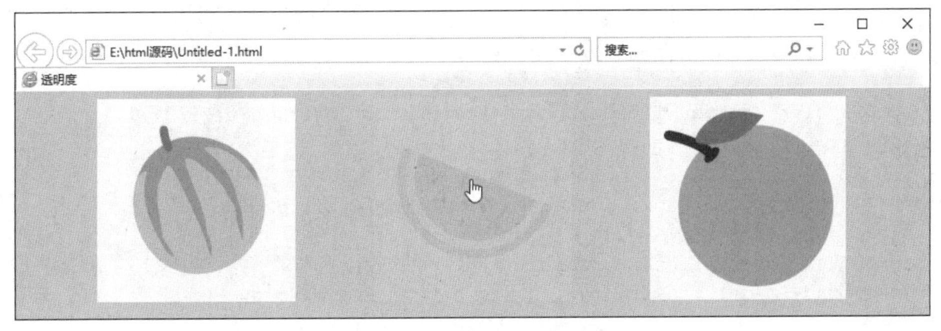

图 4.13　鼠标指针悬停时改变图片透明度

4.5.2 渐变

渐变色可以为平淡的网页设计增强醒目的感觉。渐变是色彩上的一个缓慢过渡过程，可以让人们在视觉上有一种流动感。CSS 中的渐变有线性渐变和径向渐变两种。

1. 线性渐变

线性渐变是颜色沿着一条轴线，从轴的起点到终点进行顺序渐变。使用属性 linear-gradient 可以实现线性渐变，其语法形式如下。

```
background-image: linear-gradient(渐变角度或渐变方向,颜色 1,……,颜色 n);
```

其中，每个属性的具体作用如下。

- 渐变角度：是指水平线与渐变线的夹角，可以使用以 deg 为单位的数值指定。
- 渐变方向：可以使用关键字直接指定，关键字包括 to bottom（默认）、to up、to left、to right、to bottom right、to bottom left、to up right、to up left。
- 颜色 1，……，颜色 n：颜色 1 为渐变的开始颜色，颜色 n 为渐变的结束颜色。在开始颜色和结束颜色之间还可以插入其他颜色，每种颜色之间用逗号隔开。

2. 径向渐变

径向渐变是指颜色从内到外进行圆形渐变，这里的径向就是半径的方向。使用属性 radial-gradient 可以实现径向渐变，其语法形式如下。

```
background-image: radial-gradient(形状 最远角 at 位置,颜色 1,……,颜色 n);
```

其中，每个属性的具体作用如下。

- 形状：即定义渐变的形状是 circle（圆）或 ellipse（椭圆），默认为 ellipse（椭圆）。
- 最远角：定义渐变的最远位置，也就是渐变的大小。盒子的左上为最近角，右上为最近边；左下为最远角，右下为最远边，使用预定义关键字实现。关键字包括 closest-side（半径为从圆心到最近边）、closest-corner（半径为从圆心到最近角）、farthest-side（半径为从圆心到最远边）和 farthest-side（半径为从圆心到最远角），默认值为 farthest-corner。
- at 位置：定义渐变的圆心，由 at 关键字与 x 轴和 y 轴的值两部分组成。两个轴的值可以为预定义关键字、数值以及百分比。x 轴关键字分别为 left、center 和 right，y 轴关键字分别为 top、bottom 和 center。圆形默认值为 center。数值的起始坐标（0.0）为盒子的左上角。x 轴的坐标值以盒子宽度为基准，采用百分比表示；y 轴的坐标值以盒子的高度为基准，采用百分比表示，圆心默认为（50%，50%）。
- 颜色 1，……，颜色 n：颜色 1 为渐变的开始颜色，颜色 n 为渐变的结束颜色。在开始颜色和结束颜色之间还可以插入其他颜色，每种颜色之间用逗号隔开。每种颜色和百分比或数值组合可以控制对应颜色的显示范围。

【示例 4-12】使用 CSS 属性实现不同的渐变效果。

```
<!DOCTYPE html >
<html xmlns="http://www.w3.org/1999/xhtml">
<head>
<meta http-equiv="Content-Type" content="text/html; charset=utf-8" />
<title>渐变色</title>
<style>
p{ width:300px; height:200px; float:left; margin-left:10px;}
mark{ background:#FFFFFF;}
#x1{ background-image: linear-gradient(red, yellow);}
#x2{ background-image: linear-gradient(to bottom right, red,orange,yellow,green,blue,
indigo,violet);}
#x3{ background-image: linear-gradient(-90deg, red,orange,yellow,green,blue,
indigo,violet);}
#j1{background-image: radial-gradient(red, yellow, green);}
#j2{background-image: radial-gradient(circle, red, yellow, green);}
#j3{background-image: radial-gradient(circle, red 30px, yellow 30px, green );}
#j4{background-image: radial-gradient(circle closest-side at 60% 55% , red, yellow, green);}
#j5{background-image: radial-gradient(circle farthest-side at 30px 30px, red, yellow,
green);}
```

```
    #j6{background-image: radial-gradient(circle closest-corner at center top , red, yellow, green);}
    </style>
    </head>
    <body>
    <p id="x1"><mark>默认线性渐变</mark></p>
    <p id="x2"><mark>关键字对角线性渐变</mark></p>
    <p id="x3"><mark>角度线性渐变</mark></p>
    <p id="j1"><mark>默认径向渐变</mark></p>
    <p id="j2"><mark>圆形位置径向渐变</mark></p>
    <p id="j3"><mark>控制颜色范围径向渐变</mark></p>
    <p id="j4"><mark>百分比定义圆形位置径向渐变</mark></p>
    <p id="j5"><mark>数值定义圆形位置径向渐变</mark></p>
    <p id="j6"><mark>关键字定义圆形位置径向渐变</mark></p>
    </html>
```

效果如图4.14所示。从图4.14可以看出，通过不同的设置方式可以实现不同的渐变效果。

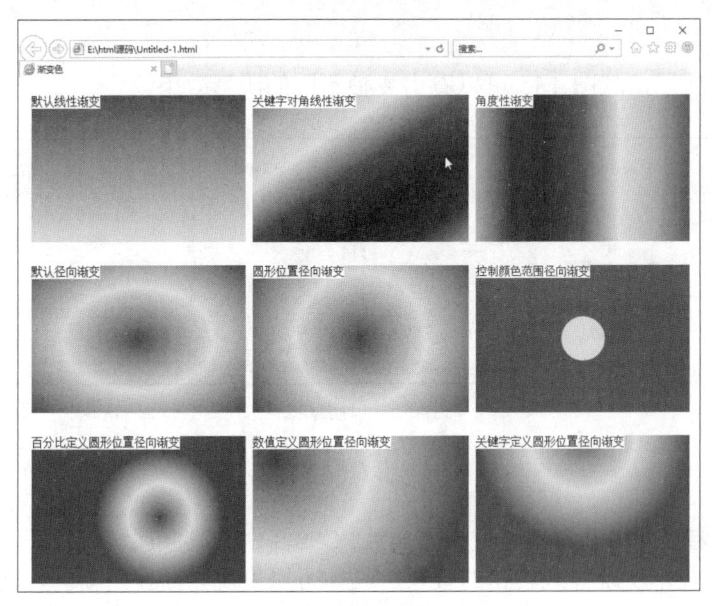

图4.14　渐变效果

4.5.3　阴影

为盒子添加阴影效果可以增强盒子的立体感。例如，模拟放在桌子上的卡片，卡片周围会有阴影出现。使用box-shadow属性可以实现阴影效果，其语法形式如下。

```
box-shadow: 水平阴影位置 垂直阴影位置 模糊距离 阴影尺寸 阴影颜色 内部阴影;
```

其中，每个属性的具体作用如下。

- 水平阴影位置：是指阴影在水平方向的位置，右侧为正值，左侧为负值，此项为必选项。
- 垂直阴影位置：是指阴影在垂直方向的位置，上侧为正值，下侧为负值，此项为必选项。
- 模糊距离：是指阴影的模糊效果，值越大模糊效果越好，此项为可选项。
- 阴影尺寸：默认尺寸与盒子大小相同，值越大阴影尺寸越大，此项为可选项。
- 阴影颜色：默认颜色为黑色，此项为可选项。
- 内部阴影：使用该值可以将阴影设置到盒子内部，如果颜色有差别，则可以看到内部阴影颜色，此项为可选项。

【示例 4-13】使用 CSS 属性为盒子添加阴影。

```
<!DOCTYPE html >
<html xmlns="http://www.w3.org/1999/xhtml">
<head>
<meta http-equiv="Content-Type" content="text/html; charset=utf-8" />
<title>阴影</title>
<style>
img{  margin-left:20px;}
#x1{ box-shadow:10px 10px;}                  /* 默认样式 */
#x2{ box-shadow:10px 10px 5px 10px grey ;} /* 添加阴影尺寸 */
#x3{ box-shadow:10px 10px 20px red ;}       /*添加阴影颜色*/
#x4{ box-shadow:0 4px 8px 0 grey;}          /* 制作一个卡片 */</style>
</head>
<body>
<img id="x1" src="04/image/1.png"/>
<img id="x2" src="04/image/1.png"/>
<img id="x3" src="04/image/1.png"/>
<img id="x4" src="04/image/1.png"/>
</html>
```

效果如图 4.15 所示，从图 4.15 可以看出 4 种不同的阴影效果。

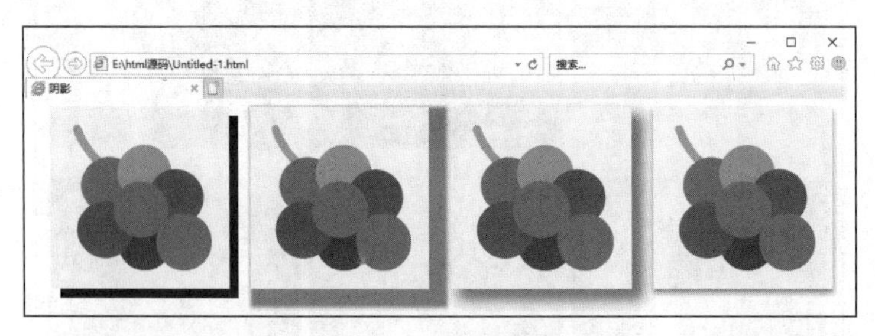

图 4.15　4 种阴影效果

4.5.4　过渡

过渡是指在一定时间内平滑地改变样式属性。CSS 3 中的过渡属性可以在不使用 Flash 动画或 JavaScript 脚本的前提下实现样式转变的效果，具体可以表现为渐显、渐弱、动画快慢等效果。

1. 控制等待时间

过渡效果会在特定的情况下触发。为了避免用户误操作导致展示过渡效果，可以在过渡效果触发之前增加一定的等待时间，以确认用户操作的准确性。

例如，在一个广告页中，当鼠标指针位于图片上方后实现慢慢展开大图的效果，由于展开后会遮挡半个网页，所以需要添加效果等待时间，以避免误操作导致频繁遮挡页面而影响用户体验。

控制过渡效果等待时间的属性为 transition-delay，该属性可以规定过渡效果何时开始，其语法形式如下。

```
transition-delay:time;
```

其中，time 属性的默认值为 0，常用单位是秒（s）或者毫秒（ms）。

2. 控制过渡效果

控制过渡效果是指指定要发生过渡效果的属性名称，使用 transition-property 属性实现。该属性可以指定要应用过渡效果的 CSS 属性名，其语法形式如下。

```
transition-property: none|all|property;
```

其中，每个属性的作用如下。

- none：没有属性获得过渡效果。
- all：所有属性都将获得过渡效果。
- property：定义应用过渡效果的CSS属性名称列表，各名称之间用逗号分隔。

3. 控制持续时间

控制持续时间是指控制过渡效果的持续时间，使用transition-duration属性实现。该属性可以规定显示完整过渡效果需要花费的时间，其语法形式如下。

```
transition-duration: time;
```

其中，time属性的默认值为0，表示没有效果，常用单位是秒（s）或者毫秒（ms）。

4. 控制曲线速度

为了让过渡效果更加丰富，可以控制曲线速度来让不同时间段的过渡特性运行速度不同。控制曲线速度使用transition-timing-function属性实现，其语法形式如下。

```
transition-timing-function: linear|ease|ease-in|ease-out|ease-in-out|cubic-bezier(n,n,n,n);
```

其中，每个属性的作用如下。

- linear：定义以相同速度开始至结束的过渡效果（等于cubic-bezier(0,0,1,1)）。
- ease：定义慢速开始，然后变快，再慢速结束的过渡效果（cubic-bezier(0.25,0.1,0.25,1)）。
- ease-in：定义慢速开始的过渡效果（等于cubic-bezier(0.42,0,1,1)）。
- ease-out：定义慢速结束的过渡效果（等于cubic-bezier(0,0,0.58,1)）。
- ease-in-out：定义慢速开始和结束的过渡效果（等于cubic-bezier(0.42,0,0.58,1)）。
- cubic-bezier(n,n,n,n)：在cubic-bezier函数中定义自己的值，取值范围为0～1。

5. 简写过渡效果

简写过渡效果是使用一个属性控制transition-property、transition-duration、transition-timing-function和transition-delay 4个属性，其语法形式如下。

```
transition: property duration timing-function delay;
```

其中，每个属性的作用如下所示。

- property：transition-property属性定义设置过渡效果的CSS属性的名称。
- duration：transition-duration属性定义过渡效果的持续时间。
- timing-function：transition-timing-function属性定义过渡效果的曲线速度。
- delay：transition-delay属性定义过渡效果何时开始。

【示例4-14】使用CSS属性实现一个宽、高以及颜色过渡的效果。

```
<!DOCTYPE html >
<html xmlns="http://www.w3.org/1999/xhtml">
<head>
<meta http-equiv="Content-Type" content="text/html; charset=utf-8" />
<title>过渡</title>
<style>
p{ height:200px; width:200px; background:#009933; transition:all 5s linear 1s;}
p:hover{ height:400px; width:400px; background:#FF0000;  }
</style>
</head>
<body>
<p></p>
</html>
```

效果如图4.16所示，p元素的默认背景色为绿色，宽和高都为200px，鼠标指针位于盒子模型上方1秒后，p元素的宽、高以及颜色发生变化，最终背景色为红色，宽和高都为400px。此时，移开鼠标指针，p元素的样式会慢慢恢复。

图 4.16　过渡效果

4.6 实战案例解析——招聘网页

当今社会，人们找工作和招聘都会去招聘网站，招聘网站最主要的就是招聘页面。本节将介绍招聘网页的设计过程。

（1）将网页根据文本内容属性进行分割，然后将对应的内容填入网页，代码如下。

```
<hr />
<h1>送餐员</h1>
北京送餐员 8000～15000
话补　加班补助
<hr />
招 80 人　学历不限　经验不限
申请职位　电话沟通
<hr />
职位描述
北京快达外卖大量招聘骑手啦！
本招聘是站点直招！外地员工可安排住宿、电动车，面试合格后，当天可办理入职
入职条件：
1. 年龄 18～50 周岁，身体健康
2. 经验不限、学历不限
3. 会使用智能手机，会操作手机导航
4. 有良好的服务意识
5. 无不良记录
薪资待遇：
薪资=单量提成（8～15 元每单）+全勤奖（500 元）+工龄奖+入职奖励+冲单奖（100 元～300 元）+平台冬补+夜班补助（每单多加 1～2 元），还有各种过节福利
在职骑手基本月入过万，平均薪资 8000～15000 元。
<hr />
```

效果如图 4.17 所示。

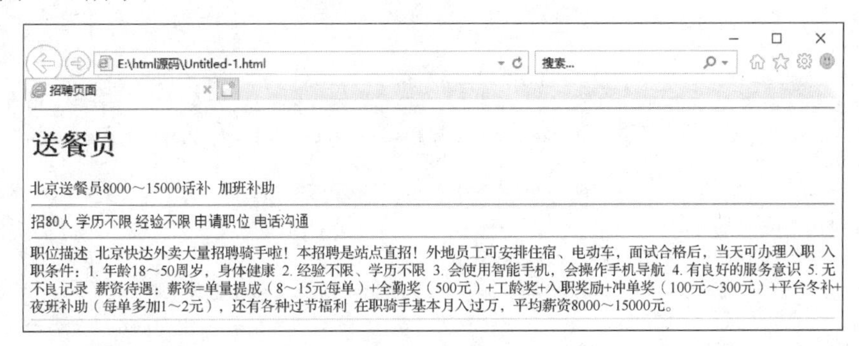

图 4.17　文本内容

（2）将图片以及样式插入网页，美化网页，代码如下。

```
<!DOCTYPE html >
<html xmlns="http://www.w3.org/1999/xhtml">
<head>
<meta http-equiv="Content-Type" content="text/html; charset=utf-8" />
<title>招聘页面</title>
<style>
/*通用样式*/
body{  background-color:#CC3;  color:#0276BF;  background-image:url(04/image/gd2.png); background-position:99% 50%; background-attachment:fixed; background-repeat:no-repeat; }
hr{ width:90%; align:center;}
p{ width:90%;  margin:0 auto;  }
mark{ background:#0099FF; }
.jg{margin-left:10px;}
a{ text-decoration:none;}
/* 标题样式   */
#banner{ background:#CC3; width:90%; height:200px; margin-left:65px; margin:0 auto; }
#dh{ height:100px;position: relative;
animation:mymove 5s ease 1s infinite alternate;}
@keyframes mymove {
  from   {left:0px; top:0px;transform: rotateY(0deg);}
  to  { left:100%; top:0px; transform: rotateY(180deg);}
  }
.bt{ font-size:36px; margin-top:10px; margin-bottom:10px;}
.bt2{ font-size:28px; margin-top:10px; margin-bottom:10px;}
/*正文样式   */
#m2{ margin-left:10px;}
p a{ margin-right:10px; }
#sqzw { height:90px; margin-top:30px;}
#gt{ margin-left:100px; }
#gt img{ height:30px; margin-right:10px;}
#gt2{ margin-left:100px; }
#gt2 img{ height:30px; margin-right:10px;}
/*页脚样式   */
#foot{ height:300px; widows:90%; background-image:url(04/image/foot.png);}
</style>
</head>
<body>
<p><img id="dh" src="04/image/de.png"/></p>
<hr />
<p id="banner" ><img  src="04/image/01.png"/> </p>
<hr />
<p class="bt">送餐员</p>
```

```
<p class="bt2">北京送餐员 8000～15000</p>
<p><mark>话补</mark>  <mark class="ty" id="m2">加班补助</mark></p>
<hr />
<p><a>招 80 人</a>|<a class="jg">学历不限</a>|<a class="jg">经验不限</a></p>
<p  id="sqzw"><a  href="#"><img  src="04/image/sq.png"/></a><a  href="#"  id="gt"><img
src="04/image/phone.png"/>电话沟通</a><a href="#" id="gt2"><img src="04/image/wx.png"/>微信沟
通</a></p>
<hr />
<p class="bt">职位描述</p>
<p class="bt2">北京快达外卖大量招聘骑手啦！</p>
<p>本招聘是站点直招！外地员工可帮安排住宿、电动车，面试合格后，当天可办理入职</p>
<hr />
<p class="bt2">入职条件：</p>
<p>1. 年龄 18～50 周岁，身体健康</p>
<p>2. 经验不限、学历不限</p>
<p>3. 会使用智能手机，会操作手机导航</p>
<p>4. 有良好的服务意识</p>
<p>5. 无不良记录</p>
<hr />
<p class="bt2">薪资待遇：</p>
<p>薪资=单量提成（8～15 元每单）+全勤奖（500 元）+工龄奖+入职奖励+冲单奖（100 元～300 元）+平台冬补+夜
班补助（每单多加 1～2 元），还有各种过节福利
在职骑手基本月入过万，平均薪资 8000～15000 元。</p>
<hr />
<p id="foot"></p>
</body>
</html>
```

效果如图 4.18 所示。从图 4.18 可以看出，招聘页面中使用了动画变形等 CSS3 的高级属性，并且使用盒子模型对全文的元素进行了排版。

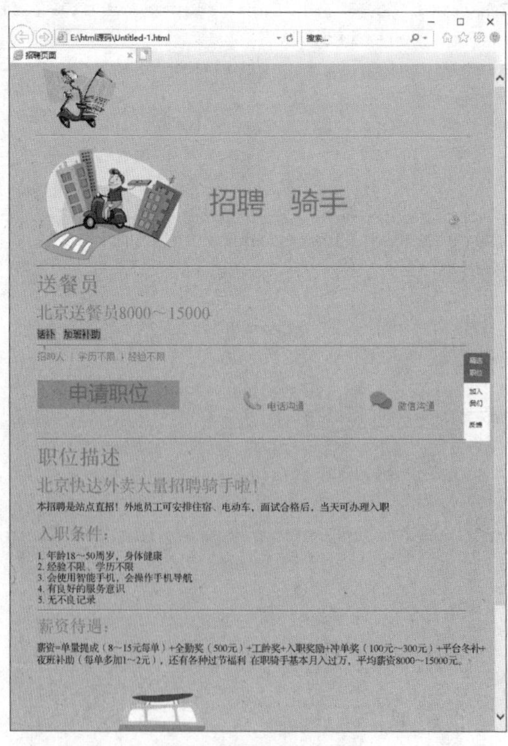

图 4.18　网页招聘页面

疑难解答

1．所有元素都有盒子模型的概念吗？

是的，所有的元素都自带盒子模型，但是只有块元素才能设置其宽、高属性。所以，如果要对内联元素设置宽、高，则首先需要将内联元素转换为块元素，具体转换方法将在下一章讲解。

2．CSS 高级属性可兼容所有浏览器吗？

不能，有部分 CSS 高级属性不能兼容 IE 8 及其以下的浏览器。但是，随着浏览器版本的不断更新，几乎所有的主流浏览器都支持 CSS 的高级属性。在实际开发时，如果使用 CSS 高级属性，则可以使用多种浏览器进行测试，避免因为兼容性问题导致网页展示效果偏差。

思考与练习

一、填空题

1．用于设置文本字体的 CSS 属性为________。

2．文本加粗需要使用________属性。

3．设置列表的符号类型可以使用________属性实现。

4．设置列表符号样式时，disc 表示________，circle 表示________，square 表示________。

5．设置列表符号为图片可以使用________属性实现。

二、选择题

1．下列属性中，可以实现动画效果的属性为（　　）。

A．transition　　B．property　　C．animation　　D．shadow

2．使用 transform 属性可以实现的效果不包括（　　）。

A．旋转　　B．平移　　C．缩放　　D．动画

3．为盒子添加阴影效果需要使用的 CSS 属性为（　　）。

A．square　　B．font-family　　C．margin　　D．box-shadow

4．下列可以设置文本字号的选项为（　　）。

A．font-size:10px;　　B．font-family:"黑体";

C．margin:30px;　　D．box-shadow:30px;

三、上机实验题

1．使用心形图片作为列表的标记项。

2．使用蓝色和绿色在 div 元素实现默认的线性渐变效果。

3．使用 CSS 样式的字体属性设置 p 元素为楷体，字号为 24px 并且以斜体显示。

4．使用 CSS 文本属性实现对 p 元素添加蓝色阴影效果。

5．使用 CSS 设置 a 元素没有下划线，文本颜色为白色。

6．设置列表的列表项为空心圆。

5 Chapter

第 5 章 DIV+CSS 布局方法

学习目标

- ❑ 掌握使用元素 div 和 span 布局页面
- ❑ 掌握元素的浮动、定位、重叠和溢出
- ❑ 了解布局类型

DIV+CSS 布局是网页布局最常用的布局方式，也是 CSS 技术中最重要的内容。本章将讲解 DIV 和 CSS 标签的使用、网页布局的设计、网页布局的类型和方式等内容。

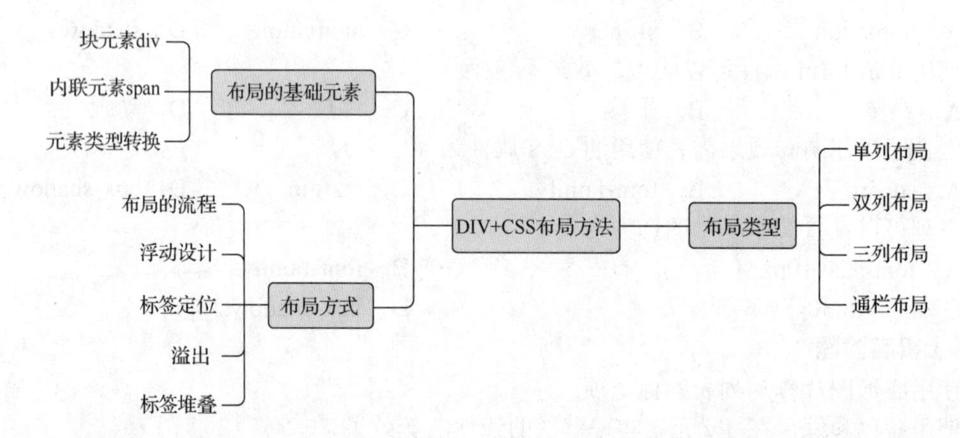

5.1 布局的基础元素

DIV+CSS 布局需要用到 div 与 span 这两个基础的布局元素。其中，div 为块元素，span 为内联元素。使用这两个元素配合盒子模型，可以高效实现网页布局。本节将讲解 div 和 span 元素以及类型转换等内容。

扫码看微课

块元素 div 讲解

5.1.1 块元素 div

<div>标签可以定义 HTML 文档中的分区或节。DIV 的英文全称为“division”，中文意思是“分割、区域”。<div>标签简单而言就是一个块标签，属于一个块容器标记，它本身没有任何含义。在网页中，<div>标签是一个块元素。它的内容会自动换行，换行是<div>标签固有的唯一格式表现。通过 class 或 id 属性，设计人

员可对其样式进行设置。

【示例 5-1】在网页中使用<div>标签分隔页面内容。

```
<!DOCTYPE html >
<html xmlns="http://www.w3.org/1999/xhtml">
<head>
<meta http-equiv="Content-Type" content="text/html; charset=utf-8" />
<title>div 分割页面</title>
<style>
#header{ background:#00FF00; width:300px; height:30px;}        /*设置头部背景色、高度、宽度*/
#content{ background:#FFFF00; width:400px; height:40px;}       /*设置内容背景色、高度、宽度*/
#footer{ background:#CC0000; width:500px; height:50px;}        /*设置页脚背景色、高度、宽度*/
</style>
</head>
<body>
<div id="header">头部</div>                                    <!-- 划分头部区域 -->
<div id="content">内容</div>                                   <!-- 划分内容区域 -->
<div id="footer">页脚</div>                                    <!-- 划分页脚区域-->
</body>
</html>
```

效果如图 5.1 所示。从图 5.1 可以看出，3 个 div 元素依次排列，将网页分隔为 3 个区域，每个 div 元素都会实现自动换行效果，并且通过 id 属性可以分别设置 div 元素的背景色以及长和宽的样式。

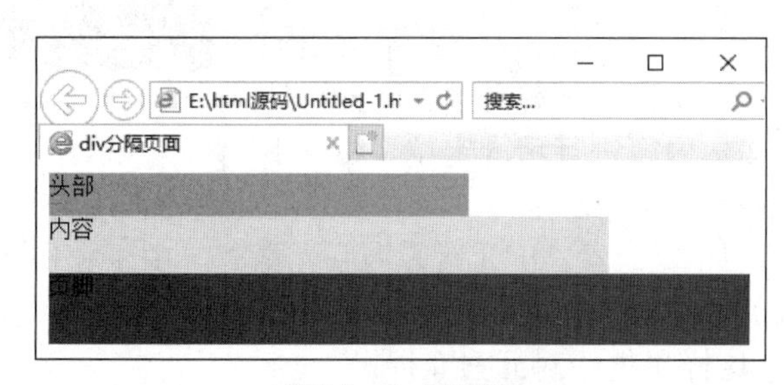

图 5.1　div 分隔页面

div 元素在网页布局中作为主要的块元素使用，与其标签本身只有换行样式而没有其他样式有很大关系。该元素最大的功能就是“画一个框”，然后可以向框中填入任何元素。

与其他块元素比较，div 元素可以随意嵌套其他块元素和内联元素，而普通的块元素如 p 元素是无法嵌套和使用其他块元素的。所以，大部分的网页元素都会受到很多限制。

div 元素像一支画笔，能在页面中画一个框，然后向里面填充现成的元素，div 元素的布局基本不受标签默认样式的限制，而其他元素就像各种其他形状，只能在合适的地方使用，限制过多。所以，灵活使用 div 元素在网页布局中十分重要。

5.1.2　内联元素 span

<div>标签是占据整行的块元素，<span>标签则被用于对内联元素（行内元素）进行组合，提供了一种将文本或文档的一部分独立出来的功能。该标签是网页布局最常用的行内布局标签。

扫码看微课

内联元素 span 讲解

<span>标签本身没有任何显式的样式，只有使用 id 或 class 属性对其样式进行指定之后，才能在网页中看到该标签的指定样式。如果不对该标签指定样式，那么<span>元素中的文本与普通文本不会存在任何视觉上的差异。

【示例 5-2】在网页中使用<span>标签对文本内容进行组合并设置样式。

```
<!DOCTYPE html >
<html xmlns="http://www.w3.org/1999/xhtml">
<head>
<meta http-equiv="Content-Type" content="text/html; charset=utf-8" />
<title>span 标签</title>
<style>
#header{ background:#00FF00; width:300px; height:30px;}
#content{ background:#FFFF00; width:400px; height:40px;}
#sp { font-family:"楷体"; background:#FF0000; font-size:36px;}          /*设置 span 的字体、
背景色、字号*/
</style>
</head>
<body>
<!--使用 span 划分文本内容-->
<div id="header"><p><span>没有样式的 span 元素</span>p 元素</p></div>
<div id="content"><span id="sp">指定样式的 span 元素</span>p 元素</p></div>
</body>
</html>
```

效果如图 5.2 所示。从图 5.2 可以看出，当只添加<span>标签时，文本内容并没有显示的样式，而使用 id 属性指定标签样式后，会在网页中显式地展示出背景色、字体和字号样式。

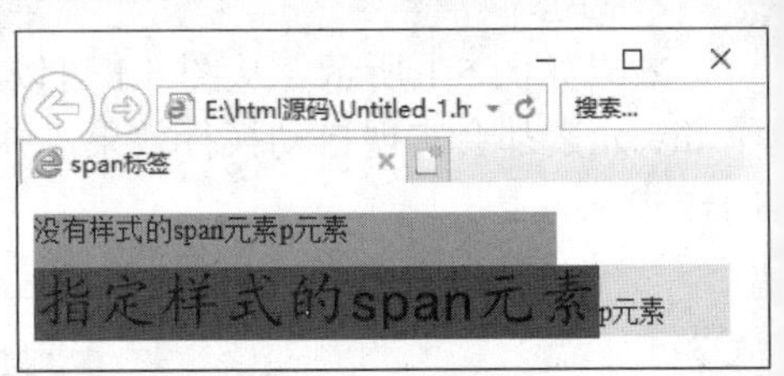

图 5.2 span 标签

div 元素是最常用的块元素，而 span 元素是最常用的内联元素（行内元素）。span 元素可以对文本进行分组处理，然后通过盒子模型对文本内容进行精准定位。相当于 div 划定大概范围，span 进行“精雕细琢”。

当使用多种内联元素，如 a 元素、b 元素等内联元素时，由于它们之间的样式不同，所以在控制元素布局时会有很大的局限性，而使用 span 元素将其他行内元素或文本分组后，每组元素都拥有同一样式（无样式），这样更便于对元素布局。

总而言之，使用 div 和 span 元素布局页面就是为了让有“棱角的盒子”（各种带有自身属性的元素）全部套上一个同样格式的盒子（div 和 span），这样更加方便在网页中布局元素。

扫码看微课

元素类型转换讲解

5.1.3 元素类型转换

元素分为块元素和内联元素（行内元素），它们的区别如表 5.1 所示。

表 5.1 块元素和行内元素的区别

元素分类	排列方式	可控制属性	宽度
块元素	垂直排列	高度、行高及上下边距都可控制	其宽度默认情况下与其父级元素宽度一致。可以设置width属性来改变其宽度
行内元素	水平排列	高度及上下边距都不可控制	宽度就是其包含内容的宽度，设置width属性不能改变其宽度

由于这两种元素有自身的样式区别，所以在使用时会有一些局限。例如，想让两段内容在一行显示，并且要控制这两段内容的边距和宽度。此时使用块元素无法让两段内容在一行显示，使用内联元素无法控制边距和 width 属性，需要使块元素拥有内联元素不换行的特性，因此涉及元素类型转换的问题。

在 CSS 中，display 属性可用于元素类型转换，该属性可规定元素生成框的类型，其语法形式如下。

```
display:属性值;
```

其中，属性值主要可选项的功能如下。其他不常用可选项可以查阅相关文档。

- ❑ none：此元素不会显示。
- ❑ block：此元素将显示为块元素，此元素前后会带有换行符。
- ❑ inline：默认。此元素会显示为内联元素，元素前后没有换行符。
- ❑ inline-block：行内块元素，可以对其设置宽高和对齐等属性，但是该元素不会独占一行。

【示例 5-3】设置元素为内联元素或块元素。

```
<!DOCTYPE html >
<html xmlns="http://www.w3.org/1999/xhtml">
<head>
<meta http-equiv="Content-Type" content="text/html; charset=utf-8" />
<title>元素类型转换</title>
<style>
div,p { display:inline;}        /*设置 div 和 p 转为内联元素*/
span{ display:block;}           /*设置 span 为块元素*/
a{ display:none;}               /*设置<a>标签不显示*/
</style>
</head>
<body>
<p>p 设置为内联元素</p>
<div>div 设置为内联元素</div>
<span>span 设置为块元素</span>
<a>a 元素内容不会显示</a>
</body>
</html>
```

效果如图 5.3 所示。从图 5.3 可以看出，div 元素和 p 元素本身为块元素，但是设置成了内联元素，所以在一行显示。span 元素为内联元素，但是设置为了块元素，所以会有换行效果。a 元素设置为不显示，所以该元素的内容不会在网页中显示。

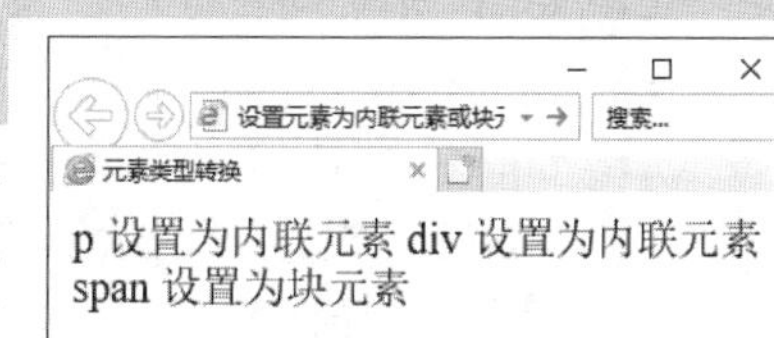

图 5.3　元素类型转换

5.2 布局方式

网页布局的本质就是对文本、图片、音频以及视频文件进行合理排版。合理的网页布局能使网页中的内容达到美观、结构清晰和有条理的效果。本节将讲解网页布局方式的相关内容。

5.2.1 布局的流程

网页布局的流程包括确定版心、分析模块和控制模块 3 个步骤。

网页布局方式

1. 确定版心

版心是指网页中主体内容所在的区域。大多数网页在浏览器窗口中会水平居中显示，具体表现为网页两侧会有一定的留白，而全部内容都居中显示。居中显示的内容又可以分为多个小模块。

2. 分析模块

一个简单的页面布局主要由头部（header）、导航栏（nav）、焦点图（banner）、内容（content）和页脚（footer）5 部分组成，每个部分的功能如下。

- ❑ 头部：主要展示网站的 Logo 和网站名称。
- ❑ 导航栏：会以导航形式连接整个网站的其他页面。
- ❑ 焦点图：一般用于展示主推的内容，以大图片的形式展示，更引人注目。
- ❑ 内容：网页最主要的部分，由于网站类型不同，展示的内容也不一样。例如，视频网站会展示很多电影，电商网站会展示各种商品，新闻网站会展示各种新闻。
- ❑ 页脚：多用于展示网站版权信息、联系方式、合作伙伴等内容。

这里划分的 5 部分只是最简单的网页布局，不同的网站根据需求会有很多不同的变化。

3. 控制模块

控制模块就是使用盒子模型的原理和 DIV+CSS 布局来控制网页的各个模块。对每个模块使用 DIV+CSS 划分，然后在每个划分的小模块中添加对应的元素。

5.2.2 浮动设计

浮动设计是在使用 DIV+CSS 对网页进行布局过程中应用浮动布局。普通的布局方式是对元素依次堆砌，受元素自带样式的影响会导致页面过于呆板，不够美观。而元素的浮动布局可以通过浮动让页面的元素整齐有序。

1. 实现浮动

浮动是指使用 float 属性让元素脱离标准文档流的控制，移动到其父级元素中指定位置的过程。该属性可以定义元素向指定方向浮动，其语法形式如下。

```
float:属性值;
```

其中，属性值可选项的功能如下。

- ❑ left：元素向左浮动，第 1 个浮动元素会移动到父级元素左上角。
- ❑ right：元素向右浮动，第 1 个浮动元素会移动到父级元素左上角。
- ❑ none：默认值。元素不浮动，并显示在默认的位置。
- ❑ inherit：规定应该从父级元素继承 float 属性的值。

在 CSS 中，任何元素都可以浮动，浮动的元素会生成一个块级框，但是它们会在同一行中显示，当一行中无法放下时，该元素会自动放置于下一行。所以，在使用浮动元素时一定要在父级元素中留有足够的宽度空间。

【示例 5-4】使用浮动指定元素位置。

```
<!DOCTYPE html >
<html xmlns="http://www.w3.org/1999/xhtml">
<head>
<meta http-equiv="Content-Type" content="text/html; charset=utf-8" />
<title>元素浮动</title>
<style>
#nzf{ width:400px; height:200px; border:1px solid #000000; float:left;}
                                                /*第 1 个外边框 div 左浮动*/
#nzf div{ border:1px solid #000000; float:left; width:100px; height:100px; }
                                                /*1 个内层 div 左浮动*/
#nrf{ width:400px; height:200px; border:1px solid #000000; float:right;}
                                                /*第 2 个外边框 div 右浮动*/
#nrf div{ float:right;border:1px solid #000000; float:right; width:100px; height:100px;}
                                                /*两个内层 div 右浮动*/
#czfd{ width:300px; height:200px; border:1px solid #000000; float:left;}
                                                /*第 3 个外边框 div 左浮动*/
/*两个内层 div 左浮动超出父级 div 的宽度另起一行显示*/
#czfd div{ width:200px; height:100px; border:1px solid #000000; float:left;}
</style>
</head>
```

```
<body>
<div id="nzf">                                  <!-- 左浮动 div 盒子 -->
    <h3>左浮动</h3>
    <div>第一个 div</div>
   <div>第二个 div</div>
</div>
<div id="nrf">                                  <!-- 右浮动 div 盒子 -->
    <h3>右浮动</h3>
    <div>第一个 div</div>
   <div>第二个 div</div>
</div>
<div id="czfd">                                 <!-- 左浮动超出范围-->
    <h3>超出父级元素宽度另起一行</h3>
    <div>第一个 div</div>
   <div>第二个 div</div>
</div>
</body>
</html>
```

效果如图 5.4 所示。从图 5.4 可以看出，左浮动的元素在父级元素的左上角依次排列，右浮动在父级元素的右上角依次排列。在浮动过程中如果超出了父级元素宽度，则自动转到下一行（即另起一行）浮动。

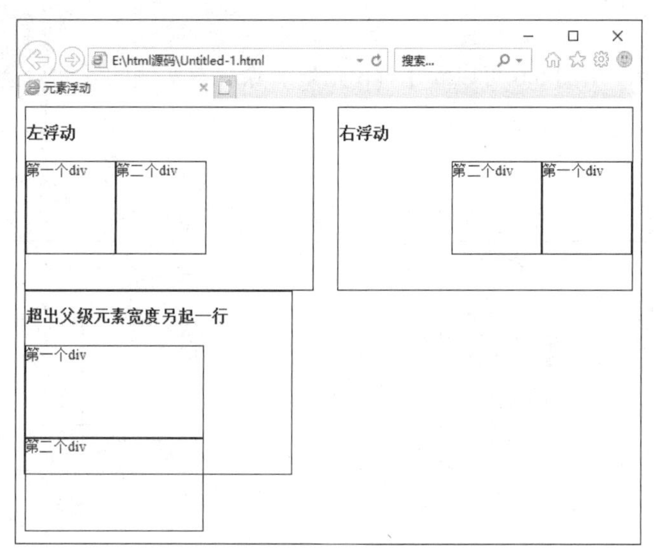

图 5.4　元素浮动

2. 清除浮动

在设置浮动属性时，当设置子元素浮动后，后续元素的位置会出现排版乱序的问题。例如，在第一个 div 元素中使用了左浮动样式，紧接着的 p 元素的内容会显示在其右侧，而不是显示在新的一行，如图 5.5 所示。

清除浮动可以使用 clear 属性规定元素的哪一侧不出现浮动元素，其语法形式如下。

```
clear:属性值
```

其中，属性值可选项的功能如下。

- left：在左侧不允许出现浮动元素。
- right：在右侧不允许出现浮动元素。
- both：在左、右两侧均不允许出现浮动元素。

- ❑ none：默认值，允许浮动元素出现在两侧。
- ❑ inherit：规定应该从父级元素继承 clear 属性的值。

【示例 5-5】使用清除浮动属性让 p 元素另起一行显示。

```
<!DOCTYPE html >
<html xmlns="http://www.w3.org/1999/xhtml">
<head>
<meta http-equiv="Content-Type" content="text/html; charset=utf-8" />
<title>清浮动</title>
<style>
#nzf{ width:300px; height:200px; border:1px solid #000000; float:left;}
#nzf div{ border:1px solid #000000; float:left; width:100px; height:100px; }
p{ clear:both;}                    /*清除<p>标签左右两侧的浮动属性*/
</style>
</head>
<body>
<div id="nzf">
    <h3>左浮动</h3>
    <div>第一个 div</div>
    <div>第二个 div</div>
    <p>这行 p 元素中的内容受到兄弟 div 元素的浮动影响，没有从新的一行开始布局。</p>
</div>
</body>
</html>
```

效果如图 5.6 所示。从图 5.6 可以看出，p 元素清除左右两侧的浮动后会另起一行显示。

图 5.5　浮动影响

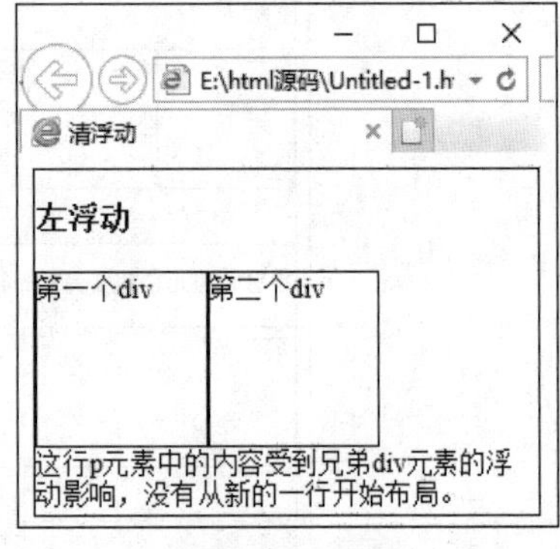

图 5.6　清除浮动

5.2.3　标签定位

要将元素在网页中实现像素级控制，可以使用 CSS 的标签定位（position）属性。在 CSS 中使用 position 属性实现元素精准定位的语法形式如下。

扫码看微课

标签定位讲解

```
position:属性值;
```

其中，该属性值的可选项功能如下。

❑ absolute：生成绝对定位的元素，相对于 static 定位以外的第一个父级元素进行定位。元素的位置通过 left、top、right 和 bottom 属性规定。例如，top:30px;表示设置元素位于距离父级上边框 30px 的位置。

❑ fixed：生成绝对定位的元素，相对于浏览器窗口进行定位。元素的位置通过 left、top、right 和 bottom 属性规定。例如，top:30px;表示设置元素位于距离浏览器上边框 30px 的位置，在设置背景图片固定位置时可使用该属性。

❑ relative：生成相对定位的元素，相对于其正常位置进行定位。元素的位置通过 left、top、right 和 bottom 属性规定。例如，top:30px;表示设置在元素上方添加 30px，也就是元素在正常位置向下移动 30px。

❑ static：默认值，表示没有定位，元素出现在正常的位置，left、top、right 和 bottom 属性对元素不起作用。

❑ inherit：规定元素从父级元素继承 position 属性的值。

【示例 5-6】使用精准定位方式对元素进行控制。

```
<!DOCTYPE html >
<html xmlns="http://www.w3.org/1999/xhtml">
<head>
<meta http-equiv="Content-Type" content="text/html; charset=utf-8" />
<title>元素定位</title>
<style>
/*定义所有 div 的边框和宽高样式*/
div{ width:150px; height:50px; border:1px solid #000000; color:#FFFFFF;}
#Div{width:250px; height:250px; border:1px solid #000000;}   /*定义父级 div 样式*/
#D1{ background:#FF0000; position:static;}                   /*div 无定位，显示在正常位置*/
#D2{ background:#0000FF; position:absolute; top:50px; left:50px;} /*参照父级元素绝对定位*/
#D3{ background:#F96; position:fixed; top:200px; left:150px; }      /*参照浏览器窗口绝对定位*/
#D4{ background:#00CC99; position:relative; top:30px; left:30px;} /*相对正常位置定位*/
</style>
</head>
<body>
<div id="Div">
<div id="D1">正常位置，无定位</div>
<div id="D2">父级元素绝对定位</div>
<div id="D3">窗口绝对定位</div>
<div id="D4">相对定位</div>
</div>
</body>
</html>
```

效果如图 5.7 所示。如果代码中不增加定位属性，则效果如图 5.8 所示。从图 5.7 和图 5.8 的效果对比可以看出，定位属性不同、元素定位的参照物不同，定位的效果也不同。position 属性值为 static 时，添加 top 和 left 属性值对元素的位置不会产生任何影响。

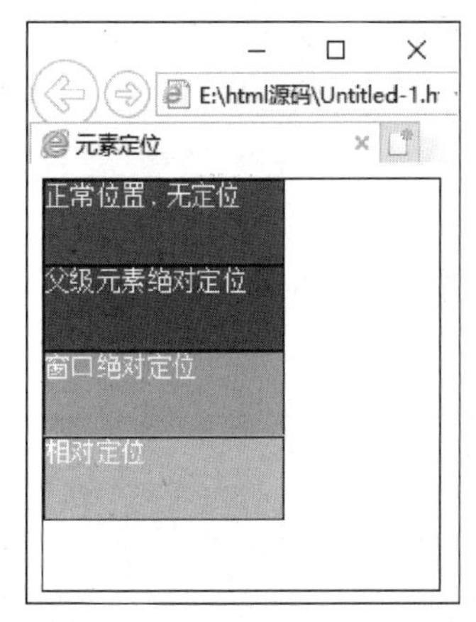

图 5.7　未设置定位属性时的元素

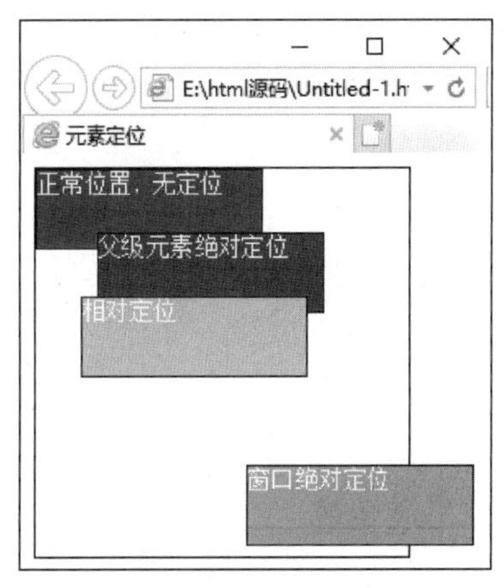

图 5.8　设置定位属性的元素

5.2.4 溢出

在网站信息更新过程中，一个元素在后台上传的信息多少是不固定的，但是显示的宽度是固定的。例如，一个新闻显示窗口中会显示固定字数的文本内容，如果新闻内容过多，超过了显示的宽度，就会出现溢出现象。

处理溢出现象可以使用 overflow 属性，该属性决定是否处理溢出内容，并提供了多种处理方式。该属性的语法形式如下。

```
overflow:属性值;
```

其中，该属性值可选项的功能如下。

- visible：默认值，溢出内容不会被修剪，会呈现在元素框之外。
- hidden：溢出内容会被修剪，并且溢出的内容是不可见的。
- scroll：溢出内容会被修剪，浏览器始终显示滚动条。
- auto：如果内容被修剪，则浏览器显示滚动条，以便查看其余的内容，否则不显示滚动条。
- inherit：规定应该从父级元素继承 overflow 属性的值。

【示例 5-7】使用 overflow 属性处理溢出内容。

```
<!DOCTYPE html >
<html xmlns="http://www.w3.org/1999/xhtml">
<head>
<meta http-equiv="Content-Type" content="text/html; charset=utf-8" />
<title>溢出内容处理</title>
<style>
div{ width:150px; height:38px; border:1px solid #000000; margin-left:30px; float:left;}
#D1{ overflow:visible; }        /*溢出内容不处理*/
#D2{ overflow:hidden;}          /*溢出内容修剪*/
#D3{ overflow:scroll;}          /*溢出内容双侧滚动显示*/
#D4{ overflow:auto;}            /*溢出内容上下滚动显示*/
</style>
</head>
<body>
<div id="D1">visible：默认值，溢出内容不会被修剪，会呈现在元素框之外。</div>
<div id="D2">hidden：溢出内容会被修剪，并且溢出的内容是不可见的。</div>
<div id="D3">scroll：溢出内容会被修剪，浏览器始终显示滚动条。</div>
<div id="D4">auto：如果内容被修剪，则浏览器显示滚动条以便查看其余的内容，否则不显示滚动条。</div>
</body>
</html>
```

效果如图 5.9 所示。从图 5.9 可以看出 overflow 的属性值不同，处理溢出内容的方式也不同。

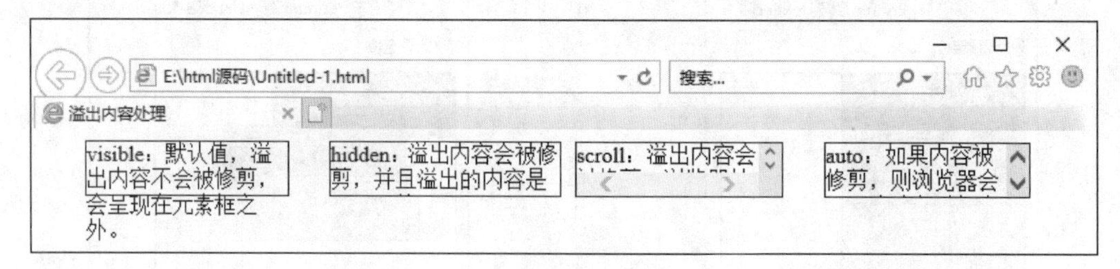

图 5.9 不同的溢出内容处理方式

5.2.5 标签堆叠

多个元素在定位布局时可能会导致元素堆叠的现象，此时需要指定每个元素的显示顺序。CSS

的 z-index 属性可以指定元素的堆叠顺序，其语法形式如下。

```
z-index:属性值;
```

其中，该属性可选项的功能如下。

- auto：默认，其堆叠顺序与父级元素相同。
- number：设置元素的堆叠顺序。
- inherit：规定应该从父级元素继承 z-index 属性的值。

注意

该属性只在定位元素上奏效，如 position:relative;。

【示例 5-8】使用属性控制元素的堆叠顺序。

```
<!DOCTYPE html >
<html xmlns="http://www.w3.org/1999/xhtml">
<head>
<meta http-equiv="Content-Type" content="text/html; charset=utf-8" />
<title>设置堆叠顺序</title>
<style>
div{ width:150px; height:38px; border:1px solid #000000; color:#FFFFFF;}
#D1{ background:#0C6;; z-index:2;position:relative;top:0px; left:0px}
#D1:hover{ z-index:3; }        /*鼠标指针位于该元素上方时修改堆叠优先级*/
#D2{ background:#CC0000; position:relative; top:-30px; left:30px; z-index:1; }
#D2:hover{ z-index:3; }        /*鼠标指针位于该元素上方时修改堆叠优先级*/
#D3{ background:#FFFF00; position:relative; top:-60px; left:60px; z-index:0; }
#D3:hover{ z-index:3; }        /*鼠标指针位于该元素上方时修改堆叠优先级*/
</style>
</head>
<body>
<div id="D1">1</div>
<div id="D2">2</div>
<div id="D3">3</div>
</body>
</html>
```

效果如图 5.10 所示。从图 5.10 可以看出，3 个 div 元素依次进行了堆叠。当移动鼠标至对应的 div 元素上方时，对应的 div 元素位于堆叠的最上层，如图 5.11 所示。

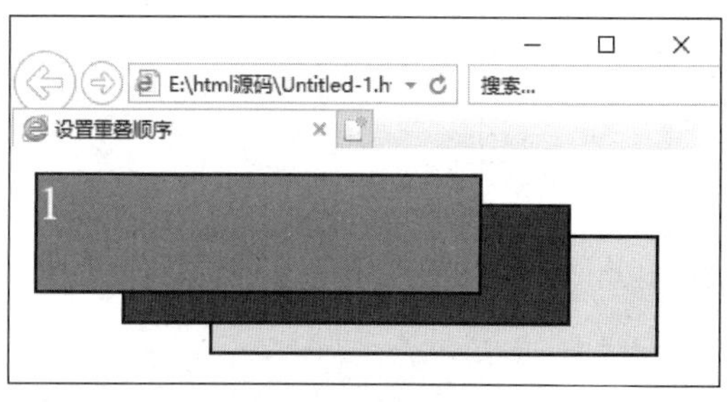

图 5.10　指定堆叠顺序

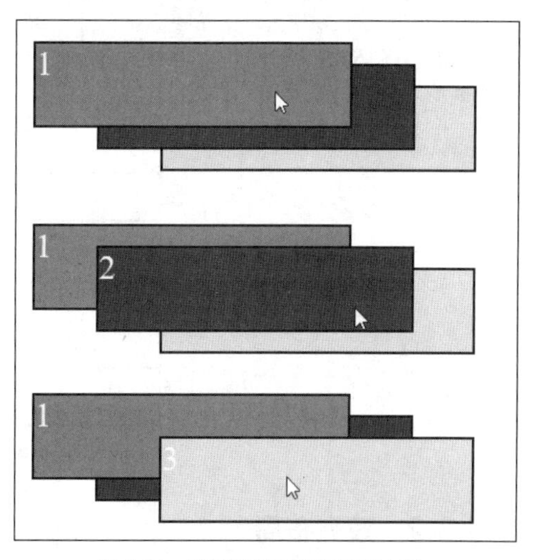

图 5.11　鼠标所在元素显示在最上层

5.3 布局类型

网页布局根据布局的结构可以分为单列布局、双列布局、三列布局和通栏布局等。

扫码看微课

网页布局类型讲解

5.3.1 单列布局

单列布局是指网页从上至下依次布局，其中每个模块进行通行布局，此布局方式是其他布局方式的基础，常用于个人博客和简洁的企业网站。单列水平居中布局是指网页中的所有内容都位于一竖列中，该竖列水平居中于页面。

【示例 5-9】使用<div>标签实现一个单列布局的页面。

```
<!DOCTYPE html >
<html xmlns="http://www.w3.org/1999/xhtml">
<head>
<meta http-equiv="Content-Type" content="text/html; charset=utf-8" />
<title>单列布局</title>
<style>
/*所有 div 通用样式*/
div{ border:1px solid #000000; text-align:center; width:800px; margin:0 auto;}
#header{ height:30px;}              /*头部高度*/
#nav{ height:20px;}                 /*导航栏高度*/
#banner{ height:60px;}              /*焦点图片高度*/
#content{ height:60px;}             /*内容高度*/
#footer{ height:30px;}              /*页脚高度*/
</style>
</head>
<body>
<div id="header">头部</div>
<div id="nav">导航栏</div>
<div id="banner">焦点图</div>
<div id="content">内容</div>
<div id="footer">底部</div>
</body>
</html>
```

效果如图 5.12 所示。

头部
导航栏
焦点图
内容
底部

图 5.12　单列布局页面

5.3.2 双列布局

双列布局是基于单列布局改进的，双列布局方式会将内容部分分隔为两列。这种布局方式一般左侧为导航栏、资料介绍、相册展示等部分，右侧为正文内容。双列布局多用于个人博客之类的网站，例如，新浪博客的个人博客页面、新浪的微博页面等都是双列布局。

5.3.3　三列布局

三列布局是将内容部分分为 3 列。一些大型网站，特别是大型电子商务类网站，由于其内容分类较多，所以通常需要采用三列布局的页面布局方式，如淘宝网、京东网等。

5.3.4　通栏布局

通栏布局是指在布局页面时，将头部、导航栏以及底部与焦点图和内容部分分开布局。将头部、导航栏以及底部设置为通栏页面，也就是从浏览器最左侧显示到最右侧，无论浏览器是否缩放，都会全部显示在网页中。通栏布局的效果如图 5.13 所示。

图 5.13　通栏布局页面

5.4 实战案例解析——购物节主题网页

扫码看微课

购物节主题网页实战讲解

各大电商网站每年都会定期推出购物活动主题网页，在网页中会展示很多热销商品。本节将使用 DIV+CSS 布局方式实现一个单列布局的购物节主题网页。

（1）构建单列布局网页，头部、导航栏和底部使用通栏样式。

（2）添加头部内容，使用<div>标签将 Logo 和搜索框分割，依次水平布局。

（3）添加焦点图，居中对齐，设置高度。

（4）添加导航栏的内容，使用<a>标签依次展示导航内容，并为<a>标签之间添加间距。

（5）添加主体内容，主要是 4 组<div>标签组成商品展示区，使用浮动和间距控制依次排列。

（6）添加底部内容，包含网站的许可证、备案等信息。

整体代码如下。

```
<!DOCTYPE html >
<html xmlns="http://www.w3.org/1999/xhtml">
<head>
<meta http-equiv="Content-Type" content="text/html; charset=utf-8" />
<title>购物节主体网页</title>
<style>
body{ width:900px;}
/*头部样式*/
#header{height:60px; background-color:#02A3B7; }
#Logo{width:60px; float:left; margin-left:20px;}
#search {width:300px; margin-left:300px; position:absolute; top:30px; height:20px; }
#search span{background:#999999; border-style:solid;border-width:1px 0px 1px 1px;
border-color:#666666;}
```

```
    #search input{width:240px; height:14px; }
    #search image{margin-left:-20px; display:inline-block; position:absolute; top:2px; }
    /*导航栏样式*/
    #nav{height:20px; clear:both; }
    #nav a{float:left; margin-left:30px;}
    #banner{height:100px;}
    /*内容样式*/
    #content{ height:350px;  }
    .FL{ float:left; background-color:#FFFFFF; margin:12px; }                /*左浮动通用样式*/
    .alf{ font-size:12px; position:relative; left:-70px;}                    /*<a>标签通用样式*/
    #main{ text-align:center; margin:0 auto; background:#CCCCCC;  }         /*内容样式*/
    /*页脚样式*/
    #footer{ height:200px; clear:both; text-align:center; font-size:12px; margin-top:30px;
white-space:pre;}
    #footer p{ margin:0 auto; }                                              /*文本居中显示*/
    </style>
    </head>
    <body>
    <!--头部-->
    <div   id="header"><a   href="#"><img   id="Logo"   src="04/image/Logo.png"/></a><div
id="search"><span>搜索</span><input type="text" /><img src="04/image/ss.png"/></div>
    </div>
    <!--导航栏-->
    <div id="nav">
    <a href="#">首页</a><a href="#">电子产品</a><a href="#">水果专区</a><a href="#">豪华旅游</a><a
href="#">机车专区</a>
    </div>
    <!--内容部分-->
    <div id="main">
    <!--焦点图片-->
    <div id="banner"><img src="04/image/banner.png"/></div>
    <!--商品展示部分-->
    <div id="content">
    <div id="sp1" class="FL"><div><h1>电子产品</h1></div><div><a href="#"><img src="04/image/
cpt.png"/></a></div><div><a  href="#" class="alf">查看详情</a></div></div>
    <div id="sp2" class="FL"><div><h1>水果专区</h1></div><div><a href="#"><img src="04/image/1.
png"/></a></div><div><a  href="#" class="alf">查看详情</a></div></div>
    <div id="sp3" class="FL"><div><h1>豪华旅游</h1></div><div><a href="#"><img src="04/image/
lv.png"/></a></div><div><a  href="#" class="alf">查看详情</a></div></div>
    <div id="sp4" class="FL"><div><h1>机车专区</h1></div><div><a href="#"><img src="04/image/
car.png"/></a></div><div><a href="#" class="alf">查看详情</a></div></div>
    </div>
    </div>
    <!--页脚部分-->
    <div id="footer">
    <p>使用条件隐私声明版权所有 © 1996-2021，小熊或其关联公司</p>
    <p>互联网信息服务资格证书(x)-非经营性-2012-0005</p>
    <p>安备 123456xxxxxxx 号 增值电信业务经营许可证:合字 B2-20xxxxxx 营业执照:sssssxxxxxxxxxxuuuu</p>
    </div>
    </body>
    </html>
```

效果如图 5.14 所示。

图 5.14 购物节主题

疑难解答

1．DIV+CSS 布局方式的优点是什么？

<div>标签作为块元素，它本身没有任何样式。div 元素可以把整个网页尽可能切割一个一个的最小模块，然后配合 CSS 样式可以实现所有元素像素级别的精准定位。这样有利于网页编程人员将网页设计人员设计的网页模板内容完全精准地展示在网页内。

2．溢出处理一般在什么情况下出现？

溢出处理不仅需要对已经溢出的文本内容进行处理，还需要在可能溢出的位置提前添加溢出处理。例如，在网页的商品介绍元素中，由于不同商品的介绍文本量不同，所以在商品介绍元素中要提前添加溢出处理样式，避免介绍文本过长造成文本溢出。

思考与练习

一、填空题

1．<div>标签是一个________元素，它在网页中的内容自动换行。

2．<span>标签本身没有任何显式样式，只有使用________或________属性指定其样式后，才能在网页中看到该标签的指定样式。

3．元素分为________和________。

4．行内元素的高度及上下边距都由________控制。

5．网页布局根据布局的结构可以分为________、________、三列布局和________。

二、选择题

1．下列属性中，可以处理溢出问题的属性为（　　）。

A．span　　B．property　　C．overflow　　D．div

2．float 属性值不包括（　　）。

A．left　　B．right　　C．hidden　　D．inherit

3．position 的属性值 fixed 的含义是（　　）。

A．生成绝对定位　　B．生成相对于浏览器窗口的绝对定位

C．生成相对定位　　D．没有定位

4．下列可以指定标签堆叠显示顺序的属性为（　　）。

A．float　　B．position　　C．top　　D．z-index

三、上机实验题

1．通过浮动实现图文混排效果，如图 5.15 所示。

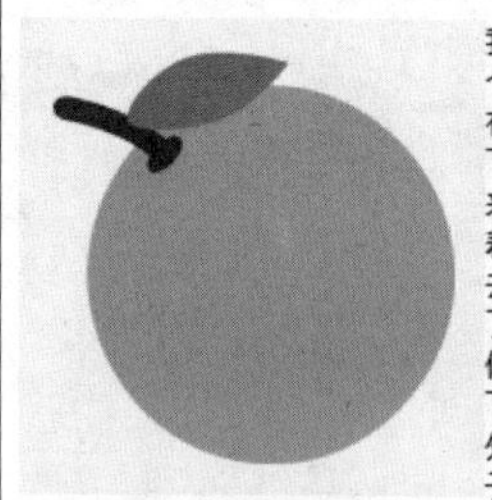

图 5.15　图文混排

2．实现当鼠标指针位于图片上方时，图片上浮到最上方的效果。

3．设置一个 span 元素的文本内容的字体为楷体，字号为 36px，文本颜色为红色。

4．通过 CSS 样式设置 3 个 span 元素为块级元素，拥有自动换行样式。

5．实现 3 个宽度为 30px 的 div 元素右浮动效果。

6．实现两个宽和高都为 100px，背景色为红色的 div 元素的完全重叠效果。

6 Chapter

第 6 章 JavaScript 基础

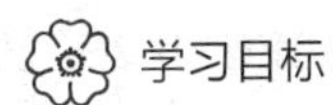

学习目标

- ❑ 掌握 JavaScript 基础语法的使用
- ❑ 掌握流程控制结构
- ❑ 掌握函数的概念和使用
- ❑ 掌握对象的概念和使用

JavaScript 是一种高级脚本语言，它已广泛应用于 Web 应用开发中。JavaScript 不仅可以为网页添加各式各样的动态效果，还可以在浏览器端实现各种复杂的功能。本章将讲解 JavaScript 的基础语法。

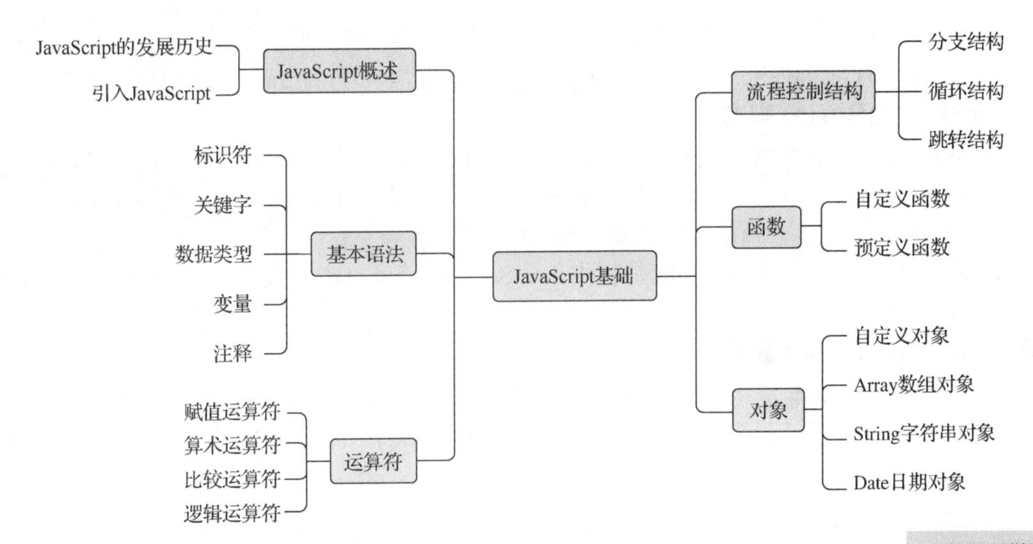

6.1 JavaScript 概述

扫码看微课

JavaScript 的发展历史与引入

JavaScript（以下简称 JS）是一种具有函数优先的轻量级脚本语言。它可以直接嵌入 HTML 文档中。当浏览器加载对应文档时会自动解释并执行其中的 JavaScript 脚本内容。使用 JavaScript 可以让网页的特效更加丰富，真正实现动态网页的效果，特别是在网页绘图、动态效果、离线应用等方面有突出的效果。

6.1.1 JavaScript的发展历史

JavaScript在1995年由Netscape（网景）公司的布兰登·艾奇（Brendan Eich）在网景导航者浏览器上首次设计实现。因为Netscape与Sun合作，所以Netscape管理层希望它外观看起来像Java，因此取名为JavaScript。但实际上它的语法风格与Self及Scheme较为接近。

完整的JavaScript实现包含ECMAScript、文档对象模型和浏览器对象模型3部分。JavaScript也可以用于其他场合，如服务器端编程（Node.js）。

发展初期，JavaScript的标准并未确定，同期有Netscape的JavaScript、微软的JScript和CEnvi的ScriptEase三足鼎立。为了互用性，欧洲计算机制造商协会（European Computer Manufacturers Association，ECMA）以JavaScript为基础创建了ECMA-262标准（ECMAScript），两者都属于ECMAScript的实现。

1997年，在ECMA的协调下，由Netscape、Sun、微软、Borland组成的工作组确定了统一标准：ECMA-262。

2011年6月发布了ECMAScript的5.1版，该版本从形式上与国际标准ISO/IEC 16262:2011完全一致。截至2012年，所有浏览器都完整地支持ECMAScript 5.1，旧版本的浏览器至少支持ECMAScript 3标准。

2015年6月17日，ECMA国际组织发布了ECMAScript的第6版，该版本的正式名称为ECMAScript 2015，但通常被称为ECMAScript 6或者ES2015。

最新版本是2020年6月发布的ECMAScript的第11版，被称为ECMAScript 2020或ES2020。

6.1.2 引入JavaScript

JavaScript脚本可以嵌入HTML文本中，也可以独立地以文件形式存在。引入JavaScript的方式有3种，分别为行内JavaScript脚本、内部JavaScript脚本和外部JavaScript脚本。

1. 行内JavaScript脚本

行内JavaScript脚本主要添加在头标签中，使用JavaScript脚本语句触发指定效果，涉及的标签包括<a>标签和<img>标签。例如，在一个图片标签中添加一个弹窗效果，代码如下。

```
<img src="#" onclick="alert('你单击了一张图片')" />
```

其中，alert('你单击了一张图片')就是行内JavaScript语句，单击图片后会在浏览器中出现弹框，显示文本“你单击了一张图片”。

2. 内部JavaScript脚本

内部JavaScript脚本是将JavaScript代码添加在<script>与</script>标签之间。<script>与</script>标签可以添加在<head>与</head>标签之间，也可以添加在<body>与</body>标签之间，其语法形式如下。

```
<head>
<script type="text/javascript">
alert("内部JavaScript代码");
</script>
</head>
<body>
<script type="text/javascript">
alert("内部JavaScript代码");
</script>
</body>
```

其中，<script>标签的type属性可以省略。如果嵌入的是其他编程语言，就需要添加该属性，并指明具体的属性值。

3. 外部 JavaScript 脚本

外部 JavaScript 脚本是将 JavaScript 脚本与 HTML 文档分离存放。JavaScript 脚本单独存放时文件后缀名为.js，创建好脚本文件后可以在 HTML 页面中使用<script>标签嵌入外部 js 文件。

例如，JavaScript 脚本 test.js 的代码如下。

```
alert("外部 JavaScript 代码");
```

在 HTML 文档中嵌入 JavaScript 文件的代码如下。

```
<!DOCTYPE html >
<html xmlns="http://www.w3.org/1999/xhtml">
<head>
<meta http-equiv="Content-Type" content="text/html; charset=utf-8" />
<title>外部 JavaScript 文件</title>
<!--嵌入 JavaScript 外部文件 -->
<script type="text/javascript" src="JavaScript/test.js"></script>
</head>
```

4. alert( )函数

前面几种嵌入脚本的代码中都出现了 alert()函数。该函数的作用是在浏览器运行时，通过弹窗的方式显示指定的内容。例如，可以使用该函数通过弹窗显示文本“内部 JavaScript 代码”，代码如下。

```
<script type="text/javascript">
alert("内部 JavaScript 脚本")
</script>
```

运行效果如图 6.1 所示。从图 6.1 可以看出，文本“内部 JavaScript 脚本”通过弹窗显示。

图 6.1 弹窗效果

6.2 基本语法

JavaScript 与其他计算机语言相比，具有自身的语法形式。本节将讲解 JavaScript 的标识符、关键字、数据类型、变量和注释。

扫码看微课

JavaScript 基本语法讲解

6.2.1 标识符

标识符的功能和日常事物名称的功能相同，都用于指代。标识符用于指代某些数据，如某个标签、某段文本、某个数字。而人的姓名用于指代人，物体的名称用于指代物品。在 JavaScript 中，标识符的命名规则如下。

- 标识符由数字、字母、下划线（_）、美元符号（$）构成。
- 首字符必须是字母、下划线（_）或美元符号（$）。
- 标识符区分字母大小写，推荐使用小写形式或骆驼命名法。
- 标识符不能与 JavaScript 中的关键字相同。

合法的标识符如下。

```
Varname  _varname  varName  var5name  _$name  _5$name
```

非法的标识符如下。

```
a+b                //包含加号
9 varname          //有空格
9varname           //首字符为数字
```

6.2.2 关键字

关键字是由 JavaScript 预先定义的，并有具体功能的标识符。保留关键字是指目前没有特殊含义，但是后续可能用到的关键字。编程人员在自定义标识符时不能使用关键字或保留关键字。JavaScript 的保留关键字如表 6.1 所示。

表 6.1 保留关键字

abstract	arguments	boolean	break	byte	case	catch	char	class*
const	continue	debugger	default	delete	do	double	else	enum*
eval	export*	extends*	false	final	finally	float	for	function
goto	if	implements	import*	in	instanceof	int	interface	let
long	native	new	null	package	private	protected	public	return
short	static	super*	switch	synchronized	this	throw	throws	transient
true	try	typeof	var	void	volatile	while	with	yield

6.2.3 数据类型

数据类型是指将数据按照数据特性划分的类型。划分数据类型是为了对数据按类型计算，从而提高运算效率并节省运行内存的空间。JavaScript 支持的数据类型包括数值、字符串、数组、对象等，每种数据类型的含义以及对应关键字如下。

- string：字符串类型，字符串是由一对双引号（" "）或单引号（' '）引起来的多个字符。
- boolean：布尔类型，只有真与假两种状态，使用 true 和 false 表示。
- null：表示无数据或者为空。一般可以赋值给变量，表示变量的值为空。
- undefined：是变量只声明但未初始化时的默认值。
- array：数组类型，可以存放相同类型的数据，也可以存放不同类型的数据。
- number：数值类型，用于指代 32 位整数或 64 位浮点数（小数）。整数支持十进制、八进制和十六进制等形式。
- function：函数类型，函数可以将特定功能的代码集合在一起用于实现一个或多个功能。
- object：对象类型，对象中的命名变量称为属性，对象中的函数称为方法。

6.2.4 变量

变量用于在程序中存储或指代数据。变量是程序的基本单位。使用变量就需要为变量命名。变量名属于标识符的一种，在为变量命名时需要遵循标识符命名规则。

可以将变量看作一个盒子，里面装的东西就是程序的数据，每装一种数据就为变量命名一个合适的名称。例如，变量中存放的是学生姓名的数据，那么该变量就可以命名为 stuName。

在 JavaScript 中使用变量需要先定义变量，定义变量又分为声明变量和初始化变量两部分。

1. 声明变量

声明变量就是向内存申请一块空间，并且会占用一定的空间。声明变量的语法形式如下。

```
var 变量1,变量2,……,变量n
```

其中，var 为声明变量的关键字。可以一次声明一个或多个变量，如果声明多个变量，则需要将各个变量用英文逗号分隔。例如，声明变量 stuName 的代码如下。

```
var stuName;
```

声明多个变量 Num1、Num2、Num3 的代码如下。

```
var Num1,Num2,Num3;
```

2. 初始化变量

声明变量后就可以对变量进行初始化。初始化变量是将指定的数据存放到变量申请的空间中，相当于将一个物品放到空盒子中。初始化变量的语法形式如下。

```
变量名=初始化值;
```

如果一个变量已经被初始化，这个变量就可以对另外一个变量进行初始化。例如，变量 a 的值为 5，变量 b 只声明未初始化，此时就可以使用变量 a 对变量 b 初始化。初始化之后，变量 b 的值也为 5，代码如下。

```
var a;
a=5;
var b;
b=a;
```

3. 定义变量

定义变量是指在一行代码中声明与初始化变量，定义变量的语法形式如下。

```
var 变量名=初始值;
```

也可以一次性定义多个变量，各变量之间使用逗号分隔，代码如下。

```
var 变量名 1=初始值 1, 变量名 2=初始值 2, 变量名 n=初始值 n;
```

注意

在 JavaScript 中是区分字母大小写的，所以变量名 name 与变量名 Name 是两个不同的变量。

4. 变量的数据类型

JavaScript 属于弱数据类型语言，因此在定义变量时不会强制规定变量的数据类型。变量的数据类型是由存放的值决定的。使用函数 typeof( )可以获取变量的数据类型。

【示例 6-1】通过弹窗输出变量的数据类型。

```
<script type="text/javascript">
var name="张三";
var age=18;
alert(typeof(name));
alert(typeof(age));
</script>
```

效果如图 6.2 所示。从图 6.2 可以看出，第 1 个弹窗显示 string，表示变量 name 的数据类型为 string；第 2 个弹窗显示 number，表示变量 age 的数据类型为 number。

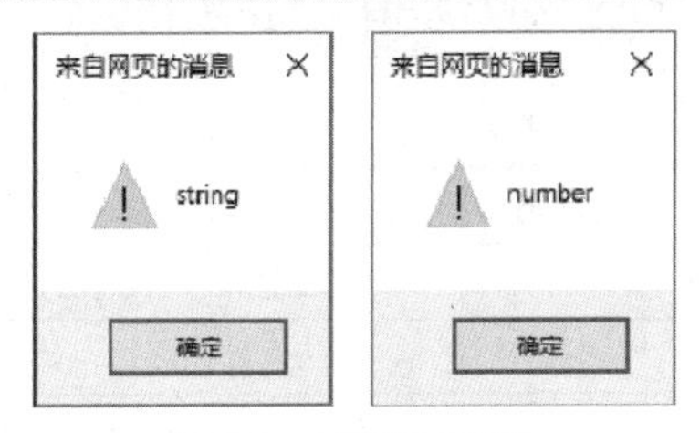

图 6.2 变量的数据类型

6.2.5 注释

及时为代码添加注释，对代码编写和后期维护都是十分有利的。JavaScript 的注释分为单行注释与多行注释两种。

1. 单行注释

单行注释使用双斜线（//）标识，在斜线后加入对代码功能的解释，这些注释不会被浏览器执行。单行注释可以位于对应代码之后，也可以单独成行位于对应代码的前一行。单行注释代码如下。

```
//姓名
var name;
var age;                //年龄
```

2. 多行注释

多行注释使用符号（/*）表示注释起始位置，使用符号（*/）表示注释结束位置。在这两个符号之间可以跨行加入对代码功能的解释，这些解释不会被浏览器执行。多行注释代码如下。

```
/*
name  名字
age    年龄
*/
```

6.3 运算符

数据运算是编程语言的根本功能，实现数据运算需要用到运算符。JavaScript中常用的运算符包括赋值运算符、算术运算符、比较运算符和逻辑运算符。本节将讲解运算符的相关内容。

扫码看微课

JavaScript运算符讲解

6.3.1 赋值运算符

赋值运算符是将数据存放到变量中的桥梁。通过赋值运算符可以实现各种数据的交换和存储。例如，变量的初始化就是通过赋值运算符实现的。赋值运算符（=）与数学中的等号（=）外观相同，但是使用规则不同。

赋值运算符属于双目运算符，有两个操作数，语法形式如下。

```
操作数1=操作数2;
```

赋值运算符的功能是将操作数2的值赋值给操作数1。

【示例6-2】将变量的值通过弹窗输出。

```
<script type="text/javascript">
var name="张三";              //赋值运算
alert(name);
</script>
```

效果如图6.3所示。从图6.3可以看出，字符串“张三”通过赋值运算符赋值给了变量name并被弹出。

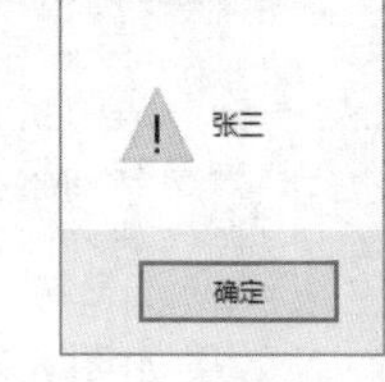

图6.3 弹出变量的值

6.3.2 算术运算符

JavaScript 的算术运算符与数学的四则运算符类似，但增加了取余运算符、自增运算符和自减运算符。JavaScript的算术运算符如表6.2所示。

表6.2 算术运算符

运算符	功能	运算符	功能
+	加法运算，双目，计算两个操作数之和	%	取余运算，双目，计算两个操作数的余数
–	减法运算，双目，计算两个操作数之差	++	自加运算，单目，在操作数原来的基础上加1
*	乘法运算，双目，计算两个操作数之积	--	自减运算，单目，在操作数原来的基础上减1
/	除法运算，双目，计算两个操作数之商		

其中，自加、自减运算符的操作数可以在运算符的左侧，也可以在右侧。操作数在运算符右侧的代码如下。

```
++操作数;
--操作数;
```

操作数在运算符左侧的代码如下。

```
操作数++;
操作数--;
```

如果操作数在运算符右侧，则表示先对操作数加1或减1，然后取操作数的值；如果操作数在运算符左侧，则表示先取操作数的值，然后对操作数加 1 或减 1。

【示例 6-3】使用 document.write( )语句输出运算后的变量值。

document.write( )语句用于将括号中的内容输出到网页。具体代码如下。

```
<title>document.write 输出内容到网页</title>
<script type="text/javascript">
var a=10;                          //定义变量 a 的值为 10
var b=c=d=e=a;                     //定义变量 b、c、d、e，使用变量 a 为它们赋值，它们的值都为 10
document.write("a+1 的值为："+(a+1)+"<br />");
document.write("a-1 的值为："+(a-1)+"<br />");
document.write("a*6 的值为："+(a*6)+"<br />");
document.write("a/2 的值为："+(a/2)+"<br />");
document.write("a%3 的值为："+(a%3)+"<br />");
document.write("++b 的值为："+(++b)+"<br />");
document.write("b 的值为："+(++b)+"<br />");
document.write("c++的值为："+(c++)+"<br />");
document.write("c 的值为："+(c)+"<br />");
document.write("--d 的值为："+(--d)+"<br />");
document.write("d 的值为："+(d)+"<br />");
document.write("e--的值为："+(e--)+"<br />");
document.write("e 的值为："+(e)+"<br />");
</script>
```

运行结果如图 6.4 所示。

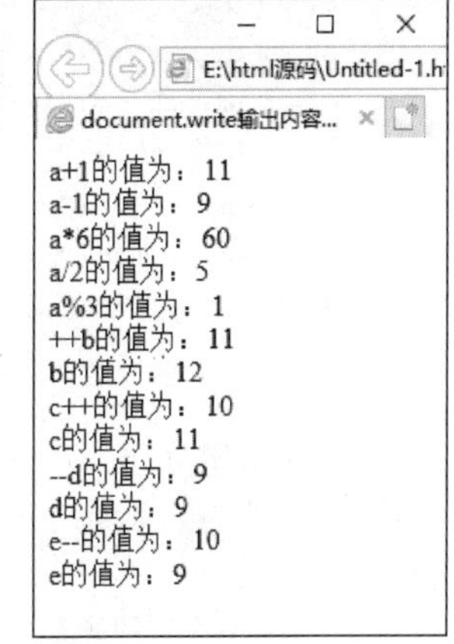

图 6.4 算术运算符运算效果

示例 6-3 的代码中多次用到 document.write()语句，接下来以代码“document.write ("a+1 的值为："+(a+1)+"<br />");”为例进行分析，分析结果如下。

- 第 1 个字符串"a+1 的值为："：这个字符串会被浏览器认为是一个字符串，直接原样输出。
- 字符串后的加号（+）：这里的加号不是运算符，而是一个连接符，它将前面字符串后面的"(a+1)"连接，浏览器遇到它会解释为连接它左右两边的内容。
- (a+1)：小括号是为了将 a+1 隔离，a+1 的结果会直接显示在网页中，也就是 11。
- 第 2 个加号（+）：这里的加号也是连接符，它将前面(a+1)的运算结果与后面的字符串"
"连接。
- "<br />"：会被浏览器认为是一个字符串，但是由于该字符串内容为换行标签，浏览器会将其进一步解读为换行样式，在网页中实现换行。所以在网页的运行效果中会有换行样式。

以图 6.4 所示的运行效果中可以看出，四则运算和求余与普通数学运算相同。而自增、自减运算会根据操作数位置的不同而有所区别，具体分析如下。

- ++b：先让 b 的值自加变为 11，然后将值 11 输出到网页中。
- c++：先将 c 的值 10 输出到网页中，然后加 1 变为 11。
- --d：先将 d 的值自减变为 9，然后将值 9 输出到网页中。
- e--：先将值 10 输出到网页中，然后减 1 变为 9。

6.3.3 比较运算符

比较运算符用于比较两个操作数的大小，如果符合运算符的规则，则返回 true，否则返回 false。JavaScript 的比较运算符如表 6.3 所示。

表 6.3 比较运算符

运算符	功能
>	大于。当左侧的值大于右侧的值时返回true，否则返回false
>=	大于等于。当左侧的值大于等于右侧的值时返回true，否则返回false
<	小于。当左侧的值小于右侧的值时返回true，否则返回false
<=	小于等于。当左侧的值小于等于右侧的值时返回true，否则返回false
!=	不等于。当左侧与右侧的值不相等时返回true，否则返回false
==	等于。当左侧与右侧的值相等时返回true，否则返回false
!===	严格不等于。当左侧与右侧的值不相等或数据类型不同时返回true，否则返回false
===	严格等于。当左侧与右侧的值相等且数据类型相同时返回true，否则返回false

【示例 6-4】输出比较运算符的运算结果。

```
<script type="text/javascript">
var a=10;          //数值变量
var b=10;          //数值型变量
var c='10';        //字符型变量
document.write("3>5 的值为: "+(3>5)+"<br />");
document.write("3<5 的值为: "+(3<5)+"<br />");
document.write("2>=5 的值为: "+(2>=5)+"<br />");
document.write("2<=5 的值为: "+(2<=5)+"<br />");
document.write("5!=2 的值为: "+(5!=2)+"<br />");
document.write("a==b 的值为: "+(a==b)+"<br />");
document.write("a==c 的值为: "+(a==c)+"<br />");
document.write("a===b 的值为: "+(a===b)+"<br />");
document.write("a===c 的值为: "+(a===c)+"<br />");
document.write("a!==b 的值为: "+(a===b)+"<br />");
document.write("a!==c 的值为: "+(a===c)+"<br />");
</script>
```

运行结果如下。

```
3>5 的值为: false
3<5 的值为: true
2>=5 的值为: false
2<=5 的值为: true
5!=2 的值为: true
a==b 的值为: true
a==c 的值为: true
a===b 的值为: true
a===c 的值为: false
a!==b 的值为: true
a!==c 的值为: false
```

从运行结果可以看出，判断结果与符号规则相同时返回 true，否则返回 false。其中，变量 a 的值 10 与变量 c 的值'10'被认为数值相同但是数据类型不同，所以使用等于号（==）判断返回 true，使用严格等于号（===）判断返回 false。

6.3.4 逻辑运算符

逻辑运算符用于对布尔值类型的变量或常量进行判断。例如，比较运算符的运算结果 true 和 false 就属于布尔值类型。JavaScript 的逻辑运算符如表 6.4 所示。

表 6.4　逻辑运算符

运算符	功能
&&	逻辑与运算符，当两个操作数同时为true时返回true，否则返回false
||	逻辑或运算符，当两个操作数同时为false时返回false，否则返回true
!	逻辑非运算符，只有一个操作数，操作数为true时返回false，否则返回true

【示例 6-5】输出逻辑运算符的运算结果。

```
<script type="text/javascript">
document.write("3>5&&5>3 的值为: "+(3>5&&5>3)+"<br />");          //逻辑与运算
document.write("3>5||5>3 的值为: "+(3>5||5>3)+"<br />");          //逻辑或运算
document.write("!false 的值为: "+(!false)+"<br />");              //逻辑非运算
</script>
```

运行结果如下。

```
3>5&&5>3 的值为: false
3>5||5>3 的值为: true
!false 的值为: true
```

6.4 流程控制结构

流程控制结构可以改变程序中代码的运行顺序来实现指定功能。JavaScript 支持的流程控制结构有分支结构、循环结构和跳转结构。

扫码看微课

JavaScript 分支结构

6.4.1 分支结构

分支结构是指根据条件是否成立选择代码的执行顺序。分支结构包含 if 条件语句和 switch 多分支语句。

1. if 条件语句

if 条件语句也称为 if 分支语句，该语句会提供一条或多条分支，根据条件选择程序运行路线，该语句的语法形式如下。

```
if(条件 1)
{
      语句块 1;
}else if(条件 2)
{
      语句块 n;
}
……
else if(条件 n)
{
      语句块 n;
}
```

其中，语句块是指在大括号范围内的多条语句。if 语句块是必须存在的，后面的 else if 语句块可以省略，也可以添加多个，但原则上，else if 语句块不建议过多。如果只有 if 语句块，则称为 if 条件语句，如果包含 else if 语句块，则称为 if-else 条件分支语句。

整个 if 分支语句的执行顺序会根据条件的运算结果进行选择，如果条件为 true，就执行对应的语句块，否则跳过对应语句块进入下一个条件的判断，以此类推，直到 if 条件语句范围之外。

【示例 6-6】根据变量的值选择执行对应语句。

```
<script type="text/javascript">
var a=3;
if(a==1)                        //如果 a 等于 1，则执行下面的语句块
{
    document.write("a 的值为：1<br />");
}else if(a==2)                  //如果 a 等于 2，则执行下面的语句块
{
    document.write("a 的值为：2<br />");
}else if(a==3)                  //如果 a 等于 3，则执行下面的语句块
{
    document.write("a 的值为：3<br />");
}
</script>
```

运行结果如下。

```
a 的值为：3
```

从运行结果可以看出，由于变量 a 的值为 3，所以“a==3”的结果为 true，其他两个条件为 false，所以程序只会执行语句“document.write("a 的值为：3
");”。

2. switch 多分支语句

switch 多分支语句用于处理分支过多，使用 if 分支语句不易处理、容易出错的情况。例如，有多个图片依次展示，或者根据星期几推荐活动内容。switch 语句由控制表达式和 case 标签组成，其语法形式如下。

```
switch(控制表达式)
{
    case 值 1:{语句块 1;break;}
    case 值 2:{语句块 2;break;}

......
    case 值 n:{语句块 n;break;}
        default: {语句块; }
}
```

其中，控制表达式的数据类型可以为字符串、整型、对象等类型。switch 语句的 case 子句可以有多个，但是 case 的值不能重复。default 子句是默认输出语句，当控制表达式不符合所有 case 的值时，执行该 default 子句。

switch 语句从控制表达式开始，依次与 case 的值比较，如果控制表达式的值与 case 子句的值相同，就执行对应的语句块，然后通过 break 语句跳出整个 switch 语句范围（大括号以外的范围）。如果控制表达式的值与所有 case 子句的值都不相等，则执行 default 子句。

注意

表达式包括常量、变量、带运算符的式子等。case 子句与值之间的空格不可以省略，case 子句的值后的英文冒号也不可以省略。

【示例 6-7】根据变量的值输出对应的内容。

```
<script type="text/javascript">
var a="学生";
switch(a)                       //控制表达式为变量 a，变量 a 的值为字符串“学生”
{
    case "校长":                //第 1 个 case 子句，值为“校长”
    {
```

```
            document.write("你的身份为：校长");
            break;
        }
        case "老师":                    //第2个case子句，值为“老师”
        {
            document.write("你的身份为：老师");
            break;
        }
        case "学生":                    //第3个case子句，值为“学生”
        {
            document.write("你的身份为：学生");
            break;
        }
        default:                        //default默认子句
        {
            document.write("你的身份未知，请迅速离开！");
        }
    }
</script>
```

运行结果如下。

```
你的身份为：学生
```

从运行结果可以看出，控制表达式的值符合第3个case子句的值，所以输出身份信息为学生。

6.4.2 循环结构

扫码看微课

JavaScript 循环结构

循环结构用于控制指定代码的重复执行次数。JavaScript中的循环结构包括while循环结构、do while循环结构、for循环结构和for in循环结构。

1. while循环结构

while循环结构又称为前测试循环结构，执行方式为进入循环体之前先判断条件表达式是否成立（为true），如果成立，就执行循环体，否则不执行循环体，简单说就是先判断后执行，其语法形式如下。

```
while(条件表达式)
{
    循环体;
}
```

其中，循环体为一行或多行语句，循环体中通常包含一个迭代条件，该条件在每次循环时发生改变，同时会影响条件表达式的运行结果。

在执行代码时，如果条件表达式的值为true，就执行循环体的内容，执行完一次循环后，程序再次对条件表达式进行判断，如果条件表达式的值仍然为true，就再次执行循环体的内容，如果条件表达式的值为false，就结束循环跳出循环体范围。

【示例6-8】使用代码在网页中输出一个表格。

```
<script type="text/javascript">
document.write("<table border='1'>");
document.write("<tr>");
document.write("<th>id</th><th>学号</th><th>分数</th>");
document.write("</tr>");
var i=1;
while(i<=5)
{
    document.write("<tr>");
    document.write("<td>"+i+"</td>");
```

```
        document.write("<td>00"+i+"</td>");
        document.write("<td>"+(Math.random()*100).toFixed()+"</td>");    //取 100 以内的随机值
        document.write("</tr>");
        i++;                                                //迭代条件，会影响判断表达式的值
    }
    document.write("</table>");
    </script>
```

运行效果如图 6.5 所示。从图 6.5 可以看出，通过 5 次循环输出 3 个<td>标签，成功在网页中输出了 5 行表格内容，表格的内容也跟随循环动态发生了改变。

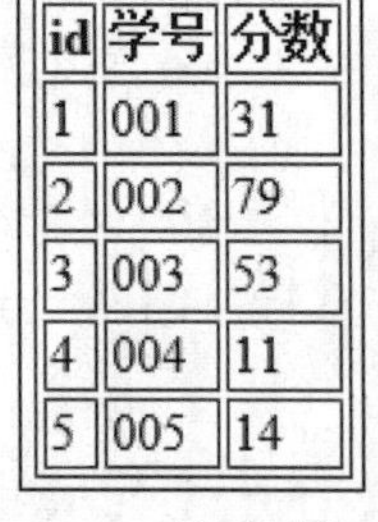

id	学号	分数
1	001	31
2	002	79
3	003	53
4	004	11
5	005	14

图 6.5　输出的表格

2. do while 循环结构

do while 循环结构又称为后测试循环结构，执行方式为先执行一遍循环体，然后判断条件表达式是否成立（为 true），如果成立，则再次执行循环体，否则停止循环，简单说就是先执行后判断，其语法形式如下。

```
do
{
    循环体;
}while(条件表达式);
```

其中，循环体为一行或多行语句，循环体至少循环一次。循环体通常包含一个迭代条件，该条件会在每次循环时发生改变，同时会影响条件表达式的运行结果。

注意

do while 循环语句的结尾须加英文分号（;）,该分号不可以省略。

【示例 6-9】使用 do while 语句依次在网页中输出 6 级标题。

```
<script type="text/javascript">
var i=1;
do
{
    document.write("<h"+i+">"+"标题"+i+"</h"+i+">");      //输出标题标签
    i++;
}while(i<=6);
</script>
```

运行结果如图 6.6 所示。从图 6.6 可以看出，通过不断累加 i 的值实现了标题标签中的数字不断变换。

标题1

标题2

标题3

标题4

标题5

标题6

图 6.6　6 级标题

3. for 循环结构

for 循环语句也属于前测试循环语句，一般在循环次数确定的情况下使用，其语法形式如下。

```
for(初始表达式列表;条件表达式列表;迭代表达式列表)
{
    循环体;
}
```

各部分功能如下。

- ❑ 初始表达式列表：用于初始化循环条件，也就是确定循环条件的初始值。
- ❑ 条件表达式列表：用于限制循环次数，一般为比较表达式。
- ❑ 迭代表达式列表：用于改变迭代条件，从而影响条件表达式的运算结果，促使循环推进。
- ❑ 循环体：由一行或多行语句组成。

初始表达式列表、条件表达式列表和迭代表达式列表都可以由 1 个或多个表达式组成，如果使用多个表达式，则需要用逗号分隔。

初始表达式列表、条件表达式列表和迭代表达式列表可以省略，但分号需要保留。

【示例 6-10】使用 for 循环语句依次在网页中输出 4 张图片。

```
<script type="text/javascript">
for(var i=1;i<5;i++)
{
    document.write("<img src='06/image/"+i+".png'/>  ");    //输出图片标签和路径
}
</script>
```

运行效果如图 6.7 所示。从图 6.7 可以看出，依次修改图片路径中的数字，可以依次输出图片。

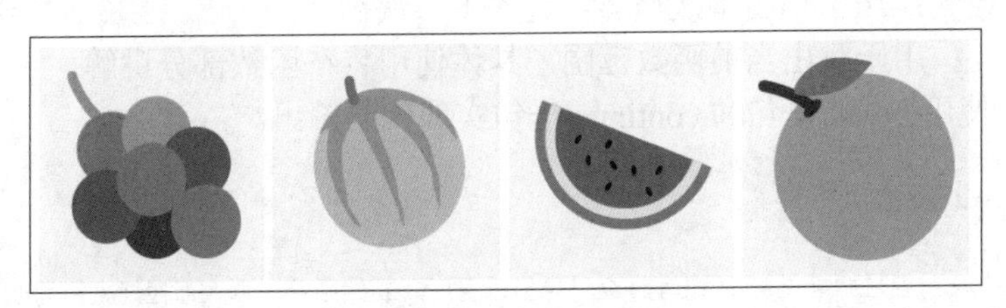

图 6.7　依次输出 4 张图片

4. for in 循环结构

for in 循环结构主要通过遍历的形式查找指定的内容，主要用于字符串、数组，以及对象属性等拥有枚举属性的元素，其语法形式如下。

```
for(索引 in 对象)
{
    语句块;
}
```

各部分功能如下。

- 索引：是指字符串、数组、对象集合等元素的下标。
- 对象：是指字符串、数组、对象集合等元素。
- 语句块：由一条或多条语句组成，在语句块中可以通过语句改变索引值。

for in 循环语句会使用索引值依次获取对象中对应的元素，获取到对应的元素后，可以在语句块中修改或使用对应元素。

【示例 6-11】使用 for in 循环语句修改字号并将字符串中的字符输出到网页中。

```
<script type="text/javascript">
var poetry="夜来风雨声，花落知多少。";
for(var i in poetry)
{
    var size=i%7;                                              //控制字号
//将变量中的字符依次输出到网页中
    document.write("<font size='"+size+"'>"+poetry.substr(i,1)+"</font>")
}
</script>
```

运行结果如图 6.8 所示。从图 6.8 可以看出，跟随索引 i 的变化，依次对字符串的字符进行了复制，然后将复制的单个字符添加到修改了字号属性的<font>标签中进行输出。

夜来风雨声，花落知多少。

图 6.8　修改字号并将字符串输出到网页中

注意

函数 substr( )的语法形式为“变量名.substr(i,n)”，表示从下标 i 开始，截取长度为 *n* 的字符串。代码中的 substr(i,1)由于下标 i 不断移动，依次为 0，1，2，3，…，10，而每次只截取 1 个字符，所以实现了将字符串变量依次复制的效果。

6.4.3 跳转结构

扫码看微课

JavaScript 跳转结构

跳转结构是指从程序运行的某个位置直接跳转到另外一个位置。JavaScript 中的跳转结构语句包括 break 语句、continue 语句和 return 语句。这 3 种跳转结构语句的功能如下。

- break 语句：作用是立刻跳出循环体，不再执行任何循环体内容。在 switch 语句中，当遇到 break 语句时，程序会直接跳出 switch 语句所在的范围。
- continue 语句：用于跳出本次循环，进入下一次循环。
- return 语句：用于跳出当前函数范围，具体使用将在函数部分讲解。

【示例 6-12】使用 break 语句和 continue 语句实现代码输出。

```
<script type="text/javascript">
for(var i=1; i<10;i++)
{
    document.write(i+"  众里寻他千百度，蓦然回首，那人却在灯火阑珊处<br/>");
    if(i==3)                    //i 等于 3，输出水平线
    {
        document.write("<hr />");
        continue;
    }
    if(i==8)                    //i 等于 8，结束循环
    {
        document.write("<hr />");
        break;
    }
}
document.write("青玉案·元夕    作者：辛弃疾 (宋)<br/>");
</script>
```

运行结果如图 6.9 所示。从图 6.9 可以看出，整个程序只循环了 8 次而不是 10 次。当 i 等于 3 时输出一条水平线，然后进入下一次循环继续输出古诗，当 i 等于 8 时输出一条水平线，然后结束整个 for 循环，紧接着输出古诗的题目和作者信息。

1 众里寻他千百度，蓦然回首，那人却在灯火阑珊处
2 众里寻他千百度，蓦然回首，那人却在灯火阑珊处
3 众里寻他千百度，蓦然回首，那人却在灯火阑珊处

---

4 众里寻他千百度，蓦然回首，那人却在灯火阑珊处
5 众里寻他千百度，蓦然回首，那人却在灯火阑珊处
6 众里寻他千百度，蓦然回首，那人却在灯火阑珊处
7 众里寻他千百度，蓦然回首，那人却在灯火阑珊处
8 众里寻他千百度，蓦然回首，那人却在灯火阑珊处

青玉案·元夕　作者：辛弃疾（宋）

图 6.9　跳转语句

6.5 函数

扫码看微课

JavaScript 函数讲解

函数是一组代码的集合，这组代码通常有一个或多个固定功能。函数就像日常生活中的工具，每个工具都有特定的功能。本节将讲解自定义函数和匿名函数的定义以及函数调用的相关内容。

6.5.1 自定义函数

JavaScript 中常用的自定义函数包括命名函数和匿名函数两种。

1. 命名函数

（1）命名函数的定义

命名函数由 function 关键字、函数名、参数列表和函数体组成，其语法形式如下。

```
function 函数名(参数列表)
{
    函数体
    return 返回值;
}
```

命名函数各部分的功能如下。

- function：定义函数的关键字。
- 函数名：函数的名称，需要符合标识符命名规则。
- 参数列表：可包含一个或多个参数，各参数之间使用逗号分隔，该项可以省略。
- 函数体：即具体实现函数功能的语句块。
- return 语句：用于返回函数的返回值，该项可以省略。

定义一个 sum( )函数，用于计算两个变量之和，代码如下。

```
function sum(a,b)
{
    return a+b;
}
```

（2）命名函数的调用

命名函数需要通过函数名调用，如果函数有参数，则可以在小括号中加入对应数量的实参进行值传递，其语法形式如下。

```
函数名(实参列表);
```

【示例 6-13】定义并调用一个求和函数。

```
<script type="text/javascript">
//定义函数
function sum( a, b)
{
    return a+b;
}
//调用函数
document.write("1+2 的值为："+sum(1,2));
</script>
```

运行结果如下所示。从中可以看出，在调用函数 sum()时传递实数 1 和实数 2，函数将 1 赋值给变量 a，将 2 赋值给变量 b，然后通过 return 语句将 1+2 的值返回，最后通过输出语句将字符串输出到网页中。

```
1+2 的值为：3
```

2. 匿名函数

（1）匿名函数的定义

匿名函数由 function 关键字、参数列表和函数体组成，其语法形式如下。

```
function (参数列表)
{
    函数体
    return 返回值;
};
```

匿名函数的各组成部分与命名函数相同，只是缺少函数名。匿名函数本质属于一条语句，需要在结尾处添加分号表示结束。由于匿名函数没有名称，所以在定义匿名函数时直接将匿名函数赋值给一个变量。

（2）匿名函数的调用

匿名函数的调用使用变量名，它由小括号、实参列表和分号组成，其语法形式如下。

```
变量名(实参列表);
```

【示例 6-14】使用匿名函数弹出欢迎窗口。

```
<script type="text/javascript">
//定义函数
var f=function (admin)
{
    alert("恭喜用户"+admin+"登录成功！")
};
//调用函数
f("王小二");
</script>
```

运行结果如图 6.10 所示。

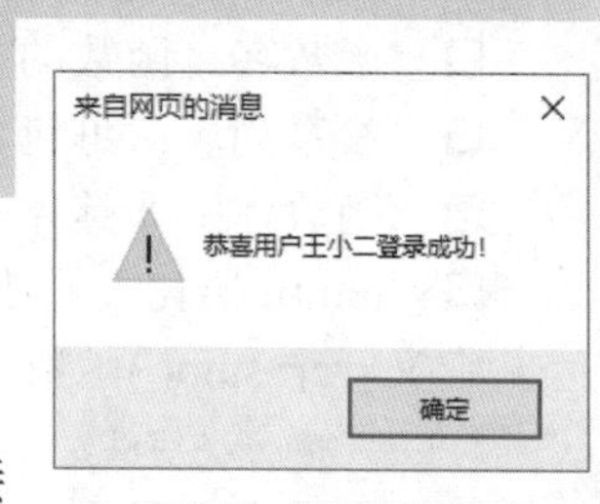

图 6.10　弹出欢迎窗口

6.5.2　预定义函数

预定义函数是 JavaScript 语句预先定义的函数，这些函数可以直接使用。常用的预定义函数如表 6.5 所示。

表 6.5　常用的预定义函数

函数名	功能
paresInt( )	将字符串转换成整型，当遇到数字、符号、小数点和指数符号以外的字符时停止转换
parseFloat( )	将字符串转换成浮点型
isNaN( )	测试是否是一个数字，如果是数字则返回false，否则返回true
isFinite( )	测试是否为无穷，如果是则返回false，否则返回true
escape( )	将字符转换为Unicode码
unescape( )	解码有escape函数编码的字符
eval( )	计算表达式的结果
alert( )	显示一个提示对话框，显示括号内的内容并提供一个OK按钮
confirm( )	显示一个确认对话框，提供一个OK按钮和一个Cancel按钮
prompt( )	显示一个输入对话框，提示等待用户输入

【示例 6-15】使用系统函数输出数据。

```
<script type="text/javascript">
//使用 parseInt()函数从不同的字符串中提取整数
document.write("parseInt('10.25')的结果为："+parseInt('10.25')+"<br />");
document.write("parseInt('10a2')的结果为："+parseInt('10a2')+"<br />");
document.write("parseInt('A102')的结果为："+parseInt('A102')+"<br />");
//使用 parseInt()函数将以 0x 开头的字符串按照十六进制提取整数
document.write("parseInt('0x55')的结果为："+parseInt('0x55')+"<br />");
document.write("parseInt('10',6)的结果为："+parseInt('10',6)+"<br />");
//使用 parseFloat()函数从字符串中提取实数
document.write("parseFloat('10.25')的结果为："+parseFloat('10.25')+"<br />");
```

```
document.write("parseFloat('10.25abc')的结果为: "+parseFloat('10 old years')+"<br />");
document.write("parseFloat('abc10.25')的结果为: "+parseFloat('10 old years')+"<br />");
//使用 eval()函数计算表达式的值
document.write("1+2+3+4 的结果为: "+eval('1+2+3+4')+"<br />");
</script>
```

运行结果如下。

```
parseInt('10.25')的结果为: 10
parseInt('10a2')的结果为: 10
parseInt('A102')的结果为: NaN
parseInt('0x55')的结果为: 85
parseInt('10',6)的结果为: 6
parseFloat('10.25')的结果为: 10.25
parseFloat('10.25abc')的结果为: 10
parseFloat('abc10.25')的结果为: 10
1+2+3+4 的结果为: 10
```

6.6 对象

JavaScript 属于面向对象语言，JavaScript 的对象分为自定义对象与内置对象两种。其中，内置对象包括 Array 数组对象、String 字符串对象、Date 日期对象、Math 数学对象和 RegExp 正则表达式对象。

扫码看微课

自定义对象

6.6.1 自定义对象

对象属于一种特殊的数据类型，它由变量和函数构成。在对象中，变量称为属性，函数称为方法。自定义对象的方式包括默认方式、构造函数方式、原型方式、混合方式和 JSON 方式。

1. 默认方式

自定义对象包含对象名、对象属性和对象方法 3 个部分，创建对象的默认方式是先创建一个对象，然后为对象添加对应的属性和方法，其语法形式如下。

```
var 对象名= new Object( );                    //创建对象
对象名.属性名=属性值;                          //为对象属性赋值
对象名.方法名=函数名 或 函数定义语句;          //为对象方法赋值
```

其中，var、new 和 Object( )都属于系统关键字或函数，不可修改。对象名、属性名和方法名都属于标识符，需要符合标识符命名规则。定义属性本质上就是定义了一个变量，定义方法本质上就是定义了一个函数。

调用对象方法或属性的语法形式如下。

```
对象名.属性名;
对象名.方法名( );
```

【示例 6-16】创建一个学生对象。

```
<script type="text/javascript">
var Student = new Object();                  //创建一个对象 Student
Student.name="张珊";                          //添加一个属性 name 并初始化
Student.age=8;                                //添加一个属性 age 并初始化
Student.score=50;                             //添加一个属性 score 并初始化
Student.information=function(){               //通过匿名函数初始化方法
    alert("姓名: "+Student.name+"年龄:"+Student.age+"分数: "+Student.score);
```

```
    };
    Student.information2=iftion;                    //通过函数名初始化方法
    function iftion()
    {
        alert("姓名: "+Student.name+"年龄:"+Student.age+"分数: "+Student.score);
    }
    Student.information();                          //调用对象的方法
    document.write("年龄为: "+Student.age);         //调用对象的属性
    </script>
```

运行效果如图 6.11 所示。从图 6.11 可以看出，通过调用 Student 对象的 information 方法实现了弹窗效果。

单击“确定”按钮关闭弹窗后，在网页中输出内容如下。

```
年龄为: 8
```

从输出内容可以看出，Student.age 的属性值被 document.write()获取并输出。

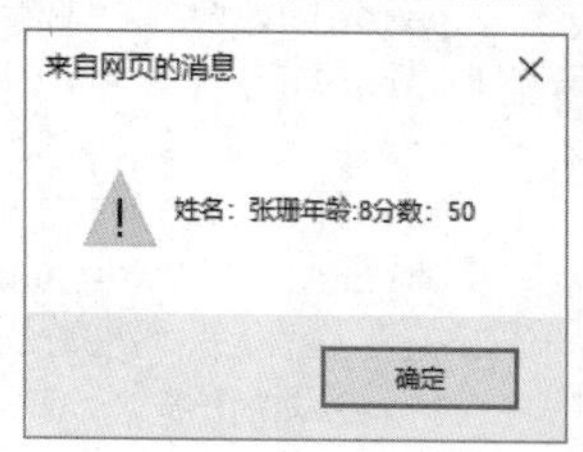

图 6.11　对象的方法

2. 构造函数方式

在 JavaScript 中定义构造函数（特殊的函数）相当于定义了一个类，使用自定义的类（构造函数）可以实现自定义对象的实例化。

类属于一种引用数据类型，构造函数是类的具体实现形式，使用构造函数可以创建类。类是对一类具有共同特征数据的抽象，对象是对某一类的具体实例化。例如，汽车属于类，红色小轿车、四驱越野车、大型卡车都属于对象。

在构造函数中可以定义类的属性和方法，定义构造函数的语法形式如下。

```
function ClassName( )
{
    this.属性名=属性值;
    this.方法名=函数名或匿名函数;
}
```

其中，ClassName 是指构造函数的名称，也就是类名，属于标识符，需要符合标识符命名规则。this 属于关键字，表示引用当前对象。

使用构造函数创建对象的语法形式如下。

```
var 对象名 = new ClassName（属性值列表）
```

其中，ClassName 由构造函数确定。属性值列表用于初始化对象的属性值，属性值可以为 1 个或多个，各属性值之间需要使用逗号分隔。

【示例 6-17】定义一个构造函数并创建对象。

```
<script type="text/javascript">
function CAR(Xname,type,color)                      //定义一个构造函数
{
    this.name=Xname;                                //定义属性
    this.type=type;                                 //定义属性
    this.color=color;                               //定义属性
    this.ShowCarInfo=function()                     //定义方法
    {
        document.write(" 汽 车 信 息 : <br/>"+" 汽 车 系 列 :"+this.name+"<br/> 汽 车 型 号 :
"+this.type+"<br/>汽车颜色: "+this.color+"<hr/>");
    };
    this.ShowCar=ShowCarName;                       //定义方法
    function ShowCarName()
    {
        document.write("汽车系列:"+this.name+"<hr/>");
```

```
        }
    }
    //创建对象并初始化属性值
    var DianZi = new CAR("电紫系列","DZ80pro","紫色");
    var LingDong = new CAR("灵动系列","LD233pro","七彩");
    //调用方法
    DianZi.ShowCar();
    DianZi.ShowCarInfo();
    LingDong.ShowCar();
    LingDong.ShowCarInfo();
    </script>
```

运行效果如图 6.12 所示。从图 6.12 可以看出，通过构造函数可以自定义一个新类，并且使用该类可以创建对应的对象，创建的对象可以直接调用类中的属性和方法。

汽车系列:电紫系列

汽车信息:
汽车系列:电紫系列
汽车型号：DZ80pro
汽车颜色：紫色

汽车系列:灵动系列

汽车信息:
汽车系列:灵动系列
汽车型号：LD233pro
汽车颜色：七彩

图 6.12　方法运行结果

3. 原型方式

原型方式是指使用 prototype 属性为已经创建好的构造函数（类）添加新的属性或方法，其语法形式如下。

```
function ClassName( )                    //构造函数
{
    ……
}
ClassName. prototype.新属性名="属性值";
ClassName. prototype.新方法名=匿名函数;
```

【示例 6-18】使用 prototype 属性为类添加方法和属性，并使用对象调用这些方法和属性。

```
<script type="text/javascript">
function CAR(Xname,type,color)                              //定义一个构造函数
{
    this.name=Xname;                                        //定义属性
    this.type=type;                                         //定义属性
    this.color=color;                                       //定义属性
    this.ShowCarInfo=function()                             //定义方法
    {
        document.write(" 汽 车 信 息 ： <br/>"+" 汽 车 系 列 :"+this.name+"<br/> 汽 车 型 号 :
"+this.type+"<br/>汽车颜色: "+this.color+"<hr/>");
    };
}
CAR.prototype.price="150 万";                               //添加属性
CAR.prototype.ShowCarInfo2=function()                       //添加方法
    {
    document.write("汽车信息:<br/>"+"1.系列: "+this.name+"<br/>2.型号: "+this.type+"<br/>3.
颜色: "+this.color+"<br/>4.售价: "+this.price);
    };
var TianMu = new CAR("天沐系列","TM999pro","银白");         //创建对象并初始化属性值
TianMu.ShowCarInfo2();                                      //调用添加的方法
</script>
```

运行结果如下。

```
汽车信息:
1.系列: 天沐系列
2.型号: TM999pro
3.颜色: 银白
4.售价: 150 万
```

从运行结果可以看出，新添加的方法可以被对应的对象调用。

4. 混合方式

混合方式是指使用构造函数方式生成类的属性值，然后使用原型方式为类添加具体的方法。单独使用构造函数创建对象时会重复引用构造函数中的方法，但是并非所有对象都需要构造函数中的方法。

所以，配合使用原型方法，根据创建对象的需求添加对应的方法，可以减少重复调用构造函数方法。相当于根据需求增加方法，这一方面可以减少代码量，另一方面可以降低程序运行负担。

5. JSON方式

JSON（JavaScript Object Notation）是一种基于ECMAScript的数据交换格式，它采用完全独立于语言的文本格式，能够更加简便地创建对象。使用JSON方式创建对象不需要使用构造函数、new关键字，其语法形式如下。

```
{
    属性名:属性值,
    方法名:匿名函数
};
```

其中，一对大括号为JSON对象的范围。属性名和属性值之间、方法名和匿名函数之间使用冒号分隔，最后一项结尾处不需要添加符号。属性与方法之间使用逗号分隔。在JSON对象结尾处需要添加分号。

由于JSON对象没有对象名，所以一般赋值给一个变量，其语法形式如下。

```
var 变量名={JSON对象定义语句};
```

JSON对象调用方法或属性可以借助赋值过的变量实现，其语法形式如下。

```
变量名. JSON对象方法名;
变量名. JSON对象属性名;
```

【示例6-19】使用JSON方式定义对象并调用对象的方法和属性。

```
<script type="text/javascript">
var shoes = {                                    //定义JSON对象
    xname:"回弹系列",                              //定义属性
    size:45,
    price:299,
    showInfo:function()                          //定义方法
    {
        document.write(" 运 动 鞋 信 息 ： <br/>"+" 系 列 ： "+this.xname+"<br/> 尺 寸 ： "+this.size+"<br/>价格："+this.price);
    }
};
shoes.showInfo();                                //调用JSON对象的方法
</script>
```

运行结果如下。

```
运动鞋信息：
系列：回弹系列
尺寸：45
价格：299
```

从运行结果可以看出，使用JSON对象赋值的变量可以对JSON对象的方法和属性进行调用。

Array数组对象

6.6.2 Array数组对象

数组是一个有序的元素序列，元素的个数就是数组的长度。每个元素都有1个下标值，通过下标值可以对数组的元素进行初始化和访问，数组元素的下标

起始值为 0。Array 数组对象使用 Array( )构造函数创建，其语法形式如下。

```
var 数组名 = new Array( );              //创建数组对象
数组名[下标值] = 值                     //初始化数组对象的元素值，初始化几个元素，数组就有几个元素
```

或

```
var 数组名 = new Array(值1,值2,……值n);        //通过初始化值确定数组元素个数和元素值
```

或

```
var 数组名 = new Array(元素个数);              //直接使用常数确定数组元素个数
```

创建数组对象还有一种简写方式，其语法形式如下。

```
var 数组名 = ["元素值1","元素值2",……,"元素值n"]
```

由于 Array 数组对象是预定义对象，所以 JavaScript 官方为其提供了对应的属性和方法。Array 数组对象的属性如表 6.6 所示。

表 6.6　Array 数组对象的属性

属性	功能
constructor	返回创建此对象的构造函数索引
length	数组长度
prototype	为对象添加属性和方法

Array 数组对象的常用方法如表 6.7 所示。

表 6.7　Array 数组对象的常用方法

方法	功能
concat( )	连接两个或多个数组
join( )	把数组中的所有元素放入一个字符串，并用指定的分隔符隔开
push( )	向数组的末尾添加一个或多个元素，并返回新的长度
pop( )	删除并返回数组的最后一个元素
shift( )	删除并返回数组的第一个元素
reverse( )	在原有数组的基础上颠倒数组中元素的顺序，不会创建新的数组
slice( )	从已有的数组中返回选定的元素
sort( )	对数组的元素进行排序
splice( )	向数组中添加或删除一个或多个元素，然后返回被添加或被删除的元素
unshift( )	向数组的开头添加一个或多个元素，并返回新的长度

【示例 6-20】创建数组并输出数组中的内容。

```
<script type="text/javascript">
var Fruits = new Array();                                                 //创建一个数组 Fruits
//使用下标为数组添加元素值
Fruits[0]="榴莲";
Fruits[1]="凤梨";
Fruits[2]="苹果";
Fruits.push("香蕉");                                                      //使用 push 方法添加元素值
document.write("水果数组的长度为："+Fruits.length+"<hr />");            //输出数组的长度
document.write("美味的水果有："+Fruits.join("，")+"<hr />");            //输出数组的所有元素
document.write("第1个水果为："+Fruits.shift()+"<hr />");               //输出并删除第一个元素
document.write("最后1个水果为："+Fruits.pop()+"<hr />");               //输出并删除最后一个元素
document.write("现在美味的水果有："+Fruits.join("，")+"<hr />");//输出数组的所有元素
//添加元素
Fruits.push("西瓜");
```

```
Fruits.push("香瓜");
Fruits.push("哈密瓜");
Fruits.push("葡萄");
document.write("现在美味的水果有："+Fruits.join("，")+"<hr />");     //输出数组的所有元素
document.write("最甜的水果为："+Fruits.slice(4,5)+"<hr />");          //选择元素并输出
document.write("反向显示美味的水果："+Fruits.reverse( )+"<hr />");   //反向输出数组的所有元素
</script>
```

运行结果如图 6.13 所示。

水果数组的长度为：4

美味的水果有：榴莲，凤梨，苹果，香蕉

第1个水果为：榴莲

最后1个水果为：香蕉

现在美味的水果有：凤梨，苹果

现在美味的水果有：凤梨，苹果，西瓜，香瓜，哈密瓜，葡萄

最甜的水果为：哈密瓜

反向显示美味的水果：葡萄,哈密瓜,香瓜,西瓜,苹果,凤梨

图 6.13　数组中的元素

6.6.3　String 字符串对象

扫码看微课

String 字符串对象

字符串对象可以对文本字符串进行处理。字符串类型（string）属于基础类型，字符串对象（String）是将字符串类型封装为对象类型，这样字符串对象就可以使用系统提供的字符串对象的属性和方法。创建字符串的语法形式如下。

```
var 字符串名 = "字符串内容";
```

字符串对象还有一种创建方式是通过 String()构造函数实现，其语法形式如下。

```
var 字符串名 = new String("字符串内容");
```

字符串对象的常用属性与数组对象的属性基本相同，字符串对象的常用方法如表 6.8 所示。

表 6.8　　字符串对象的常用方法

方法	功能
anchor(name)	创建一个锚点元素（具有name或id特征的<a>标签）
bold( )	将字符串加粗
charAt(index)	返回指定位置的字符
fontcolor(color)	指定字符串的显示颜色
fontsize(size)	指定字符串的显示尺寸，size参数必须是1~7的数字
indexOf(searchValue,LfromIndex])	返回searchValue在字符串中首次出现的位置
lastIndexOf(searchValue,[fromIndex])	从后向前检索，返回searchValue在字符串中首次出现的位置
slice(start,[end])	抽取从start开始(包括start)到end结束（不包括end）的所有字符
substring(start,[stop])	抽取从start开始到stop-1结束的所有字符
split( )	把一个字符串分割成字符串数组
sub( )	位于<sub>标签中时，用于把字符串显示为下标
sup( )	位于<sup>标签中时，用于把字符串显示为上标
toLowerCase( )	把字符串转换为小写

续表

方法	功能
toUpperCase( )	把字符串转换为大写
search(regExp)	检索字符串中指定的子字符串，或检索与正则表达式匹配的子字符串
replace(regExp/subStr,replacement)	用一些字符替换另一些字符，或替换一个与正则表达式匹配的子字符串
match(searchvalue/regExp)	在字符串内检索指定的值，或找到一个或多个正则表达式的匹配值

【示例 6-21】使用字符串对象的方法修改字符串的样式和大小写。

```
<script type="text/javascript">
var Poetry = "噫吁嚱，危乎高哉！蜀道之难，难于上青天！";    //创建一个字符串对象
var Result="";                                              //创建空字符串对象
for(var i=0;i<Poetry.length;i++)                            //循环次数小于字符串长度
{
    var str=Poetry.charAt(i);                               //跟随 i 的变化依次读取字符串中的字符
    str=str.fontsize((i%7)+1);                              //设置字号
    if(i%2==1)                                              //i 为奇数时表达式为 true
    {
        str=str.bold();                                     //加粗字符
    }
    if(i%3==0)                                              //i 为 3 的倍数时表达式值为 true
    {
        str=str.fontcolor("blue");                          //设置文本颜色
    }
    Result=Result+str;                                //将修改后的字符放置在 Result 字符串对象中
}
document.write("默认字符串为："+Poetry+"<br />");
document.write("添加样式后字符串为："+Result+"<hr />");
var strWord="aBcDeFgHiJkLmN";                         //创建一个字符串内容为大小写都有的字符串
document.write("字符串全部大写输出："+strWord.toUpperCase()+"<br />");    //全部转换为大写
document.write("字符串全部小写输出："+strWord.toLowerCase()+"<br />");    //全部转换为小写
</script>
```

运行结果如图 6.14 所示。

默认字符串为：噫吁嚱，危乎高哉！蜀道之难，难于上青天！

添加样式后字符串为：噫吁嚱，危乎高哉！蜀道之难，难于上青天！

字符串全部大写输出：ABCDEFGHIJKLMN
字符串全部小写输出：abcdefghijklmn

图 6.14　字符串样式和大小写修改

从图 6.14 所示的运行结果可以看出，使用字符串对象的方法处理字符串文本的样式十分简单。

6.6.4　Date 日期对象

扫码看微课

Date 日期对象

Date 日期对象用于处理日期的相关问题，如获取当前日期、日期的显示格式等。创建日期对象的语法形式如下。

```
var 对象名 = new Date(日期格式);
```

日期格式包括“yyyy,MM,dd”“yyyy,MM,dd”“yyyy,MM,dd,hh,mm,ss”“MM/dd/ y yy hh:mm:ss”“month dd, yyyy”和“month dd,yyyy hh:mm:ss”。y 表示年，4 个 y 表示

4 位数的年份。MM 表示月，dd 表示日，hh 表示小时，mm 表示分钟，ss 表示秒。

日期对象的常用属性与数组对象的属性基本相同，日期对象的常用方法如表 6.9 所示。

表 6.9 日期对象的常用方法

方法	功能
getDate( )	返回一个月中的某一天(1～31)
getDay( )	返回一周中的某一天(0～6)
getMonth( )	返回月份(0～11)
getFullYear( )	返回4位数字的年份
getHours( )	返回Date对象的小时(0～23)
getMinutes( )	返回Date对象的分钟(0～59)
getSeconds( )	返回Date对象的秒数(0～59)
getTime( )	返回1970年1月1日至今的毫秒数
setDate( )	设置Date对象的日期(1～31)
setMonth( )	设置Date对象的月份(0～11)
setFullYear(year,month,day)	设置Date对象的年份(4位数字)，参数month、day可选
setHours(hour,min,sec,millisec)	设置Date对象的小时(0～23)，参数min、sec、millisec可选
setMinutes( )	设置Date对象的分钟(0～59)
setSeconds( )	设置Date对象的秒数(0～59)
setTime( )	以毫秒设置Date对象

【示例 6-22】使用日期对象设置时间并输出时间。

```
<script type="text/javascript">
var nowDate = new Date();                              //创建一个日期对象
document.write("当前时间为: "+nowDate+"<br />");          //输出当前时间
nowDate.setFullYear(2063,07,31);                       //设置年、月、日
nowDate.setHours(24,00,00);                            //设置时、分、秒
document.write("设置后的时间为: "+nowDate+"<br />");       //输出设置后的时间
//指定格式输出时间
document.write("指定格式输出时间: "+nowDate.getFullYear()+"年"+nowDate.getMonth()+"月"+nowDate.getDate()+"日"+nowDate.getHours()+"时"+nowDate.getMinutes()+"分"+nowDate.getSeconds()+"秒");
</script>
```

运行结果如下。

```
当前时间为: Wed Dec 15 2021 22:08:04 GMT+0800 (中国标准时间)
设置后的时间为: Sat Sep 01 2063 00:00:00 GMT+0800 (中国标准时间)
指定格式输出时间: 2063 年 8 月 1 日 0 时 0 分 0 秒
```

从运行结果可以看出，使用日期对象的方法可以轻松实现日期的获取和设置。

拓展知识
Math 数学对象

拓展知识
RegExp 正则表达式对象

6.7 实战案例解析——焦点图片轮播

在电子商务网站中常常将多个广告或网站主题活动图片添加到网页中间的焦点图片位置，以实现图片轮播效果。通过轮播可以将多张图片依次在网页“C位”展示，从而提高焦点图片位置的使用效率。本节将介绍焦点图片轮播的实现过程。

扫码看微课

焦点图片轮播实战讲解

（1）准备 3 张焦点图片，分别命名为 b1.png、b2.png 和 b3.png。然后添加 HTML 标签，需要用到<div>、<img>、<ul>和<li>标签，代码如下。

```
<body >
<div id="Box">
<!--焦点图片-->
<img src="06/image/b1.png" id="timg"/>
<!--图片切换按钮-->
    <ul>
        <li></li>
        <li></li>
        <li></li>
    </ul>
</div>
</body>
```

（2）添加 CSS 样式，设置 div、焦点图片和列表位置。

```
<style>
/*设置外层 div 边框、宽度和高度*/
#Box{ border:1px #000 solid; width:800px; height:400px;}
/*设置 ul 的位置、宽度和高度，并设置列表项目标记样式为无*/
ul{ width:100px; height:15px; position:absolute; top:350px;
left:335px; list-style:none; }
/*设置 li 左浮动，边框，宽度，圆角，背景色以及右边距*/
li  { float:left; height:15px; width:15px; border-radius:10px; background:#CCCCCC;
margin-right:10px; border:2px #000000 solid;}
/*鼠标指针位于<li>标签上方时修改背景色为白色*/
li:hover{ background:#FFFFFF; }
</style>
```

添加样式后的效果如图 6.15 所示。

图 6.15 焦点图片

（3）为每个<li>标签添加单击事件 onClick()，代码如下。

```
……
<li onClick="showP(1);"></li>
<li onClick="showP(2);"></li>
<li onClick="showP(3);"></li>
……
```

（4）添加 JavaScript 代码，定义焦点图片切换函数，代码如下。

```
<script type="text/javascript">
function showP(Num)                                   //单击切换图片函数
{
    var fImg = document.getElementById("timg");       //通过 id 获取图片标签
    var imgSrc = "06/image/b";                        //使用变量存放通用路径
    imgSrc = imgSrc + Num +".png" ;                   //根据函数实参修改变量中的路径
    fImg.src=imgSrc;                                  //设置图片表的 src 属性值
}
</script>
```

（5）使用浏览器打开文档会显示第 1 张焦点图片，单击第 1 个<li>标签，图片不变，效果如图 6.16 所示。单击第 2 个<li>标签，图片发生切换，效果如图 6.17 所示。然后单击第 3 个<li>标签，图片再次发生切换，效果如图 6.18 所示。最后单击第 1 个<li>标签，显示第 1 张焦点图片。

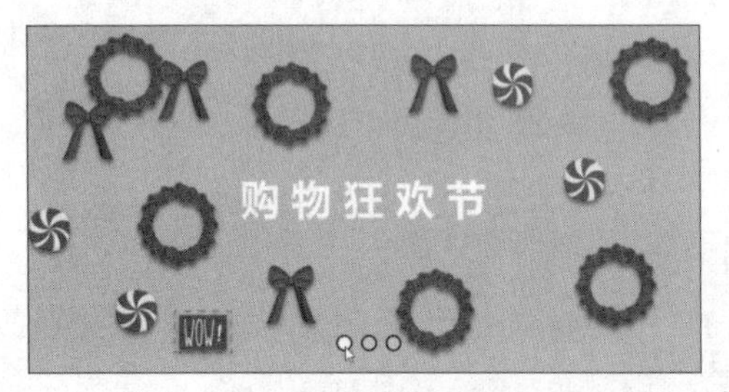

图 6.16　第 1 张焦点图片

图 6.17　第 2 张焦点图片

图 6.18　第 3 张焦点图片

疑难解答

1．JavaScript 中的所有内容都属于对象吗？

是的，JavaScript 可以将所有内容作为对象处理，包括变量、数组和函数。这些内容都可以使用对象的形式进行处理。

2．为什么称 JavaScript 为弱类型语言？

JavaScript 中的所有变量在声明时是不需要指定变量的数据类型的。变量的数据类型由其保存的值决定，这一特性也体现了 JavaScript 灵活多变的特点。

思考与练习

一、填空题

1．变量是用于在程序中________或________数据。变量是程序中的________。

2．在 JavaScript 中，标识符由________、________、下划线（_）、美元符号（$）构成，首字符必须是________、________或美元符号，标识符________字母大小写，标识符不能与 JavaScript 中的关键字相同。

3．流程控制结构可以通过改变程序中代码的执行顺序来实现指定的功能。JavaScript 支持的流程结构包括________、________和跳转结构。

4．JavaScript 中常用的自定义函数有________和________两种。

5．内置对象包括________对象、__________对象、Date 日期对象、Math 数学对象和 RegExp 正则表达式对象。

二、选择题

1．JavaScript 代码插入 HTML 文档中需要放置在（　　）元素中。

A．<script>　B．<js>　C．<JavaScript>　D．<scripting>

2．引用名为“a.js”的外部脚本的正确语法是（　　）。

A．<script name="a. js">　B．<script href= "a.js">

C．<script src="a. js">　D．<script type="a.js">

3．下列 Math 对象的方法中，可以实现对数值四舍五入的为（　　）。

A．ceil( )　B．random( )　C．floor( )　D．round( )

4．下列 Array 对象的方法中，可以颠倒数组中元素顺序的为（　　）。

A．shift( )　B．reverse( )　C．splice( )　D．slice( )

三、上机实验题

1．使用 for 语句输出九九乘法表。

2．自定义一个求积函数，计算两个值的乘积。

3．通过弹窗输出你的名字。

4．通过弹窗输出 1～100 之和。

5．定义并调用一个求积函数，输出 5*6 的结果。

6．使用匿名函数实现通过弹窗祝自己生日快乐的效果。

7 Chapter

第 7 章 BOM 和 DOM 对象模型

学习目标

- ❑ 掌握浏览器对象模型 BOM
- ❑ 掌握文档对象模型 DOM
- ❑ 掌握事件响应
- ❑ 掌握 HTML 文档节点

BOM 和 DOM 对象模型是 JavaScript 与浏览器交互的桥梁。通过这两个模型，可以对浏览器窗口、浏览器相关信息和文档内容进行操作。本章将讲解这两个模型的相关内容。

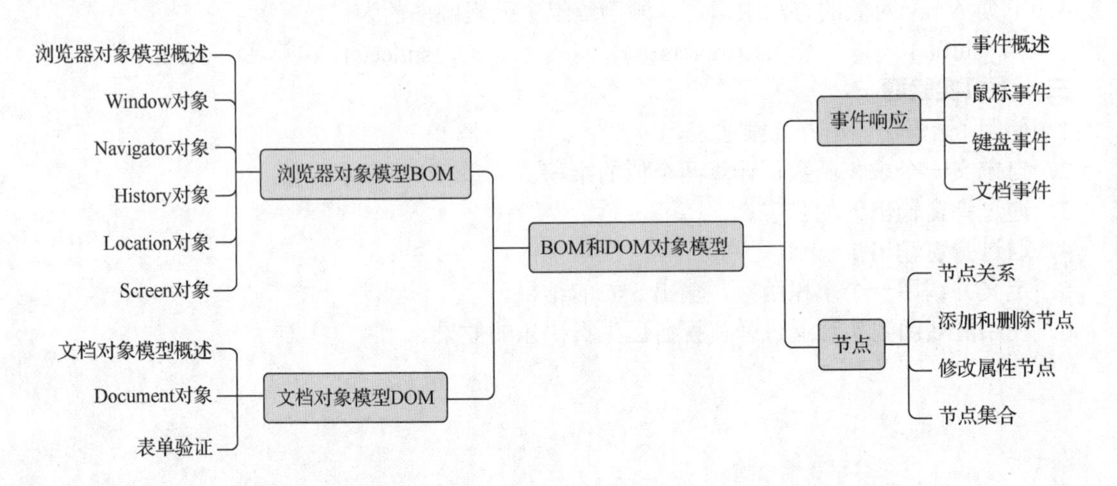

7.1 浏览器对象模型 BOM

浏览器对象模型（Browser Object Model，BOM）可以实现 JavaScript 和浏览器之间的“对话”功能，也就是通过浏览器对象模型 BOM，可以使 JavaScript 与浏览器产生交互。本节将讲解浏览器对象模型 BOM 的相关内容。

7.1.1 浏览器对象模型概述

浏览器对象模型（BOM）是 ECMAScript 的一个扩展内容，它是描述 Web 浏览器对象分层关系的表示模型。BOM没有正式的实现标准，但是所有的浏览器厂商都支持BOM。

浏览器对象模型提供了多个独立于页面内容并能够与浏览器交互的对象，这些对象在浏览页面时被创建。浏览器对象模型提供的对象如下。

扫码看微课

浏览器对象模型讲解

- ❑ Window对象：用于对浏览器窗口进行操作，该对象是BOM的最高一层。
- ❑ Navigator对象：用于获取浏览器的相关信息，如浏览器名称、版本信息等。
- ❑ History对象：用于访问浏览器的历史记录，如访问过的网站、访问的属性等。

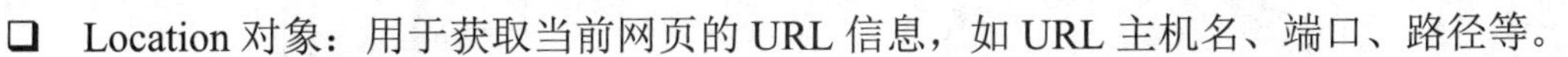

- ❑ Location对象：用于获取当前网页的URL信息，如URL主机名、端口、路径等。
- ❑ Screen对象：用于获取客户端显示屏幕的信息，如屏幕的高度、宽度、颜色对比度等。

7.1.2 Window对象

Window对象表示浏览器中打开的窗口，只要打开浏览器窗口，就会创建Window对象。如果HTML文档中包含框架<frame>或<iframe>，则浏览器不仅会为HTML文档创建一个Window对象，还会为每个框架创建一个额外的Window对象。

1. <frame>标签

<frame>标签属于单标签，用于定义<frameset>标签中的一个特定框架。<frameset>标签用于将多个窗口组织成一个框架集，属于双标签。

<frameset>标签必须使用cols属性或rows属性。其中，cols属性用于定义框架集中列的数目和尺寸，rows属性用于定义框架集中行的数目和尺寸。

<frame>标签可以通过属性设置形成不同样式的框架，其属性如下。

- ❑ frameborder：定义是否显示框架周围的边框，默认值为1表示显示，备选项为0表示不显示。
- ❑ marginheight：定义框架顶部和底部的边距。
- ❑ marginwidth：定义框架左侧和右侧的边距。
- ❑ name：定义框架的名称。
- ❑ noresize：添加该属性后框架无法调节大小，默认值为noresize。
- ❑ scrolling：定义是否在框架中显示滚动条，默认值为yes（表示显示），备选项包括no（表示不显示）和auto（表示自动显示）。
- ❑ src：定义在框架中显示的文档的URL。

注意

不能在使用<frameset></frameset>标签的同时使用<body></body>标签。

【示例7-1】在网页中使用frameset标签添加两个frame的框架。

```
<!DOCTYPE html >
<html xmlns="http://www.w3.org/1999/xhtml">
<head>
<meta http-equiv="Content-Type" content="text/html; charset=utf-8" />
<title>框架集合</title>
</head>
<frameset cols="30%,30%,30%" rows="30%,30%,30%">
  <frame src="黄色背景.html"/>
  <frame src="黄色背景.html"/>
  <frame src="黄色背景.html"/>
```

```
    <frame src="绿色背景.html"/>
    <frame src="绿色背景.html"/>
    <frame src="绿色背景.html"/>
    <frame src="蓝色背景.html"/>
    <frame src="蓝色背景.html"/>
    <frame src="蓝色背景.html"/>
  </frameset>
  </html>
```

运行结果如图 7.1 所示。从图 7.1 可以看出，网页被分隔为 9 个小页面。

图 7.1　框架集合

2. <iframe>标签

iframe 元素会创建包含另外一个文档的内联框架，该框架也被称为行内框架，它的属性与<frame>标签的属性有一些重复，下面列出与<frame>标签不同的属性。

- align：定义周围元素与框架的对齐方式，备选项包括 left、right、top、middle 和 bottom。
- height：定义框架的高度。
- width：定义框架的宽度。
- scrolling：定义是否在 iframe 元素中显示滚动条，备选项包括 yes、no 和 auto。
- srcdoc：定义在框架中显示的 HTML 内容，Internet Explorer 浏览器不支持该属性。

【示例 7-2】在网页中添加两个 iframe 框架，分别添加 p 元素内容和另一个网页。

```
<!DOCTYPE html >
<html xmlns="http://www.w3.org/1999/xhtml">
<head>
<meta http-equiv="Content-Type" content="text/html; charset=utf-8" />
<title>iframe 框架</title>
</head>
<body >
<iframe width="300px" height="300px" srcdoc="<p>这里通过属性添加 HTML 页面内容</p>">如果浏览器不支持 iframe 元素不会显示</iframe>
<iframe frameborder="0" width="300px" height="300px"  src="05 购物节主题网页.html" >如果浏览器不支持 iframe 元素会不显示</iframe>
</body>
</html>
```

运行效果如图 7.2 所示。从图 7.2 可以看出，网页被分隔成两个框架。左侧框架中显示的是 HTML 元素内容，右侧框架中显示的是另外一个网页的内容。

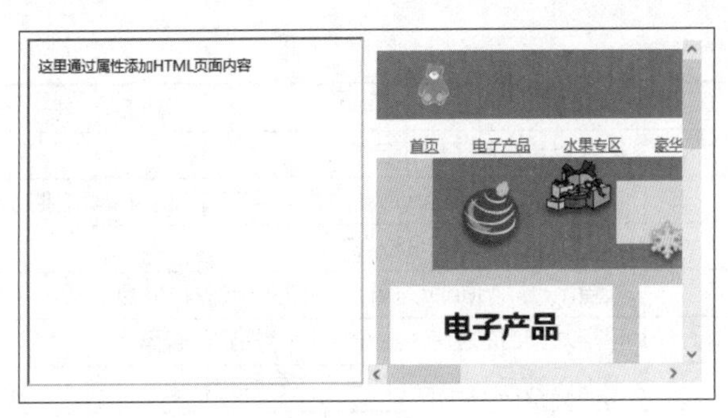

图 7.2　两个 iframe 框架

3. Window 对象的属性和方法

Window 对象的属性用于获取浏览器窗口的相关内容，如窗口是否关闭、窗口状态栏的状态、窗口内宽度等。Window 对象的常用属性如表 7.1 所示。

表 7.1　Window 对象的常用属性

属性	功能
closed	返回窗口是否已关闭
defaultStatus	设置或返回窗口状态栏中的默认文本
frames	返回窗口中所有命名的框架。每个Window对象在窗口中都含有一个框架
innerHeight	返回窗口的文档显示区的高度
innerWidth	返回窗口的文档显示区的宽度
length	设置或返回窗口中的框架数量
name	设置或返回窗口的名称
opener	返回对创建此窗口的窗口的引用，只适用于顶层Window对象
outerHeight	返回窗口的外部高度，包含工具条与滚动条
outerWidth	返回窗口的外部宽度，包含工具条与滚动条
pageXOffset	设置或返回当前页面相对于窗口的文档显示区左上角的X位置
pageYOffset	设置或返回当前页面相对于窗口的文档显示区左上角的Y位置
parent	返回父窗口
status	设置窗口状态栏的文本
top	返回最顶层的父窗口

Window 对象的方法可以实现对浏览器窗口的操作，如弹窗效果、关闭或打开窗口、控制滚动内容坐标等。Window 对象的常用方法如表 7.2 所示。

表 7.2　Window 对象的常用方法

方法	功能
alert()	显示带有一段消息和一个确认按钮的警告框
atob()	解码一个base-64编码的字符串
btoa()	创建一个base-64编码的字符串
blur()	把键盘焦点从顶层窗口移开
clearInterval()	取消由setInterval()方法设置的timeout
clearTimeout()	取消由setTimeout()方法设置的timeout
close()	关闭浏览器窗口
confirm()	显示带有一段消息以及确认按钮和取消按钮的对话框
createPopup()	创建一个pop-up窗口

续表

方法	功能
focus()	把键盘焦点给予一个窗口
getSelection()	返回一个Selection对象，表示用户选择的文本范围或光标的当前位置
getComputedStyle()	获取指定元素的CSS样式
matchMedia()	检查media query语句，并返回一个MediaQueryList对象
moveBy(x,y)	可相对窗口的当前坐标把它移动指定的像素
moveTo(x,y)	把窗口的左上角移动到一个指定的坐标上
open(url,name,features,replace)	打开一个新的浏览器窗口或查找一个已命名的窗口。其中，url表示要打开文档URL，如果为空，则表示打开一个空窗口；name表示窗口名称；features表示新窗口显示的状态，包括宽度、高度、滚动栏等；replace用于设置操作历史保存方式
print()	打印当前窗口的内容
prompt()	显示可提示用户输入的对话框
resizeBy(w,h)	按照指定的像素调整窗口的大小
resizeTo(w,h)	把窗口的大小调整到指定的宽度和高度
scrollBy(x,y)	按照指定的像素值来滚动内容
scrollTo(x,y)	把内容滚动到指定的坐标
setInterval(code,millisec)	按指定的周期（以毫秒计）调用函数或计算表达式。其中，code表示要执行的代码，millisec用于设置代码执行前等待的时间
setTimeout(code,millisec)	在指定的毫秒数后调用函数或计算表达式，只执行一次。其中，code表示要执行的代码，millisec用于设置代码执行前等待的时间
stop()	停止页面载入
postMessage()	安全地实现跨源通信

【示例 7-3】使用按钮实现窗口的创建、移动、停止移动等功能。

```
<!DOCTYPE html >
<html xmlns="http://www.w3.org/1999/xhtml">
<head>
<meta http-equiv="Content-Type" content="text/html; charset=utf-8" />
<title>Windw 对象</title>
<script>
var Mywin;              //存放创建的窗口
function OpenW()
{
    //创建一个窗口，并将该窗口赋值给变量 Mywin
    Mywin=window.open("","我的窗口","width=300px; height=300px;");

}
function WinName()
{
    //弹出创建的窗口的名称
    alert("创建的窗口的名称为: "+Mywin.name);
}
var x=0;            //存放窗口的 X 坐标
var y=0;            //存放窗口的 Y 坐标
var time=0;         //存放定时器
function MoveW()
{
    x=x+5;
    y=y+5;
    Mywin.moveBy(x,y);                    //调用移动窗口方法
```

```
        time=setTimeout("MoveW()",600)      //定时调用自身函数 MoveW()，达到定时移动窗口的效果
    }
    function StopW()
    {
        clearTimeout(time);                 //取消定时器 time
    }
    function GetHW()
    {
        //弹出创建的窗口的高度和宽度的信息
        alert("窗口的高度为："+Mywin.innerHeight+"\n"+"窗口宽度为："+Mywin.innerWidth);
    }
    function SetWinS()
    {
        Mywin.resizeTo(500,500);            //修改窗口的尺寸
    }
    function CloseW()
    {
        Mywin.close();                      //关闭创建的窗口
    }
    </script>
    </head>
    <body>
    <input type="button" value="创建窗口" onClick="OpenW()"/>
    <input type="button" value="获取窗口的名字" onClick="WinName()"/>
    <input type="button" value="移动窗口" onClick="MoveW()"/>
    <input type="button" value="停止移动" onClick="StopW()"/>
    <input type="button" value="获取文档窗口高度和宽度" onClick="GetHW()"/>
    <input type="button" value="修改新建窗口尺寸" onClick="SetWinS()"/>
    <input type="button" value="关闭窗口" onClick="CloseW()"/>
    </body>
    </html>
```

在浏览器中打开文档的效果如图 7.3 所示。网页中显示了 7 个按钮。

图 7.3　在网页中显示按钮

这 7 个按钮的运行效果如下。

- 单击“创建窗口”按钮，会创建一个空白的新窗口。
- 单击“获取窗口的名称”按钮，会出现图 7.4 所示的弹窗。从图 7.4 可以看出新建窗口的名称为“我的窗口”。单击“确定”按钮可关闭弹窗。
- 单击“移动窗口”按钮，新建的窗口会向显示器右下角缓慢移动。
- 单击“停止移动”按钮，新建窗口会停止移动。
- 单击“获取新建窗口高度和宽度”按钮，会出现图 7.5 所示的弹窗。从图 7.5 可以看到新建窗口的高度和宽度值。

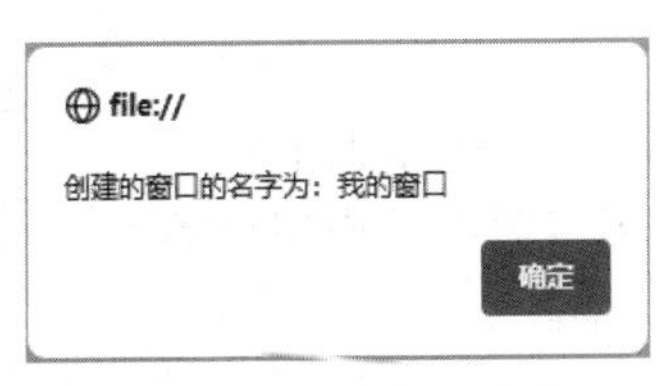

图 7.4　弹出创建窗口的名称

图 7.5　弹出新建窗口的高度和宽度

- 单击“修改新建窗口尺寸”按钮，新建窗口的尺寸会变大。
- 单击“关闭窗口”按钮，新建的窗口会被关闭。

扫码看微课

Navigator 对象

7.1.3 Navigator 对象

Navigator 对象包含浏览器的相关信息，如浏览器的名称、版本信息等。Navigator 对象的属性如表 7.3 所示。

表 7.3 Navigator 对象的属性

属性	功能
appCodeName	返回浏览器的代码名
appName	返回浏览器的名称
appVersion	返回浏览器的平台和版本信息
cookieEnabled	返回指明浏览器中是否启用Cookie的布尔值
platform	返回运行浏览器的操作系统平台
userAgent	返回浏览器用于HTTP请求的用户代理值

【示例 7-4】使用 Navigator 对象输出浏览器的相关属性内容。

```
<script>
document.write("浏览器的代码名称为: "+navigator.appCodeName+"<br/>");
document.write("浏览器的名称为: "+navigator.appName+"<br/>");
document.write("浏览器的平台和版本信息为: "+navigator.appVersion+"<br/>");
document.write("浏览器的 Cookie 的启用状态为: "+navigator.cookieEnabled+"<br/>");
document.write("浏览器运行的操作系统为: "+navigator.platform+"<br/>");
document.write("浏览器的类型为: "+navigator.userAgent+"<br/>");
</script>
```

在 IE 浏览器中的运行结果如下。

```
浏览器的代码名称为: Mozilla
浏览器的名称为: Netscape
浏览器的平台和版本信息为: 5.0 (Windows NT 10.0; WOW64; Trident/7.0; .NET4.0C; .NET4.0E; InfoPath.3; .NET CLR 2.0.50727; .NET CLR 3.0.30729; .NET CLR 3.5.30729; rv:11.0) like Gecko
浏览器的 Cookie 的启用状态为: true
浏览器运行的操作系统为: Win32
浏览器的类型为: Mozilla/5.0 (Windows NT 10.0; WOW64; Trident/7.0; .NET4.0C; .NET4.0E; InfoPath.3; .NET CLR 2.0.50727; .NET CLR 3.0.30729; .NET CLR 3.5.30729; rv:11.0) like Gecko
```

在火狐浏览器中的运行结果如下。

```
浏览器的代码名称为: Mozilla
浏览器的名称为: Netscape
浏览器的平台和版本信息为: 5.0 (Windows)
浏览器的 Cookie 的启用状态为: true
浏览器运行的操作系统为: Win32
浏览器的类型为: Mozilla/5.0 (Windows NT 10.0; Win64; x64; rv:95.0) Gecko/20100101 Firefox/95.0
```

7.1.4 History 对象

扫码看微课

History 对象

History 对象可以访问用户在浏览器中访问过的 URL，也就是浏览器的历史记录。History 对象的属性为 length，用于设置它可以访问浏览器中历史记录的总条数。History 对象的方法如表 7.4 所示。

表 7.4　　History 对象的方法

方法	功能
back()	加载history列表中的上一个URL
forward()	加载history列表中的下一个URL
go(n|URL)	加载history列表中的某个具体页面。n表示要访问的历史记录中URL列表的相对位置，n>0表示访问下一个页面；n<0表示访问上一个页面；n=0表示刷新当前页面。URL表示要访问的地址

【示例 7-5】使用 History 对象实现 3 个网页之间的跳转。

第 1 个页面为起始页面，主要代码如下。

```
<title>History 起始页面</title>
<script>
function GOForward(){
    history.go(2);                                          //前进两个页面
}
function LNumber(){
    alert("浏览记录为"+history.length+"条");                 //弹出历史记录条数
}
</script>
</head>
<body>
<a href="history 当前页面.html">进入 history 当前页面</a>
<input type="button" value="前进 2 页" onClick="GOForward()"/>
<input type="button" value="显示记录总数" onClick="LNumber()"/>
</body>
```

第 2 个页面为当前页面，主要代码如下。

```
<title>history 当前页面</title>
<script>
function Forward(){
    history.forward();                                      //下一个网页
}
function Back(){
    history.back();                                         //上一个网页
}
function LNumber(){
    alert("浏览记录为"+history.length+"条");                 //弹出浏览记录条数
}
</script>
</head>
<body>
<input type="button" value="前进" onClick="Forward()"/>
<input type="button" value="后退" onClick="Back()"/>
<input type="button" value="显示记录总数" onClick="LNumber()"/>
<a href="history 最后的页面.html">进入最后页面</a>
</body>
```

第 3 个页面为最后的页面，主要代码如下。

```
<title>history 最后的页面</title>
<script>
function GOBACK(){
    history.go(-2);                                         //后退两个页面
}
function LNumber(){
    alert("浏览记录为"+history.length+"条");                 //弹出浏览记录条数
}
```

```
</script>
</head>
<body>
<input type="button" value="后退 2 页" onClick="GOBACK()"/>
<input type="button" value="显示记录总数" onClick="LNumber()"/>
</body>
</html>
```

起始页面效果、当前页面效果和最后页面效果分别如图 7.6～图 7.8 所示。

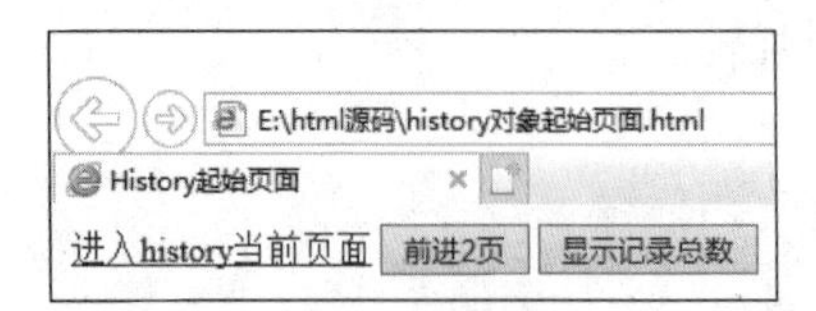

图 7.6　起始页面

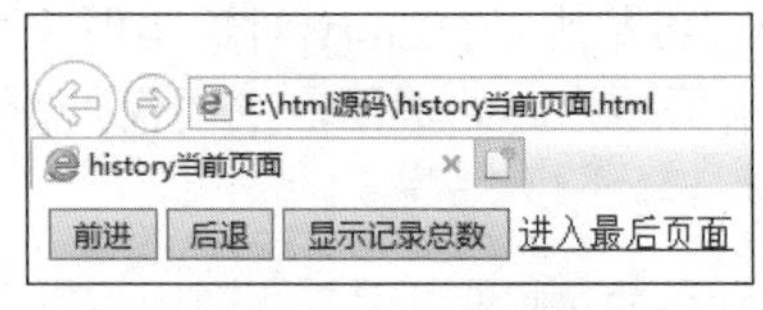

图 7.7　当前页面

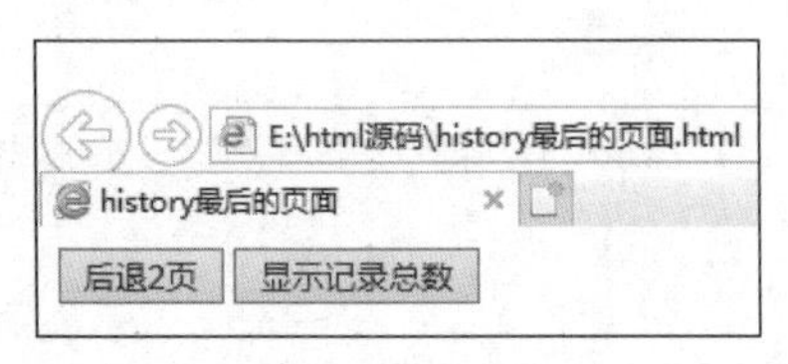

图 7.8　最后页面

首先打开“起始页面”，然后单击“进入 history 当前页面”链接，进入“当前页面”。在“当前页面”中单击“进入最后页面”链接，进入“最后页面”。经过这样的页面访问，浏览器的 history 对象中会形成历史记录列表。

此时在“最后页面”中单击“显示记录总数”按钮，会出现一个弹窗，显示“浏览记录为 3 条”。关闭弹窗后，单击“后退 2 页”按钮，网页跳转到“起始页面”中。此时单击“前进 2 页”按钮，网页跳转到“最后页面”中。

在“最后页面”中单击浏览器左上角的“返回按钮”可以进入“当前页面”中。在“当前页面”中单击“前进”按钮会进入“最后页面”中。再次单击浏览器左上角的“返回按钮”可以返回“当前页面”中。在“当前页面”中单击“后退”按钮会进入“起始页面”中。此时，所有的跳转按钮全部使用完成。

扫码看微课

Location 对象

7.1.5 Location 对象

Location 对象属于 Window 对象，包含有关当前 URL 的信息，如 URL 的协议、主机端口等信息。Location 对象的常用属性和常用方法分别如表 7.5 和表 7.6 所示。

表 7.5　Location 对象的常用属性

属性	功能
hash	返回URL的锚部分
host	返回URL的主机名和端口
hostname	返回URL的端口名
href	返回URL的完整链接
pathname	返回URL的路径名
port	返回一个URL服务器的端口号
protocol	返回一个URL使用的协议
search	返回一个URL的查询部分

表 7.6　　Location 对象的常用方法

方法	功能
assign(URL)	载入一个新的文档，URL是指文档地址
reload(force)	重新载入当前文档。force的值为false或省略时，如果文档改动，就从服务器端重新加载网页，如果文档没有改动，就从缓存中重载文档；force的值为true时，每次都从服务器端重新加载文档
replace(URL)	用新的文档替换当前文档，URL是指文档地址

【示例 7-6】输出当前 URL 的相关信息并载入新的文档。

```
<script>
document.write("URL 的锚部分为: "+location.hash+"<br />");
document.write("URL 的主机名和端口为: "+location.host+"<br />");
document.write("URL 的端口名为: "+location.hostname+"<br />");
document.write("URL 的完整链接为: "+location.href+"<br />");
document.write("URL 的路径名为: "+location.pathname+"<br />");
document.write("URL 的服务器端口号为: "+location.port+"<br />");
document.write("URL 使用的协议为: "+location.protocol+"<br />");
document.write("URL 的查询部分为: "+location.search+"<br />");
function rPlace(){
    location.replace("绿色背景.html");        //加载新文档页面
}
</script>
</head>
<body>
<input type="button" value="加载新网页" onClick="rPlace()"/>
</body>
```

运行效果如图 7.9 所示。从图 7.9 可以看出，由于是本地网页，所以锚、主机名、端口名等属性值获取失败，但是路径名、协议等属性值可以正常获取并输出。

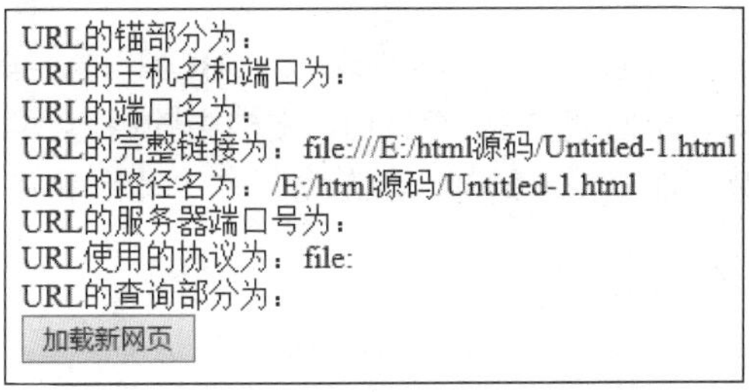

图 7.9　URL 的相关信息

在网页中单击“加载新网页”按钮，网页会重新载入，载入的文档为“绿色背景.html”，该文档的整个页面只有绿色背景效果。

扫码看微课

Screen 对象

7.1.6　Screen 对象

Screen 对象可以获取客户端显示屏幕的相关信息，如屏幕的高度、宽度、颜色对比度等。Screen 对象的常用属性如表 7.7 所示。

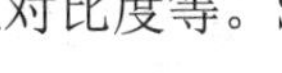

表 7.7　　Screen 对象的常用属性

属性	功能
availHeight	返回屏幕的高度（不包括Windows任务栏）
availWidth	返回屏幕的宽度（不包括Windows任务栏）

续表

属性	功能
colorDepth	返回目标设备或缓冲器上的调色板的比特深度
height	返回屏幕的总高度
pixelDepth	返回屏幕的颜色分辨率（每像素的位数）
width	返回屏幕的总宽度

【示例 7-7】使用 Screen 对象输出对应的屏幕信息。

```
<script>
document.write("屏幕的高度为: "+screen.availHeight+"<br />");
document.write("屏幕的宽度为: "+screen.availWidth+"<br />");
document.write("调色板的比特深度为: "+screen.colorDepth+"<br />");
document.write("屏幕的总高度为: "+screen.height+"<br />");
document.write("屏幕的颜色分辨率为: "+screen.pixelDepth+"<br />");
document.write("屏幕的总宽度为: "+screen.width+"<br />");
</script>
```

运行结果如下。

```
屏幕的高度为: 1040
屏幕的宽度为: 1920
调色板的比特深度为: 24
屏幕的总高度为: 1080
屏幕的颜色分辨率为: 24
屏幕的总宽度为: 1920
```

7.2 文档对象模型 DOM

文档对象模型（Document Object Model，DOM）属于 BOM 的一部分。DOM 可以实现对文档内容的获取和操作。它还可以动态访问或者更新 HTML 文档中的内容、结构以及样式，并且通过系统提供的属性和方法实现文档节点的查找、添加、删除等操作。本节将讲解文档对象模型的相关内容。

7.2.1 文档对象模型概述

DOM 是由 W3C 定义的一项标准。加载网页时，浏览器会创建对应页面的 DOM，将网页中的所有标签组成一个结构化的对象树，这样每个元素就是一个树形节点，通过 DOM 提供的属性或者方法可以实现对每一个元素的操作，如图 7.10 所示。

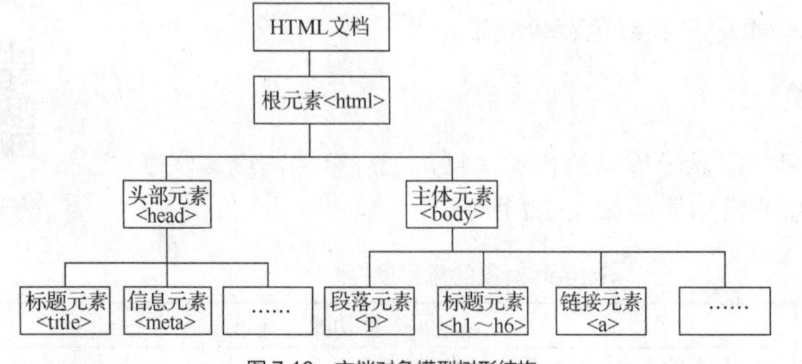

扫码看微课

文档对象模型讲解

图 7.10 文档对象模型树形结构

在 DOM 中，所有 HTML 元素都是一个节点，每个节点都被定义为一个对象，都有对应的属性和方法，属性可以获取或修改元素的值，方法可以实现对应的动作。

7.2.2 Document 对象

Document 对象是 DOM 获取文档内容的主要方式。Docuemt 对象属于 Window 对象的子对象，也可以使用 Window.doucment 来访问当前文档中的内容。Document 对象的常用属性如表 7.8 所示。

表 7.8　Document 对象的常用属性

属性	功能
document.anchors	返回拥有name属性的所有<a>元素
document.baseURI	返回文档的绝对基准URI
document.body	返回<body>元素
document.cookie	返回文档的Cookie
document.doctype	返回文档的doctype
document.documentElement	返回<html>元素
document.documentMode	返回浏览器使用的模式
document.domain	返回文档服务器的域名
document.title	返回<title>元素
document.URL	返回文档的完整URL

Document 对象的方法可以实现对文档及文档内容的操作，如打开文档、关闭文档、获取文档中的元素等。Document 对象的常用方法如表 7.9 所示。

表 7.9　Document 对象的常用方法

方法	功能
open( )	打开一个新文档，并删除当前文档的内容
write( )	向文档写入HTML或JavaScript代码
close( )	关闭一个由document.open( )方法打开的输出流，并显示选定的数据
getElementById( )	返回对拥有指定ID的第一个对象，参数为id属性值
getElementsByName( )	返回带有指定名称的对象的集合，参数为name属性值
getElementsByTagName( )	返回带有指定标签名的对象的集合，参数为<HTML>标签，返回的是所有标签内容
getElementsByClassName( )	返回带有指定class属性的对象的集合，参数为class属性值
querySelector( )	返回指定CSS选择器的元素，当满足条件有多个时只返回第一个元素
querySelectorAll( )	返回指定CSS选择器的元素的集合

Document 对象获取元素的方法只能获取元素，获取元素中的内容需要配合 innerHTML 属性实现。innerHTML 属于 Element 对象的属性，表示获取或设置对应标签中的内容。

【示例 7-8】使用 Document 对象的方法选择和输出文档元素。

```
<script>
function GetElement(){
var ById = document.getElementById("A1");
//输出对应元素中的内容
alert("id 属性值为'A1'的标签内容为"+ById.innerHTML);
//通过 name 获取对应元素
var ByName = document.getElementsByName("aName");
//输出对应元素中的内容
alert("name 属性值为'aName'的标签内容为: "+ByName[0].innerHTML);
var ByTagName = document.getElementsByTagName("p");
```

```
//循环输出所有元素中的内容
alert("TagName 为'p'的标签内容为："+ByTagName[0].innerHTML);
alert("TagName 为'p'的标签内容为："+ByTagName[1].innerHTML);
//通过 ClassName 获取对应元素
var ByClassName = document.getElementsByClassName("C4");
//循环输出所有元素中的内容
alert("Class 属性值为'C3'的标签内容为："+ByClassName[0].innerHTML);
alert("Class 属性值为'C3'的标签内容为："+ByClassName[1].innerHTML);
//通过选择器元素获取对应元素,只会获取符合条件的第 1 个元素
var BySelector = document.querySelector("a.C1");
//输出对应元素中的内容
alert("a 标签 class 属性值为'C1'的标签内容为："+BySelector.innerHTML);
//通过选择器元素获取对应元素,会获取符合条件的所有元素
var BySAll = document.querySelectorAll("div.C3");
//输出对应元素中的内容
for(var k=0;k<=BySAll.length;k++)
{
alert("div 标签 class 属性值为'C3'的标签内容为："+BySAll[k].innerHTML);}
}
</script>
</head>
<body>
<input name="inputName" type="button" value="开始" onClick="GetElement()"/><br/>
<a id="A1" class="C1">第 1 个 a 标签</a><br />
<a  name="aName" id="A2" class="C1" >第 2 个 a 标签</a><br />
<a id="A3" class="C2">第 3 个 a 标签</a><br />
<div id="Div1" class="C2">第 1 个 div 标签</div>
<div id="Div2" class="C3">第 2 个 div 标签</div>
<div id="Div3" class="C3">第 3 个 div 标签</div>
<p id="P1" class="C4">第 1 个 p 标签</p>
<p id="P2" class="C4">第 2 个 p 标签</p>
<p id="P3" class="C5">第 3 个 p 标签</p>
```

运行效果如图 7.11 所示。

图 7.11　网页标签内容

在该网页中单击“开始”按钮，会依次通过弹窗输出 Document 对象的方法获取的元素内容，如图 7.12 所示。

图 7.12　输出对应元素的内容

7.2.3　表单验证

扫码看微课

表单验证讲解

表单验证一般在用户登录网站或注册时使用。通过 JavaScript 代码验证表单内容格式，从而保证提交的表单内容、格式合规，减轻服务器验证表单的负担。例如，注册网站用户时，可以验证用户输入的邮箱地址是否合规、输入的密码是否足够安全、输入的电话号码是否合规等。

使用 JavaScript 验证表单输入内容是否合规主要配合正则表达式进行。对表单属性的获取和操作主要使用 Form 对象的属性和方法实现，Form 对象的语法形式如下。

```
document.表单名.属性/方法(参数)
```

或

```
document.forms[索引值].属性/方法(参数)
```

Form 对象的常用属性和常用方法分别如表 7.10 和表 7.11 所示。

表 7.10　Form 对象的常用属性

属性	功能
elements[ ]	返回包含表单中所有元素的数组，每个元素都有一个type属性
enctype	设置或返回对表单内容所使用的MIME类型
target	设置或返回在何处打开表单中的action-URL
method	设置或返回用于提交表单的HTTP方法
length	返回表单中元素的数量
action	设置或返回表单的action属性
name	返回表单的名称

表 7.11　Form 对象的常用方法

方法	功能
submit( )	将表单数据提交到Web服务器
reset( )	重置表单中的元素

【示例 7-9】验证用户注册界面的表单内容。

```
<style>
div{ color:#666;} span {display:block; }
</style>
<script>
function checkUserName()
{
    document.getElementById("Div1").innerHTML="";
    //使用 id 属性获取元素的值
    var userName = document.getElementById("userName");
    if(userName.value.length == 0)
    {
        document.getElementById("Div1").innerHTML="/*用户名不能为空!*/";
        return false;
    }
    if(userName.value.length<3||userName.value.length > 30 )
    {
        document.getElementById("Div1").innerHTML="/*用户名长度应介于3~16位,请重新输入*/";
        userName. select();        //获取焦点
        return false;
```

```
        }
        return true;
    }
    function checkUserPwd()
    {
        document.getElementById("Div2").innerHTML="";
        //使用表单的 name 属性和 input 元素的 name 属性获取元素的值
        var userPwd = document.myform.userPwd.value;
        if(userPwd.length<8||userPwd.length>20)
        {
            document.getElementById("Div2").innerHTML="/*密码长度不低于 8 位，不高于 20 位*/";
            userPwd.focus(); //获取焦点
            return false;
        }
        //包含大写、小写字母，数字和特殊符号
        var Pwd=/^(?=.*?[a-z])(?=.*?[A-Z])(?=.*?\d)(?=.*?[!#@*&.])[a-zA-Z\d!#@*&.]*$/;
        if(!Pwd.test(userPwd))
        {
            document.getElementById("Div2").innerHTML="/*密码必须包含大写、小写字母，数字和特殊符号*/";
            userPwd.focus(); //获取焦点
            return false;
            }
        return true;
    }
    function scheckEmail()
    {
        document.getElementById("Div3").innerHTML="";
        //使用 forms 对象下标值和 input 元素的 name 属性获取标签
        var email = document.forms[0].email;
        //数字字母组合+@符号+数字字母组合+.+数字字母组合
        var emailReg = /^([a-zA-Z0-9_-])+@([a-zA-Z0-9_-])+(.[a-zA-Z0-9_-])+/;
        if(!emailReg.test(email.value))
        {
            document.getElementById("Div3").innerHTML="/*邮箱格式不对*/";
            email.focus();              //获取焦点
            return false;
        }
        return true;
    }
    function checkMobilePhone()
    {
        document.getElementById("Div4").innerHTML="";
        //使用元素下标获取 input 标签
        var mobilePhone = document.getElementById("mobilePhone");
        //document.forms[0].elements[3];
        var mobilePhoneReg =/^1[3|5|7|8][0-9]{9}$/; //第一位为 1，第二位为 3、5、7、8，剩下的 9 位为
0～9
        if(!mobilePhoneReg.test(mobilePhone.value))
        {
            document.getElementById("Div4").innerHTML="/*手机号码格式不正确，第 1 位为 1，第 2 位为
3、5、7、8，剩下的 9 位为 0～9*/";
            mobilePhone.focus(); //获取焦点
            return false;
        }
        return true;
    }
```

```
function checkForm()
{
    return checkUserName()&&checkUserPwd()&scheckEmail()&&checkMobilePhone();
}
function checkForm1()
{
    //如果每个输入框返回的都为 true 就执行
    if(checkUserName()&&checkUserPwd()&scheckEmail()&&checkMobilePhone())
    {
        document.myform.action= "http:/Iwww.ceshi.cn";
        document.myform.target="_blank";
        document.myform.submit();
    }
}
</script>
</head>
<body>
<form name ="myform" action = "#" method = "post" onsubmit="return checkEorm()">
<span>用户名:</span><input type = "text" name = "userName" id="userName" />
<div id="Div1"></div>
<span>密码:</span><input type = "password" name = "userPwd" id= "userPwd" />
<div id="Div2"></div>
<span>邮箱:</span><input type= "text" name = "email" id = "email"/>
<div id="Div3"></div>
<span>手机号:</span><input type= "text" name = "mobilePhone" id = "mobilePhone"/>
<div id="Div4"></div>
<br />
<input type = "submit" value = "submit 提交"/>
<input type = "button" value = "button 提交"onclick= "checkForm1()"/>
</form>
</body>
```

运行效果如图 7.13 所示。当输入的内容不符合对应输入框的要求时会出现不同的错误提示，如图 7.14 所示。

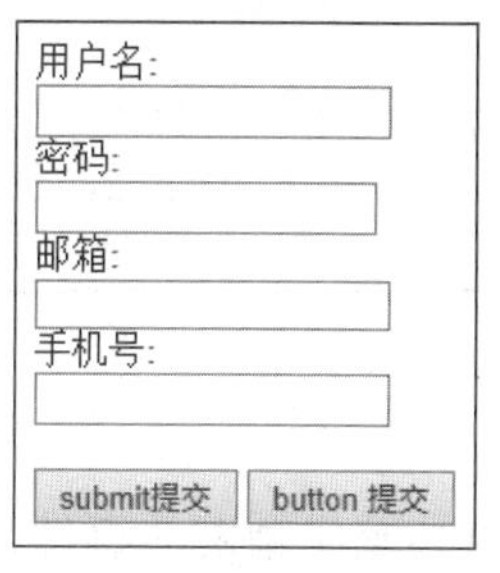

图 7.13 表单界面

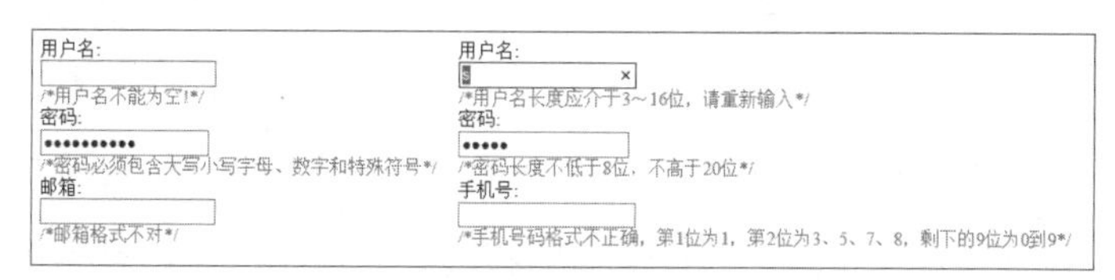

图 7.14 格式错误提示信息

在没有添加任何信息直接单击“submit 提交”按钮时，由于表单内容为空，所以不会提交。当添加的信息符合表单要求时，单击“submit 提交”按钮会提交表单。

在没有添加任何信息直接单击“button 提交”按钮时，由于表单内容为空，所以会显示“用户名不能为空”。当添加的信息符合表单要求时，单击“button 提交”按钮会提交表单。

注意

由于没有后台接收表单信息，所以表单提交成功后会提示找不到对应网页。

7.3 事件响应

事件响应是 JavaScript 中实现用户和网页交互的机制。事件可以理解为触发器，事件被触发之后，JavaScript 对应的函数可以实现对应的处理。本节将讲解事件响应的相关内容。

扫码看微课

JavaScript 事件响应讲解

7.3.1 事件概述

JavaScript 会将事件添加到 HTML 网页标签上，然后通过指定动作触发事件。事件就是在网页标签上添加的代码，用户通过指定的动作可以触发事件。通过这种事件触发可以实现用户与网页之间的交互。例如，单击按钮，按钮样式发生改变，并弹出对应菜单或弹框。

在事件触发过程中，一个元素的事件被触发后，该事件会在 DOM 结构树的对应节点顺序传播，传播过程被称为 DOM 事件流。要在某个节点停止事件流的传播，可以使用 preventDefine( )方法；要终止整个事件流的传播，可以使用 stopPropagation( )方法。

DOM 事件流的传播是使用事件对象 Event 实现的，Event 对象的常用属性如表 7.12 所示。

表 7.12 Event 对象的常用属性

属性	功能
screenX	返回事件发生时鼠标指针相对于屏幕的水平坐标
screenY	返回事件发生时鼠标指针相对于屏幕的垂直坐标
clientX	返回事件被触发时鼠标指针相对于当前窗口的水平坐标
clientY	返回事件被触发时鼠标指针相对于当前窗口的垂直坐标
button	返回一个整数，指出哪个鼠标按键被单击，其中包括0(左键)、1(中键)、2(右键)、4(IE浏览器中的中键)
altKey	返回一个布尔值，表示Alt键是否一直被按住
ctrlKey	返回一个布尔值，表示Ctrl键是否一直被按住
shiftKey	返回一个布尔值，表示Shift键是否一直被按住
type	返回发生的事件的类型，如submit、load、click等
target	返回触发事件的目标元素

7.3.2 鼠标事件

鼠标事件是指用户通过鼠标的移动、单击、双击，鼠标按键按下/释放等操作触发的事件。具体的鼠标事件与功能如下。

- onclick：对象被单击时触发事件。
- ondblclick：对象被双击时触发事件。
- onmouseover：鼠标指针移动到指定对象上时触发事件。
- onmouseout：鼠标指针移出指定的对象时触发事件。
- onmousemove：鼠标指针移动时触发事件。
- onmousedown：鼠标按键被按下时触发事件。
- onmouseup：鼠标按键被松开时触发事件。

【示例 7-10】使用多种鼠标事件实现网页橱窗广告的交互。

```
<script>
//onMouseOver 事件触发函数
function DisSimilar()
    {
     document.getElementById("Similar").style.display="block";
     document.getElementById("Image2").style.opacity="0.8";
    }
//onMouseOut 事件触发函数
function DisSimilarN()
{
    document.getElementById("Similar").style.display="none"; //隐藏寻找相似模块
    document.getElementById("Image2").style.opacity="1";     //恢复图片透明度
}
function Bcolor()           //按下鼠标按键后触发
{
    document.getElementById("Similar2").style.background="red";  //修改背景色
}
</script>
<style>
#shopWindow{ width:230px; height:300px; background:#CCC;}
#Image img{ padding-left:15px;}
#Represent{ width:315px; padding-left:5px;}
#Represent b{ background:#FF0000; color:#FFFFFF; }
#Represent a{ padding-left:5px; text-decoration:none; appearance: }
#Price{ width:315px; padding-left:10px; color:#FF0000;}
#Price b{ font-size:20px;}
#Similar { background:#CCCCCC; width:230px; height:70px;  position:relative; top:-40px;
display:none; }
#Similar a{display: block;color:#FFFFFF; border:#000000 solid 1px; border-radius:25px;
width:120px; background:#666666; height:20px; text-align:center; position:relative; left:55px;
top:20px; }

</style>
</head>
<body>
<!--鼠标指针位于 div 上方时显示寻找相似模块并设置图片透明度，鼠标指针离开后恢复原样-->
<div id="shopWindow" onMouseOver="DisSimilar()" onMouseOut="DisSimilarN()">
    <div id="Image">
   <!--双击后切换图片，离开后恢复图片-->
    <img  id="Image2"  src="07/image/food.png"/  onDblClick="this.src='07/image/1.png'"
onMouseOut="this.src='07/image/food.png'">
    </div>
    <div id="Represent"><b>推荐</b><a href="#">山海捞火锅底料鲜美番茄锅底</a><br/>
    <a>3~5 人份 200g  唤醒味蕾，舌尖盛宴</a>
    </div>
    <div id="Price"><b>18.</b><span>00</span></div>
    <!--按下鼠标按键后标签背景色变为红色，松开鼠标按键后恢复背景色-->
    <div id="Similar"><a id="Similar2" href="#" onmousedown="Bcolor()" onMouseUp="this.
style.background='#666666'">找相似</a></div>
</div>
</body>
```

网页运行效果如图 7.15 所示。

鼠标指针进入广告橱窗范围后，图片透明度发生变化，显示“寻找相似”模块；双击图片后，图片发生切换；单击“寻找相似”模块中的“找相似”按钮后，图片背景颜色变为红色，松开鼠标左键颜色恢复，如图 7.16 所示。

图7.15 网页运行效果

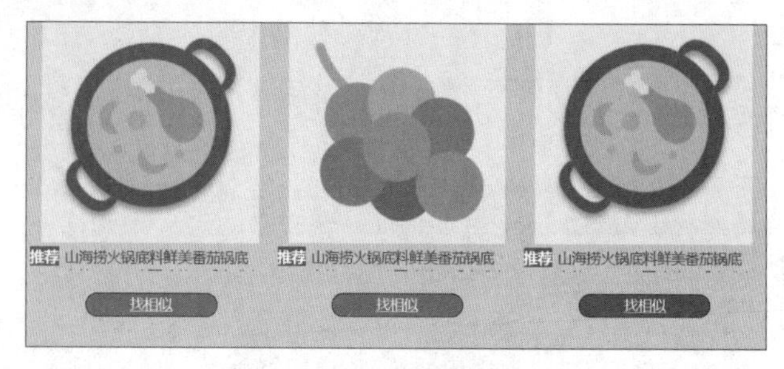

图7.16 鼠标事件产生交互效果

7.3.3 键盘事件

键盘与网页可以发生交互，例如，在网页游戏中可以使用键盘控制角色移动，实现键盘与网页之间的交互。用户按下键盘的某个键时发生的事件通过 KeyboardEvent 对象显示。KeyboardEvent 对象的属性如表 7.13 所示。

表7.13 KeyboardEvent对象的属性

属性	功能
altKey	返回按键事件触发时是否按下了Alt键
charCode	返回触发onkeypress事件的键的Unicode字符代码
code	返回触发事件的键的代码
ctrlKey	返回按键事件触发时是否按下了Ctrl键
getModifierState()	如果指定的键被激活，则返回true
isComposing	返回事件的状态是否正在构成
key	返回事件表示的键的键值，也就是标识符
keyCode	返回触发onkeypress事件的键的Unicode字符代码，或触发onkeydown、onkeyup事件的键的Unicode按键代码
location	返回键盘或设备上按键的位置
metaKey	返回按键事件触发时是否按下了Meta键
repeat	返回是否重复按住某个键
shiftKey	返回按键事件触发时是否按下了Shift键
which	返回触发onkeypress事件的键的Unicode字符代码，或触发onkeydown、onkeyup事件的键的Unicode按键代码

1. 键盘事件

每个键盘事件都可以添加到具体的元素中，常见的键盘事件如下。

- onkeydown：在用户按下一个键盘按键时触发事件。
- onkeyup：在键盘按键松开时触发事件。
- onkeypress：在键盘按键被按下并释放一个按键时触发事件。

2. 获取按键标识符

键盘事件能判断键盘按键的状态，但是无法判断具体按下哪个按键，使用 KeyboardEvent 对象的 key 属性可以获取到按键的具体名称，其语法形式如下。

```
even.key;
```

3. 获取按键的字符代码或按键代码

JavaScript 使用 Unicode 标准字符集处理键盘输入的数据，可以使用 KeyboardEvent 对象的

keyCode 或 which 属性获取每个按键对应的 Unicode 字符代码和 Unicode 按键代码。通过 Unicode 代码可以判断按下的按键，其语法形式如下。

```
even.keyCode;
even.which;
```

使用 onkeypress 事件返回的是按键的 Unicode 字符代码，使用触发 onkeydown 或 onkeyup 事件返回的是按键的 Unicode 按键代码。这两种代码的含义如下。

- 字符代码：代表 ASCII 字符的数字。
- 按键代码：代表键盘上实际键的数字。

例如，小写“w”和大写“W”的键盘代码相同，因为在键盘上按下的键是相同的（“W”= 数字“87”），但字符代码不同（“w”或“W”，即“119”或“87”），所以，建议在可打印的键（如“a”或“5”）中添加 onkeypress 事件，而在功能键（“F1”、“Caps Lock”或“Home”）中添加 onkeydown 事件或 onkeyup 事件。

由于浏览器兼容性问题，所以在获取按键代码时，建议通过兼容的语法形式同时使用 which 属性与 keyCode 属性。例如，在 Firefox 浏览器中，使用 keyCode 属性获取触发 onkeypress 事件对应按键值只会得到 0。用于获取按键代码的兼容语法形式如下。

```
var x = event.which || event.keyCode;  // 使用 which 还是 keyCode 属性，取决于浏览器的兼容性
```

【示例 7-11】为元素添加键盘事件，并输出按下的按键。

```
<script>
//字符串变量
var Str1="";
var Str2="";
var Str3="";
function UpEvent(event)                                          //按键抬起时触发函数
{
    var x=event.key;                                             //获取键盘标识符
    Str1=Str1.concat(x+",");                                     //将输入的标识符连接
    document.getElementById("Div1").innerHTML= Str1;             //输出标识符到 div1 中
}
function Down(event)                                             //按键按下时触发代码
{
    var x=event.which || event.keyCode;                          //获取键盘按键函数
    Str2=Str2.concat(x+",");                                     //将输入的标识符连接
    document.getElementById("Div2").innerHTML=Str2;              //输出标识符到 div2 中
}
function Press(event)                                            //按下并释放一个按键时触发函数
{
    var x=event.which || event.keyCode;                          //获取键盘字符代码
    Str2=Str2.concat(x+",");                                     //将输入的标识符连接
    document.getElementById("Div3").innerHTML=Str2;              //输出标识符到 div3 中
}
</script>
<style>
div { width:300; height:20px;}
</style>
</head>
<body>
请输入内容：<input id="Input1" type="text" onKeyUp="UpEvent(event)" onKeyDown="Down(event)"
onKeyPress="Press(event)" /><br/><br/>
输出对应的按键名称：
<div id="Div1"></div>
输出对应的按键字符代码：
```

```
<div id="Div2"></div>
输出对应的按键代码：
<div id="Div3"></div>
</body>
```

运行结果如图 7.17 所示。从图 7.17 可以看出，在输入框中输入对应的字符会触发对应的键盘事件，并将按键的标识符、字符代码以及按键代码分别输出。

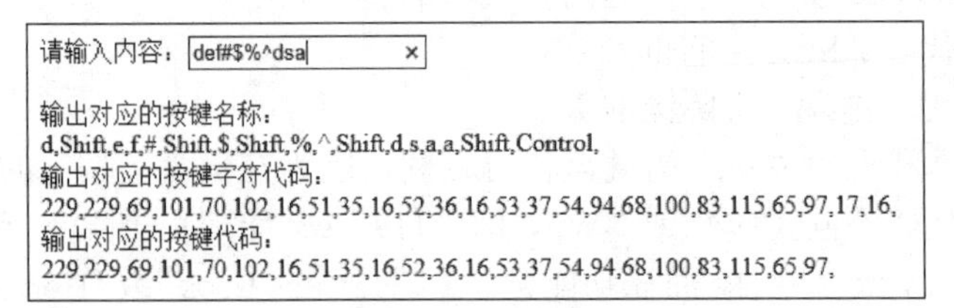

图 7.17 键盘事件

7.3.4 文档事件

文档事件是指当 HTML 文档发生对应的改变后触发的事件，文档事件的功能如下。

- onload：在页面或图像加载完成后立即触发事件，要实现网页加载完成就自动运行 JavaScript 代码中的内容，可以使用该事件。
- onunload：用户退出页面时触发事件。
- onresize：文档窗口或框架被调整大小时触发事件。

【示例 7-12】使用文档事件实现图片切换和弹窗效果。

```
<script>
window.onload=function()                                    //文档加载完成生成随机图片
{
    var n=Math.floor(Math.random() *5);                     //0～4 的随机值
    if(n==0){n=n+1;}                                        //如果值为 0 则加 1
    document.getElementById("Image1").src="07/image/"+n+".png"//修改图片路径
}
window.onunload=alert("欢迎下次登录！");                     //刷新页面弹出
window.onresize=function ()                                 //修改浏览器窗口大小时弹出当前窗口尺寸
{
    alert("窗口的高度为："+window.innerHeight+"\n 窗口的宽度为："+window.innerWidth);
}
</script>
</head>
<body>
<img src="07/image/1.png" id="Image1"/>
</body>
</html>
```

在浏览器中打开文档后，会从 4 个图片中随机抽取一张进行显示。刷新网页时，会弹窗显示“欢迎下次登录！”；当修改浏览器窗口大小时，会弹窗显示当前文档窗口的尺寸，如图 7.18 所示。

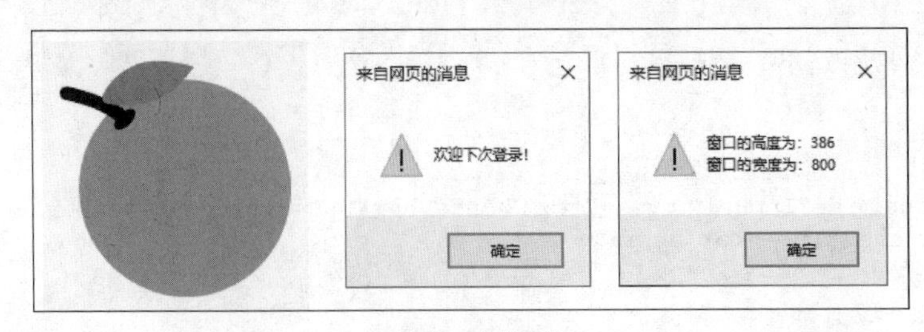

图 7.18 文档事件

7.4 节点

W3C 的 HTML DOM 标准规定 HTML 文档中的所有事物都是节点。按照功能不同，节点可以分为元素节点、文本节点、属性节点和注释节点。使用 JavaScript 可以对所有节点进行操作。本节将讲解 HTML DOM 节点的相关内容。

7.4.1 节点关系

扫码看微课

节点关系

在整个 HTML DOM 节点树中，每个节点之间都有一定的等级关系。节点树中的顶端节点被称为根节点。例如，<html>标签就是一个根节点。每个根节点可以有多个儿子节点，被称为子节点，子节点又可以有多个子节点，子节点的子节点被称为孙子节点，以此类推进行分布。除了根节点，每个节点都有父节点，每个节点也可以有一个或多个兄弟节点。

例如，默认文档代码如下。

```
<html xmlns="http://www.w3.org/1999/xhtml">
    <head>
        <meta http-equiv="Content-Type" content="text/html; charset=utf-8" />
        <title>标题</title>
    </head>
    <body>
    </body>
</html>
```

其中，<html>标签为根节点，<head>标签和<body>标签为子节点，<meta>标签和<title>标签为孙子节点。同时，<head>标签和<body>标签为兄弟节点，<meta>标签和<title>标签又为<head>标签的子节点。

HTML DOM 节点树中的每个节点都被称为 Node 对象。每个 Node 对象都有一个 nodeType 属性，该属性会表明该节点的类型。nodeType 属性如表 7.14 所示。

表 7.14　　nodeType 属性

节点类型	nodeType值	描述
元素(Element)	1	HTML标签
属性(Attribute)	2	HTMl标签的属性
文本(Text)	3	文本内容
注释(Comment)	8	HTML注释内容，如<!--注释-->
文档(Document)	9	HTML文档根节点，如<html>
文档类型(DocumentType)	10	文档类型，如<!DOCTYPE html >

7.4.2 添加和删除节点

扫码看微课

添加和删除节点

在 JavaScript 中可以使用 Node 对象的子对象 Element 对象实现对元素节点、文本节点、注释节点的添加和删除操作。Element 对象的常用属性如表 7.15 所示。

表 7.15　　Element 对象的常用属性

属性	功能
attributes	返回指定节点的属性集合

续表

属性	功能
childNodes	标准属性，返回直接后代的元素节点和文本节点的集合，类型为NodeList
children	非标准属性，返回直接后代的元素节点的集合，类型为Arra
innerHTML	设置或返回元素的内部HTML
className	设置或返回元素的class属性
firstChild	返回指定节点的首个子节点
lastChild	返回指定节点的最后一个子节点
nextSibling	返回同一父节点的指定节点之后紧跟的节点
previousSibling	返回同一父节点的指定节点的前一个节点
parentNode	返回指定节点的父节点；没有父节点时，返回null
nodeType	返回指定节点的节点类型（数值）
nodeValue	设置或返回指定节点的节点值
tagName	返回元素的标签名（始终是大写形式）

Element 对象的常用方法如表 7.16 所示。

表 7.16 Element 对象的常用方法

方法	功能
getAttribute( )	返回指定属性对应的属性值
hasAttribute( )	指定属性存在时返回 true，否则返回false
hasChildNodes( )	检查元素是否有子节点
removeAttribute( )	删除指定的属性
removeChild( )	删除某个指定的子节点，并返回该节点
replaceChild( )	用新节点替换某个子节点
setAttribute( )	为节点添加属性；当属性存在时，进行替换
appendChild( )	向元素添加新的子节点，作为最后一个子节点

1. 添加节点

添加节点分为创建新元素、添加内容和追加元素 3 部分。

（1）创建新元素

创建新元素是指新建一个元素标签，也就是元素节点，并将其存放到一个变量中。创建新元素需要使用 document 对象的 createElement()方法，其语法形式如下。

```
var 新元素变量= document.createElement("标签名");
```

（2）添加内容

添加内容是指向新建的元素添加文本内容，也就是文本节点。首先需要使用 document 对象的 createTextNode ()创建一个文本节点，其语法形式如下。

```
var 新文本变量= document. createTextNode ("文本内容");
```

然后使用 appendChild()方法将新文本内容添加到新元素中，其语法形式如下。

```
新元素变量.appendChild(新文本变量)
```

（3）追加元素

追加元素是指将添加文本内容的新元素节点添加到文档中。因为要添加文档首先要确定添加节点的位置，所以需要使用 getElementById()方法查找要添加的位置，其语法形式如下。

```
var 插入节点变量= document.getElementById("节点 id 属性值");
```

然后使用 appendChild()方法将新元素作为查找到的节点的子节点进行添加，其语法形式如下。

```
插入节点变量.appendChild(新元素变量)
```

2. 删除节点

删除节点分为查找节点和删除指定节点两部分。

（1）查找节点

查找节点需要使用 getElementById()方法实现，通过 id 属性值查找到要删除的节点，并将节点存放到对应变量中，其语法形式如下。

```
var 节点变量 = document.getElementById("节点 id 属性值");
```

（2）删除指定节点

在 DOM 中删除某个节点需要了解需要删除的元素及其父节点。所以，获取到指定节点后，需要通过其父节点删除子节点的方式来删除该节点。打个比方，由于规则限制，要将小明从学校放走，需要先告知小明爸爸，然后才能将小明放走。删除指定节点的语法形式如下。

```
节点变量. parentNode.removeChild(节点变量);
```

3. 替换节点

替换节点包括创建新元素、为元素添加内容、查找父级元素、查找子元素，以及替换指定元素 5 部分。其中，替换指定元素需要用到 replaceChild()方法，其语法形式如下。

```
父节点变量. replaceChild(新建元素变量,子节点变量);
```

其中，新建元素变量可以包含已经添加的文本内容，子节点变量是指要替换的节点元素。

【示例 7-13】实现对文档中节点的添加、删除和替换操作。

```
<script>
function Creat()
{
    var NewDiv=document.createElement("div");                      //创建 div 元素
    var NewText=document.createTextNode("新创建的 Div 元素内容");  //创建文本内容
    NewDiv.appendChild(NewText);                                   //为新元素添加内容
    var Innode=document.getElementById("Div1");                    //查找插入点
    Innode.appendChild( NewText);                                  //添加新节点
}
function Remove()
{
    var Rnode=document.getElementById("P1");                       //查找要删除的节点
    Rnode.parentNode.removeChild(Rnode);                           //删除指定节点
}
function Replace()
{
    var NewA=document.createElement("a");                          //创建 div 元素
    var NewText=document.createTextNode("新创建的 a 元素内容");    //创建文本内容
    NewA.appendChild(NewText);                                     //为新元素添加内容
    var Pnode=document.getElementById("Div1");                     //查找要替换节点的父节点
    var Rnode=document.getElementById("P2");                       //查找要替换的节点
    Pnode.replaceChild(NewA,Rnode)                                 //替换节点
}
</script>
</head>
<body>
<div id="Div1">
<p id="P1">原有的 p 元素</p>
<p id="P2">原有的 p 元素</p>
</div>
<input type="button" value="添加 div 元素" onClick="Creat()"/>
```

```
<input type="button" value="删除 p 元素" onClick="Remove()"/>
<input type="button" value="替换 p 元素为 a 元素" onClick="Replace()"/>
</body>
```

运行效果如图 7.19 所示。

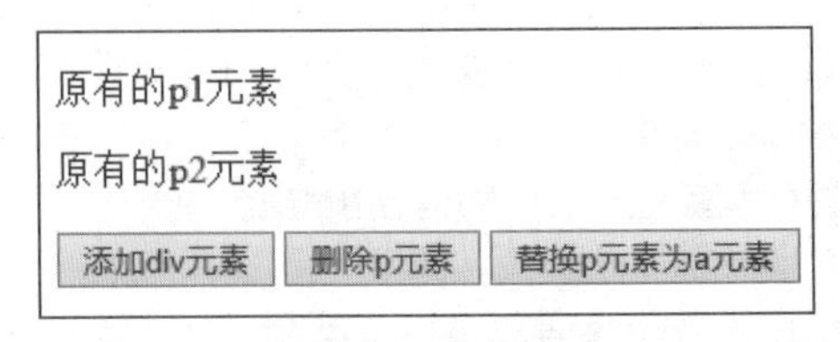

图 7.19　原有的节点

单击“添加 div 元素”按钮，会在 p2 元素后添加一个新 div 元素；单击“删除 p 元素”按钮，会将 p1 元素删除；单击“替换 p 元素为 a 元素”按钮，会将 p2 元素替换为 a 元素，如图 7.20 所示。

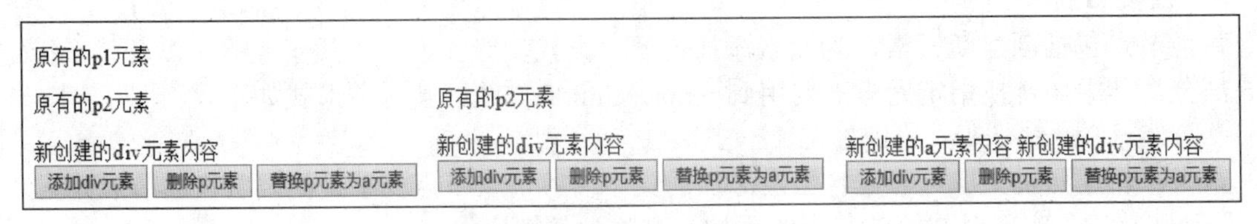

图 7.20　节点的添加、删除和替换

7.4.3　修改属性节点

属性节点需要使用 Document 对象的子对象 Style 对象实现。通过 getElementById 方法可以精确获取对应的元素节点，然后使用 Style 对象对元素节点下的属性节点进行操作，其语法形式如下。

```
document.getElementById.style.property = "new style"
```

其中，property 是指 Style 对象的属性值，主要包括背景、边框、边距、布局、列表、定位、打印、滚动条、表格以及文本的相关属性。Style 对象的属性值大多与 CSS 样式重合，具体请查阅相关文档。new style 是指要设置的样式属性值。

扫码看微课

修改属性节点

 **注意**

Style 对象不提供的属性值无法通过 Style 对象动态修改样式。

【示例 7-14】获取元素并设置对应元素的背景色。

```
<style>
div{ width:300px; height:100px; border:#000000 1px solid; }        //设置 div 默认样式
</style>
<script>
function SetB(){ document.getElementById("Div1").style.border= "#00FF99 5px double"; }
//设置边框样式
function SetFS(){ document.getElementById("Div1").style.fontSize="36px";} //设置字号
function SetC(){ document.getElementById("Div1").style.color = "blue";}   //设置文本颜色
</script>
</head>
<body>
<div id="Div1">君不见黄河之水天上来</div>
<button type="button" onClick="SetB()">改变边框样式</button>
<button type="button" onClick="SetFS()">改变字号</button>
<button type="button" onClick="SetC()">改变文本颜色</button>
</body>
```

运行结果如图 7.21 所示。依次单击“改变边框样式”“改变字号”和“改变文本颜色”3 个按钮后，div 元素的边框变为绿色双线、文本字号变大、文本颜色变为蓝色，如图 7.22 所示。

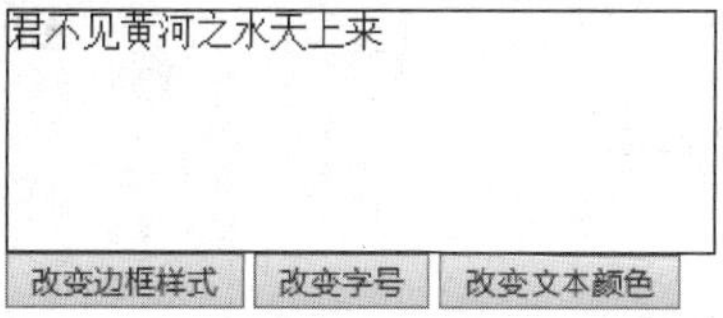

图 7.21 div 元素和按钮元素

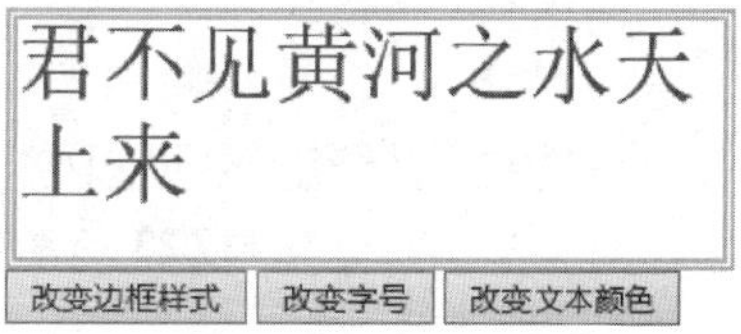

图 7.22 改变了 div 元素的样式

7.4.4 节点集合

扫码看微课

节点集合

节点集合是指将指定的元素节点作为一个集合存放，节点集合使用 HTMLCollection 对象实现。该对象的属性和方法如表 7.17 所示。

表 7.17 HTMLCollection 对象的属性和方法

属性和方法	功能
length	返回HTMLCollection中的元素数
item()	返回HTMLCollection中指定索引处的元素
namedItem()	返回HTMLCollection中有指定ID或名称的元素

HTMLCollection 对象可以使用 Document 对象的方法获取某类元素，包括相同标签名的元素、相同 ClassName 的元素。

【示例 7-15】遍历输出元素节点的内容。

```
<style>
div{ float:left;}
</style>
<body>
<div class="DPN">div 元素 1 </div>
<div class="DPN">div 元素 2 </div>
<div class="DPN">div 元素 3 </div>
<br/>
<p class="DPN">p1 元素</p>
<p class="DPN">p2 元素</p>
<p class="DPN">p3 元素</p>
<script>
    var cList=document.getElementsByClassName("DPN");    //查找 ClassName 对应的元素集合
    var pList=document.getElementsByTagName("p");         //查找 p 元素的集合
    var length1=cList.length;
    var length2=pList.length;
    document.write("所有元素的内容为：");
    for(var i=0,j=0;i<length1,j<length2;i++,j++)
    {
        document.write(cList[i].innerHTML + " "+pList[j].innerHTML + " ");
//遍历输出元素内容
    }
</script>
</body>
```

运行效果如图 7.23 所示。从图 7.23 可以看出，元素节点中的内容被依次输出。

div元素1 div元素2 div元素3

p1元素

p2元素

p3元素

所有元素的内容为：div元素1 p1元素 div元素2 p2元素 div元素3 p3元素

图 7.23 元素节点中的内容

拓展知识
节点列表

7.5 实战案例解析——选项卡自动切换

扫码看微课

选项卡自动切换
实战讲解

在电商网站的商品展示部分常常用多张图片推荐展示商品。通常会将同类商品放置在一个选项卡中，然后多个选项卡占用同一位置，通过自动切换的方式达到推荐多类商品的效果。本节将讲解如何实现多个选项卡自动切换的效果。

（1）准备 9 张图片用于商品展示，9 张图片要分为 3 类，每类有 3 张图片。

（2）添加 HTML 代码和 CSS 代码，实现一个选项卡的布局，代码如下。

```
<!DOCTYPE html >
<html xmlns="http://www.w3.org/1999/xhtml">
<head>
<meta http-equiv="Content-Type" content="text/html; charset=utf-8" />
<title>无标题文档</title>
<style>
a{ color:#000000;}
ul,li{ padding:0;margin:0;list-style:none;}                /*取消 UI 和 li 默认样式*/
#nav{ height:60px; width:690px;}                           /*设置导航栏*/
/*设置 3 个选项卡*/
#nav  ul  li{float:left;  width:200px;    line-height:58px;   text-align:center;
padding-left:25px; font-size:24px;}
li:hover{ color:#FF0000; cursor:pointer;}                  /*鼠标指针经过选项卡文本颜色变红*/
.List1{ padding-top:5px;}                                  /*拉开导航栏和商品展示部分的空间*/
.shopWindow{ width:230px; height:280px; background:#CCCCCC;float:left; }
.Image img{ padding-left:15px;}
.Represent{ width:315px; padding-left:5px;}
.Represent b{ background:#FF0000; color:#FFFFFF; }
.Represent a{ padding-left:5px; text-decoration:none; appearance: }
.Price{ width:315px; padding-left:10px; color:#FF0000;}
.Price b{ font-size:20px;}
</style>
</head>
<body>
<!--选项开导航栏-->
<div id="nav">
<ul>
<li id="L1" onClick="food()" >美食推荐</li>
<li id="L2"  onClick="tour()" >景点旅游</li>
<li id="L3"  onClick="motor()">摩托卖场</li>
</ul>
</div>
<!--商品展示-->
<div class="List1">
```

```
    <div class="shopWindow">            <!--第 1 个商品-->
        <div class="Image">
            <img id="Image1" class="Image2" src="07/image/a4.png"/>
        </div>
        <div class="Represent">
        <b>推荐</b><a href="#" class="A1">冰天雪地雪国列车 7 日游</a><br/>
            <a class="A1">豪华酒店</a>
        </div>
        <div class="Price"><b class="PriceB">18.</b><span>00</span></div>
    </div>
    <div class="shopWindow">            <!--第 2 个商品-->
        <div class="Image">
            <img id="Image2" class="Image2" src="07/image/a5.png"/>
        </div>
        <div class="Represent">
        <b>推荐</b><a href="#"  class="A1">风吹草低草原风情 7 日游</a><br/>
            <a  class="A1">骑马射箭烤肉蒙古包</a>
        </div>
        <div class="Price"><b class="PriceB">18.</b><span>00</span></div>
    </div>
<div class="shopWindow">            <!--第 3 个商品-->
        <div class="Image">
            <img id="Image3" class="Image2" src="07/image/a6.png"/>
        </div>
        <div class="Represent">
        <b>推荐</b><a href="#"  class="A1">天涯海角夏日海滩 3 日游</a><br/>
            <a  class="A1">豪华游轮潜水</a>
        </div>
        <div class="Price"><b class="PriceB">18.</b><span>00</span></div>
    </div>
</div>
</body>
</html>
```

布局效果如图 7.24 所示。

图 7.24 静态布局页面

（3）实现以下功能。

- ❑ 单击某一选项卡切换出对应的选项卡内容，展示对应的商品。
- ❑ 打开浏览器，选项卡自动切换。
- ❑ 跟随选项卡切换，在选项卡对应名称下方显示红色边框，告知用户当前所在选项卡位置。

添加如下 JavaScript 代码。

```
<script>
window.onload=timedCount;                                //打开浏览器直接加载该函数
var i=0;
var time=0;
function timedCount()                                    //通过定时器实现选项卡自动轮转
{
  var i=0;
  var j=0;
  setInterval(function()                                 //定时器
  {
       renovate(i,j);                                    //调用轮转函数
       i=i+3;j=j+6;
       if(i>6&&j>12)                                     //判断参数边界
       {
           i=0;j=0;
       }
    },6000);
}
//使用数组存放商品图片路径
var array1=["07/image/a1.png","07/image/a2.png","07/image/a3.png","07/image/a4.png",
"07/image/a5.png",
"07/image/a6.png","07/image/a7.png","07/image/a8.png","07/image/a9.png"];
//使用数组存放商品介绍信息
var array2=["牛排咖喱奶昔营养餐","美享时刻整切静腌牛排套餐","精品糕点","休闲儿童零 下午茶蛋糕点心饼干","猪肉玉米饼","杂粮馒头无糖精手工粗粮","冰天雪地雪国列车 7 日游","风吹草低草原风情 7 日游","骑马射箭烤肉蒙古包","天涯海角夏日海滩 3 日游","豪华游轮潜水","越野摩托动力十足","休闲山路山地车场地车","复古小摩托天蓝色","可上牌外卖踏板车 125cc 尚领燃油","女士小木兰阳光普照","女式踏板车燃油助力车"];
//使用数组存放商品价格
var array3=["36.","18.","55.","5555.","6666.","7777.","1860.","1280.","1666."];
function food()                                  //当单击“美食推荐”时触发该函数
{
    renovate(0,0);                               //将参数传递到轮转函数中
}
function tour()                                  //单击“景点旅游”时触发该函数
{
    renovate(3,6);                               //将参数传递到轮转函数中
}
function motor()                                 //单击“摩托卖场”时触发该函数
{
    renovate(6,12);                              //将参数传递到轮转函数中
}
function renovate(ImN1,AN1)                      //选项卡轮转函数
{
   var ImageN1 = document.getElementsByClassName("Image2");      //获取所有图片标签
   var AN = document.getElementsByClassName("A1");               //获取商品介绍标签
    var PriceN=document.getElementsByClassName("PriceB");        //获取商品价格标签
    //根据传递的参数显示对应选项卡的下划线
    if(ImN1==0)
    {
        document.getElementById("L1").style.borderBottom="5px red solid";
        document.getElementById("L2").style.borderBottom="";
        document.getElementById("L3").style.borderBottom="";
    }
```

```
    if(ImN1==3)
    {
        document.getElementById("L1").style.borderBottom="";
        document.getElementById("L2").style.borderBottom="5px red solid";
        document.getElementById("L3").style.borderBottom="";
    }
    if(ImN1==6)
    {
        document.getElementById("L1").style.borderBottom="";
        document.getElementById("L2").style.borderBottom="";
        document.getElementById("L3").style.borderBottom="5px red solid";
    }
    //依次将数组中的图片和价格信息添加到对应的标签中
    for(var i=0; i<3;i++)
    {
        ImageN1[i].src=array1[ImN1];
        PriceN[i].innerHTML=array3[ImN1];
        ImN1++;
    }
    //依次将数组中的商品介绍信息添加到对应的标签中
    for(var j=0; j<6;j++)
    {

        AN[j].innerHTML=array2[AN1];
        AN1++;
    }
}
</script>
```

网页在浏览器中打开后，3 个选项卡自动开始切换，每个选项卡中的商品信息也会对应发生改变。网页整体运行效果如图 7.25 所示。

图 7.25　选项卡自动切换

疑难解答

1．浏览器对象模型和文档对象模型的关系和区别分别是什么？

浏览器对象模型包含文档对象模型。文档对象模型的所有操作都是基于浏览器对象模型的 Window 对象实现的。Window 对象相当于浏览器的窗口，而文档对象模型相当于浏览器打开的 HTML 文档。所以，只有创建 Window 对象之后，才能使用文档对象模型对文档内容进行相关操作。

2．文档对象模型的主要功能包括哪些？

文档对象模型最主要的功能是对浏览器打开的文档中的所有元素进行操作。操作包括元素的查找、添加、删除、修改等多种方式。通过文档对象模型可以增强网页与用户之间的交互效果，如对用户鼠标操作的一些界面反应、对于用户提交数据的一些处理。

思考与练习

一、填空题

1．浏览器对象模型（BOM）是 ECMAScript 的一个扩展内容，它是描述 Web 浏览器________关系的表示模型。

2．BOM________正式的实现标准，但是所有浏览器厂商都支持 BOM。

3．Navigator 对象用于获取________相关信息，如版本、浏览器类型等。

4．History 对象用于访问________的历史记录，如访问过的网站、访问的属性等。

5．Screen 对象用于获取客户端________的信息，如屏幕的高度、宽度、颜色对比度等。

6．Location 对象用于获取当前网页的________信息，如 URL 主机名、端口、路径等。

二、选择题

1．BOM 模型中最高一层的对象为（　　）。

A．Document　　B．Location　　C．Window　　D．Navigator

2．下列选项中可以使用 name 属性获取对应元素的为（　　）。

A．document.login.userName.value

B．document.forms[0].userName.value

C．document. getElementsByTagName("form")[0].value

D．document. getElementsByName("userName")[0]. value :

3．下列选项中可以实现表单提交的为（　　）。

A．post( )　　B．reset( )　　C．send( )　　D．submit( )

4．下列选项中，document 对象的方法返回结果不是集合的为（　　）。

A．getElementsByTagName( )　　B．getElementsByName( )

C．getElementById( )　　D．getElementsByClassName( )

5．Window 对象中可以设置一个按指定的周期（以毫秒计）来调用函数定时器的为（　　）。

A．setTimeout( )　　B．clearTimeout( )　　C．setInterval( )　　D．clearInterval( )

三、上机实验题

1．在网页中实现单击元素修改元素的背景颜色。

2．在网页中实现单击不同的按钮让指定元素变大或变小。

3．实现在在网页中添加一个宽度和高度都是 400px 的 iframe 框架，并添加另一个网页。

4．实现单击按钮创建一个宽度和高度都为 600px 的新窗口。

5．实现单击按钮，通过弹窗输出当前屏幕的高度和宽度。

6．实现单击 a 元素，通过弹窗显示 a 元素中的文本内容。

8 Chapter

第 8 章 AJAX 和 jQuery 应用

学习目标

- ❑ 掌握 AJAX 功能实现过程
- ❑ 了解 jQuery 的引入
- ❑ 掌握 jQuery 基础语法
- ❑ 掌握 jQuery 选择器
- ❑ 掌握 jQuery 事件处理
- ❑ 掌握 jQuery 动画效果
- ❑ 掌握 jQuery 对 HTML 元素的操作

AJAX 和 jQuery 是 JavaScript 的扩展组件。其中，AJAX 可以实现更加高效的网站后台与服务器数据交换操作；而 jQuery 可以优化网页元素、事件以及动画效果。本章将讲解 AJAX 和 jQuery 应用的相关内容。

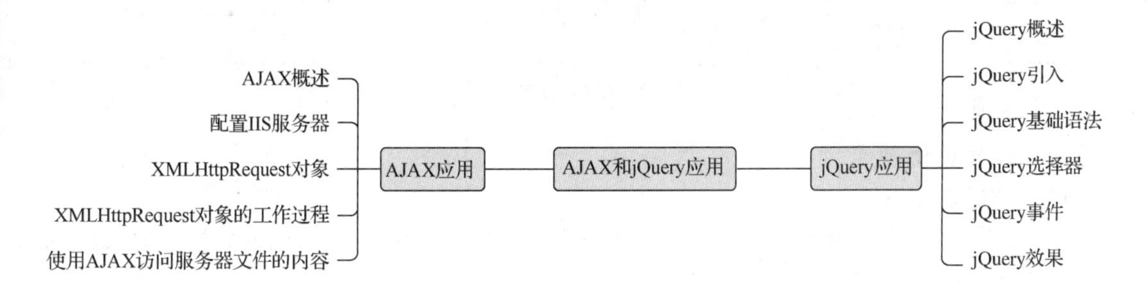

8.1 AJAX 应用

AJAX 不是一种新的编程语言，而是一种用于创建更好、更快，以及交互性更强的 Web 应用程序的技术。本节将讲解 AJAX 技术的相关内容。

扫码看微课

AJAX 概述

8.1.1 AJAX 概述

AJAX（Asynchronous JavaScript and XML）不是一种编程语言，而是将浏览器内建的 XMLHttpRequest、JavaScript 和 HTML DOM 进行的一种组合。

AJAX 的概念由杰西·詹姆士·贾瑞特（Jesse James Garrett）提出，AJAX 可

以通过与网页后台的 Web 服务器交换数据来异步刷新网页内容。在刷新网页内容时，AJAX 可以保证只刷新网页中需要改变的数据，而不用重新加载整个页面。AJAX 应用程序交换的数据常用的有 3 种格式，分别为 XML、纯文本和 JSON 文本。

1. AJAX 的历史

20 世纪 90 年代，几乎所有网站都由 HTML 页面实现，服务器处理每一个用户请求都需要重新加载网页，这样无疑会加重服务器的负担。

1995 年，Java 语言的第一版发布，随之发布的 Java Applets 首次实现了异步加载。浏览器通过运行嵌入网页中的 Java Applets 与服务器交换数据，不必刷新网页。1996 年，Internet Explorer 将 iframe 元素加入 HTML，支持局部刷新网页。

1998 年前后，Outlook Web Access 小组发布了允许客户端脚本发送 HTTP 请求（XMLHTTP）的第一个组件。该组件原属于微软 Exchange Server，并且迅速成为了 Internet Explorer 4.0 的一部分。

部分观察家认为，Outlook Web Access 是第一个应用了 AJAX 技术的成功的商业应用程序，并成为包括 Oddpost 的网络邮件产品在内的许多产品的“领头羊”。

2005 年初，许多事件使得 AJAX 被大众所接受。Google 在它著名的交互应用程序中使用了异步通信，如 Google 讨论组、Google 地图、Google 搜索建议、Gmail 等。

2. AJAX 的工作原理

AJAX 应用可以仅向服务器发送并取回必需的数据，并在客户端采用 JavaScript 处理来自服务器的回应。这样可以减少服务器和浏览器之间的数据交换量，提高服务器的响应速度。同时，很多处理工作可以在发出请求的客户端机器上完成。AJAX 的运行过程如图 8.1 所示。

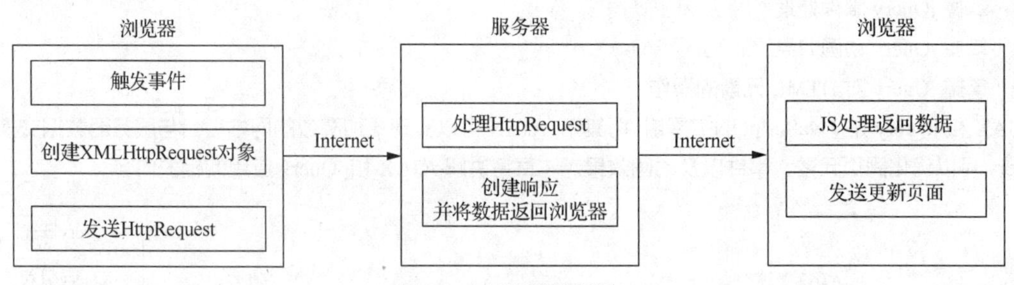

图 8.1 AJAX 的运行过程

3. AJAX 的优缺点

AJAX 的优点如下。

- AJAX 可以在不刷新整个页面的前提下维护数据，避免重复发送没有改变的信息，提高 Web 应用程序的运行速度。
- AJAX 不需要任何浏览器插件，只需要用户允许 JavaScript 在浏览器上执行。

AJAX 的缺点如下。

- AJAX 可能会破坏浏览器的后退功能。在动态刷新页面的情况下，用户无法回到前一个页面状态。
- AJAX 可能导致无法实现加入收藏书签功能。HTML 5 之前的版本使用 URL 片断标识符来保持追踪。HTML 5 之后的版本可以直接操作浏览历史，将网页加入网页收藏夹或书签时，状态会被隐形地保留。这两个方法也可以同时解决无法后退的问题。
- 进行 AJAX 开发时可能会导致网络延迟。通常的解决方案是使用一个可视化的组件来告诉用户系统正在进行后台操作并且正在读取数据和内容。

8.1.2　配置 IIS 服务器

IIS 是微软官方为 Windows 系统提供的服务器解决方案。IIS 具有集成性、可扩展性、安全性等特点，它可以帮助用户管理内联网、外联网和互联网 Web 服务器。因为 AJAX 技术需要访问服务器，所以需要先搭建一个简单的网站服务器，具体步骤如下。

（1）依次打开计算机的控制面板→程序→启用或关闭 Windows 功能（可以在 Windows 10 桌面左下角搜索框直接搜索），在启用或关闭 Windows 功能对话框中勾选对应选项，单击“确定”按钮，等待 Windows 配置。

（2）通过搜索框搜索“IIS”，打开 IIS 管理器，在左侧导航栏右击网站节点，选择添加网站，弹出“添加网站”对话框，在该对话框中设置网站名称、物理路径和 IP 地址，如图 8.2 所示。单击“确定”按钮，保存设置，服务器配置完成。

扫码看微课

配置 IIS 服务器

注意

物理路径是存放网站源码的文件夹。IP 地址为计算机的本机 IP 地址，建议修改为固定 IP 地址。

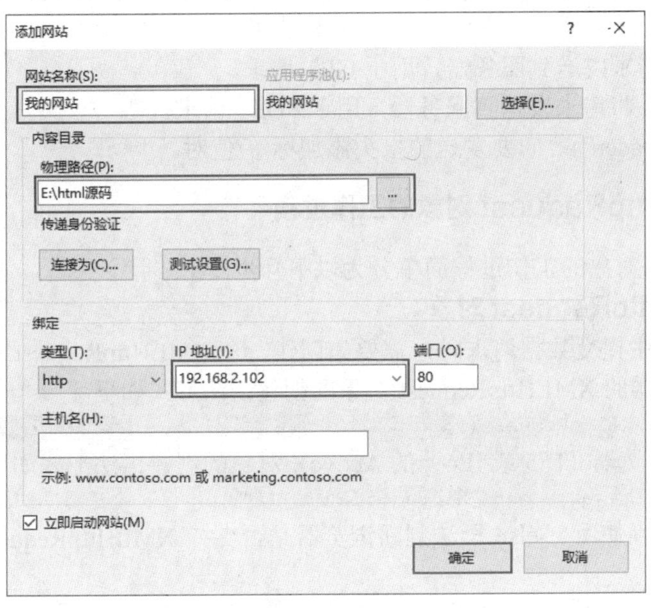

图 8.2　配置选项

在浏览器中基于 IP 地址添加对应带路径的 HTML 文档名称，就能通过本地服务器访问对应的网页内容。IP 地址相当于普通网站的服务器地址，HTML 文档名称相当于普通网站的域名。例如，访问 test.html 文档，如果该文档与物理路径处于同级文件夹中，则只需要在浏览器中输入 192.168.2.102/test.html 即可访问 test.html 文档中的内容。如果 test.html 文档位于物理路径的子文件夹 a 中，则在 IP 地址中添加对应的路径即可，如 192.168.2.102/a/test.html。

8.1.3　XMLHttpRequest 对象

XMLHttpRequest 对象是 AJAX 技术的核心，目前所有的现代浏览器都支持该对象。XMLHttpRequest 对象可以在后台针对网页更新部分与服务器进行数据交换，而不需要重新加载整个页面。XMLHttpRequest 对象的属性如下。

- onreadystatechange：定义当 readyState 属性发生变化时被调用的函数。

- readyState：通过返回值可以判断 XMLHttpRequest 的状态，返回 0 表示请求未初始化，返回 1 表示服务器连接已建立，返回 2 表示请求已收到，返回 3 表示正在处理请求，返回 4 表示请求已完成且响应已就绪。
- responseText：以字符串返回响应数据。
- responseXML：以 XML 数据返回响应数据。
- status：返回请求的状态号，包括 200:“OK”、403:“Forbidden”、404:“Not Found”。
- statusText：返回状态文本（如“OK”或“Not Found”）。

扫码看微课

XMLHttpRequest 技术讲解

XMLHttpRequest 对象的方法如下。

- new XMLHttpRequest( )：创建新的 XMLHttpRequest 对象。
- abort( )：取消当前请求。
- getAllResponseHeaders( )：返回头部信息。
- getResponseHeader( )：返回特定的头部信息。
- open(method, url, async,user,psw)：规定请求内容，method 表示请求类型为 GET 或 POST；url 表示文件位置；async 表示同步或异步，true（异步），false（同步）；user 表示可选的用户名称；psw 表示可选的密码。
- send( )：将请求发送到服务器，用于 GET 请求。
- send(string)：将请求发送到服务器，用于 POST 请求。
- setRequestHeader( )：向要发送的报头添加标签/值对。

8.1.4 XMLHttpRequest 对象的工作过程

XMLHttpRequest 对象的工作过程简单分为以下几步。

1. 创建 XMLHttpRequest 对象

当用户在浏览器中提交数据请求时，需要先创建一个 XMLHttpRequest 对象。

- 新版本浏览器的 XMLHttpRequest 对象的创建语法形式如下。

```
variable = new XMLHttpRequest();
```

- 老版本 IE 浏览器（IE5 或 IE6）的 ActiveX 对象的创建语法形式如下。

```
variable = new ActiveXObject("Microsoft.XMLHTTP");
```

在实际开发中可以使用 if-else 语法判断浏览器是否支持 XMLHttpRequest 对象，其语法形式如下。

```
var xhttp;
if (window.XMLHttpRequest)                              //如果支持
{
    xhttp = new XMLHttpRequest();                       //创建 XMLHttpRequest 对象
    }else{                                              //否则
    xhttp = new ActiveXObject("Microsoft.XMLHTTP");    //创建 ActiveX 对象
}
```

2. 初始化请求

使用 XMLHttpRequest 对象的 open 方法实现初始化请求，并根据不同参数设置对象的状态。其语法形式如下。

```
xhttp.open("GET/POST","URL",async);
```

其中，选择 GET 或 POST 需要根据具体情况确定。默认使用 GET 方式传输更加简单和快速。如果更新服务器文件或数据库、数据量过大或用户输入内容的数据过大，则一般默认使用 POST，POST 相对更加安全和强大。

URL参数是指服务器上的文件地址，该文件可以是任何类型文件，如.txt、.xml、.asp、.php等。

async参数表示选择同步（false）或异步（true），使用open方法必须设置为异步（true），否则可能会导致程序挂起或停止。

其中，由于GET方式可能会导致请求的服务器数据使用缓存数据，所以还需要为其添加一个对应的时间，确保请求的为最新数据。例如，向服务器请求a.txt中的内容的代码如下。

```
xhttp.open("GET", "a.txt?t=" + Math.random(), true);
xhttp.send();
```

3. 向服务器发送请求

向服务器发送请求需要使用send( )方法，其语法形式如下。

```
xhttp.send(参数);
```

如果是以GET方式发送请求，则参数不必填写。如果是以HTML表单的POST方式发送数据，则需要通过setRequestHeader( )方法添加一个HTTP头部，并在send( )方法中规定需要发送的数据，其语法形式如下。

```
xhttp.setRequestHeader(规定头部名称,规定头部值)
xhttp.send("提交的内容");
```

4. 判断XMLHttpRequest对象的状态

向服务器发送请求之后，使用onreadystatechange属性可以捕获XMLHttpRequest对象的状态是否发生变化。如果发生了变化，就需要使用readyState属性确定当前XMLHttpRequest对象的状态是否适合执行后续代码，并使用status属性确定HTTP响应状态码是否正确。

状态的确定就像预约上门安装洗衣机。工作人员向客户打电话（发出请求），客户接电话（状态发生了改变），工作人员和客户确定上门安装时间，确定客户是否处于允许上门安装的状态（查看状态）。只有客户的状态（在家，有空闲时间）允许上门安装，工作人员才能进行后续的上门安装服务。

确定XMLHttpRequest对象的状态可以配合if判断语句实现，其语法形式如下。

```
xhttp.onreadystatechange = function() {                        //捕获对象状态发生了改变
    if (this.readyState == 4 && this.status == 200) {      //判断对象状态是否适合运行后续操作
    }
};
```

其中，onreadystatechange属性会被触发5次（0～4），每次对应的readyState属性值都发生变化。

5. 解析数据完成对应操作

当XMLHttpRequest对象的状态返回值为4，并且HTTP响应状态码为200时，就可以对服务器返回的内容进行对应的解析。

解析返回数据需要使用responseText属性，将返回数据解析为字符串类型的数据；使用responseXML属性，将数据解析为XML Document对象类型的数据；使用getResponseHeader( )方法从服务器返回特定的头部信息；使用getAllResponseHeaders( )方法从服务器返回所有头部信息。

获得解析的数据后，可以使用JavaScript代码展示其数据或进行其他操作。例如，将返回数据解析为文本内容并展示到HTML文档中，代码如下。

```
xhttp.onreadystatechange = function() {                        //捕获对象状态发生了改变
    if (this.readyState == 4 && this.status == 200) {      //判断对象状态是否适合运行后续操作
    document.getElementById("demo").innerHTML =this.responseText; //解析数据并显示到HTML文
档中
    }
};
```

8.1.5 使用AJAX访问服务器文件的内容

使用 AJAX 技术可以访问服务器中的.txt、.xml、.asp、.php 等文本格式内容。接下来实现请求服务器的.txt 文件内容并进行显示的效果。

【示例 8-1】访问服务器的.txt 文件内容并显示。

```
<!DOCTYPE html>
<html xmlns="http://www.w3.org/1999/xhtml">
<head>
<meta http-equiv="Content-Type" content="text/html; charset=utf-8" />
<title>XMLHttpRequest 对象</title>
</head>
<body>
<h1>XMLHttpRequest 对象</h1>
<button type="button" onclick="loadDoc()">请求文本数据</button>
<p id="demo1"></p>
<p id="demo2"></p>
<p id="demo3"></p>
<script>
function loadDoc() {
    var xhttp;
    if (window.XMLHttpRequest)                  //根据浏览器类型创建对应的 XMLHttpRequest 对象
    {
    xhttp = new XMLHttpRequest();
   } else {
    xhttp = new ActiveXObject("Microsoft.XMLHTTP");
    }
    xhttp.onreadystatechange = function() {          //状态发生改变触发对应函数
   if (this.readyState == 4 && this.status == 200)  //判断对应的 XMLHttpRequest 对象是否准备
就绪
    {
        //将返回的文本内容显示在 p 元素中
        document.getElementById("demo1").innerHTML = this.responseText;
        //将返回的头部所有信息显示在 p 元素中
        document.getElementById("demo2").innerHTML = this.getAllResponseHeaders();
   }
  };
  xhttp.open("GET","08/ajax/demo_get.txt", true);    //初始化请求
  xhttp.send();                                      //发送请求
}
</script>
</body>
</html>
```

demo_get.txt 文件内容如下。

```
AJAX 并不是编程语言。AJAX 是一种从网页访问 Web 服务器的技术。AJAX 代表异步 JavaScript 和 XML。
```

在网页中单击“请求文本数据”按钮，会显示从服务器请求到的文本内容和对应的头部信息，如图 8.3 所示。

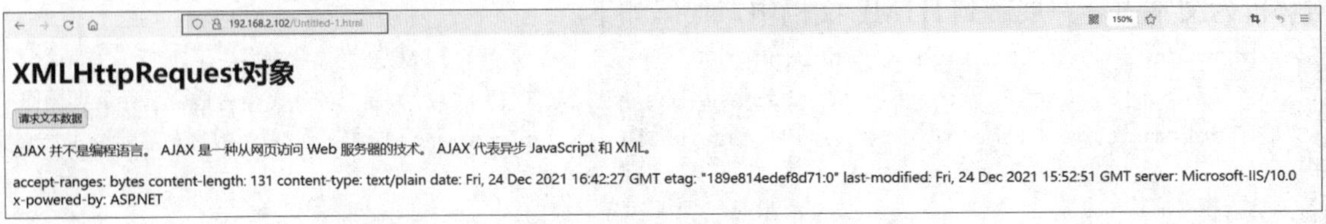

图 8.3 从服务器请求并显示数据

注意

Apache、IIS、Nginx 等绝大多数 Web 服务器都不允许静态文件响应 POST 请求，所以在访问静态文件时使用 POST 方式会提示“405”错误。

8.2 jQuery 应用

jQuery 是一套支持跨浏览器使用的 JavaScript 库，用于简化 HTML 与 JavaScript 之间的操作。本节将讲解 jQuery 的语法、特效等相关内容。

8.2.1 jQuery 概述

jQuery 是一个快速、简洁的 JavaScript 框架，于 2006 年 1 月由约翰·雷西格（John Resig）发布。jQuery 设计的宗旨是“Write Less，Do More”，即倡导“写更少的代码，做更多的事情”。它封装了 JavaScript 常用的功能代码，提供了一种简便的 JavaScript 设计模式，优化了 HTML 文档操作、事件处理、动画设计和 AJAX 交互。

扫码看微课

jQuery 基础讲解

jQuery 也提供了给开发人员创建插件的能力。这使开发人员可以对底层交互与动画、高级效果和高级主题化的组件进行抽象化。模块化的方式使 jQuery 函数库能够创建功能强大的动态网页以及网络应用程序。

jQuery 目前分成 1.x 版、2.x 版、3.x 版这 3 种发布版本，各版本的发布时间如表 8.1 所示。

表 8.1　各版本的发布时间

版本	发布时间	版本	发布时间
1.0	2006年8月26日	1.12	2016年1月8日
1.1	2007年1月14日	2.0	2013年4月18日
1.2	2007年9月10日	2.1	2014年1月24日
1.3	2009年1月14日	2.2	2016年1月8日
1.4	2010年1月14日	3.0	2016年6月9日
1.5	2011年1月31日	3.1	2016年7月7日
1.6	2011年5月3日	3.2	2017年3月16日
1.7	2011年11月3日	3.3	2018年1月19日
1.8	2012年8月9日	3.4	2019年4月10日
1.9	2013年1月15日	3.5	2020年4月10日
1.10	2013年5月24日	3.6	2021年3月2日
1.11	2014年1月24日		

8.2.2 jQuery 引入

在 HTML 文档中使用 jQuery 可分为下载和引入两部分。

1. 下载 jQuery

向 HTML 中引入 jQuery 首先需要在 jQuery 官方网站下载对应的库文件。打开 jQuery 官方下载网站，在网页中单击“Download the compressed, production jQuery 3.6.0”链接，下载 jQuery 库

的压缩包。

 **注意**

如果单击链接后直接显示的是 jQuery 源码，则可以右击网页，选择“另存为”命令，将源码下载到本地，把文件命名为“jquery-3.6.0.min.js”。

在网页中有压缩版和未压缩版两个版本。压缩版可用于实际开发网站，被精简和压缩过。未压缩版可以用于测试和开发。如果只是做网站设计，则使用压缩版即可。

2. 引入 jQuery 库

将 jQuery 库引入 HTML 文档中的方法是将库文件嵌入<heard>标签中的<script>标签中，代码如下。

```
<head>
<script type="text/javascript" src="xxx/jquery.js"></script>
</head>
```

3. 引入 jQuery 代码

引入 jQuery 库之后，还需要将 jQuery 的代码与 HTML 文档关联。jQuery 代码与 HTML 文档关联的方式为两种。一种是使用<script>标签将 jQuery 代码嵌入<heard>元素中，其语法形式如下。

```
<head>
<script type="text/javascript" src="xxx/jquery.js"></script>          //引入 jQuery 库文件
<script type="text/javascript">                                       //嵌入 jQuery 代码
    //jQuery 代码
</script>
</head>
```

另一种是建立一个独立的.js 文件，在文件中编写 jQuery 代码，然后使用<script>标签将.js 文件嵌入<heard>元素中，其语法形式如下。

```
<head>
<script type="text/javascript" src="jquery.js"></script>                     //引入 jQuery 库文件
<script type="text/javascript" src="my_jquery_functions.js"></script>    //引入jQuery代码文件
</head>
```

注意

type="text/javascript"属性可以省略不写。

8.2.3 jQuery 基础语法

jQuery 通过基础语法可以选取 HTML 元素，其语法形式如下。

```
$(selector).事件()
```

其中，美元符号（$）用于定义 jQuery。selector 表示选择器，用于查询或查找 HTML 的元素。事件( )为 jQuery 的核心方法，用于执行对元素的操作。

【示例 8-2】使用 jQuery 实现弹窗效果。

```
<script type="text/jscript" src="08/jQuery/jquery-3.6.0.min.js"></script><!--引入jQuery-->
</head>
<script>
$(document).ready(function() {                                          //基础语法
   alert("Hello jQuery!")                                               //弹窗显示字符串
});
</script>
```

图 8.4 弹窗效果

运行效果如图 8.4 所示。其中，ready( )方法的作用是等待文档完全加载完成后，才运行 jQuery。这样可避免文档还未加载完成就开始运行 jQuery 带来意外的错误。例如，文档中有 100 个元素，如果在浏览器只加载了 50 个元素时开始运行 jQuery，那么 jQuery 获取的元素最多只有 50 个，这可能导致意外的错误发生。

8.2.4 jQuery 选择器

jQuery 选择器可以选择单个或多个 HTML 元素。jQuery 选择器可以通过标签名、属性名或 CSS 选择 HTML 元素。根据选择器实现方式的不同，选择器可以分为基础选择器、层次选择器、过滤选择器和表单选择器。

1. 基础选择器

基础选择器包含 id 选择器、element 选择器、类选择器、*选择器和并列选择器，它们的具体功能如表 8.2 所示。

表 8.2 基础选择器

选择器	语法形式	功能	示例
id选择器	$("#id属性值")	选择拥有指定id属性值所属的元素	$("#Div1")
element选择器	$("元素名称")	选择拥有指定元素名称的所有元素	$("p")
类选择器	$(".class属性值")	选择拥有指定class属性值的所有元素	$(".LF")
*选择器	$("*")	选择所有元素	$("*")3
并列选择器	$("#id属性值,元素名称,.class属性值")	以多种形式选择对应的元素，每种形式之间使用英文逗号分隔	$("#Div1,p,LF,.RF,a,#div2")

2. 层次选择器

层次选择器是根据 HTML 元素嵌套关系以及 HTML DOM 的嵌套关系进行元素选择。层次选择器主要包括指定元素范围选择器、父子选择器、兄弟选择器和全部兄弟选择器，它们的具体功能如表 8.3 所示。

表 8.3 层次选择器

选择器	语法形式	功能	示例
指定元素范围选择器	$("元素1 元素2")	选择元素下的所有元素2。元素1与元素2之间用空格分隔	$(".FL a")，$("div a")，$("#Div1 a")
父子选择器	$("parent>child")	选择父级元素中指定的单个或多个子元素	$(".FL>a")，$("div>a") $("#Div1>a")
兄弟选择器	$("prev+next")或 $("prev").next("next")	选择指定元素后紧跟的指定兄弟元素	$("#Div1+a") ，$("#div").next("a")
全部兄弟选择器	$("prev~next")或 $("prev").nextAll("next")	选择指定元素后指定的全部兄弟元素	$("#Div1~a")，$("#div").nextAll("a")

3. 过滤选择器

过滤选择器是使用元素内容或索引等作为条件筛选对应的元素。过滤选择器可以分为基础过滤选择器、内容过滤选择器、可见性过滤选择器以及属性过滤选择器。

（1）基础过滤选择器可以根据元素的特点和索引选择元素，其具体功能如表 8.4 所示。

表 8.4 基础过滤选择器

选择器	语法形式	功能	示例
:first	$("元素:first")	匹配找到的第一个元素	$("div:first")
:last	$("元素:last")	匹配找到的最后一个元素	$("div:last")
:not(selector)	$("元素:not(selector)")	去除所有与给定选择器匹配的元素	$("div:not(selector)")
:even	$("元素:even ")	匹配所有索引值为偶数的元素	$("div:even ")
:odd	$("元素: odd")	匹配所有索引值为奇数的元素	$(" div:odd")
:eq(index)	$("元素:eq(index)")	匹配一个给定索引值的元素	$("div:eq(index)")
:gt(index)	$("元素:gt(index)")	匹配所有大于给定索引值的元素	$("div:gt(index)")
:lt(index)	$("元素:lt(index)")	匹配所有小于给定索引值的元素	$("div:lt(index)")
: header	$("元素:header")	匹配所有标题	$("div:header")
:animated	$("元素:animated")	匹配所有正在执行动画效果的元素	$("div:animated ")

（2）内容过滤选择器是根据元素中的文本内容选择元素，其具体功能如表 8.5 所示。

表 8.5 内容过滤选择器

选择器	语法形式	功能	示例
:contains(text)	$("元素:contains('字符串')")	包含指定字符串的所有元素	$("a:contains('水果')")
:empty	$(":empty")	无子（元素）节点的所有元素	$(":empty")
:has(selector)	$("元素:has(元素)")	含有指定元素的所有元素	$("p:has(span)")
:parent	$(":parent")	匹配所有含有子元素或者文本的父级元素	$(":parent")

（3）可见性过滤选择器是根据元素是否可见进行选择，其具体功能如表 8.6 所示。

表 8.6 可见性过滤选择器

选择器	语法形式	功能	示例
:hidden	$("元素:hidden")	所有隐藏的指定元素	$("p:hidden")
:visible	$("元素:visible")	所有可见的指定元素	$("table:visible")

（4）属性过滤选择器是使用元素的属性值选择对应的元素，其具体功能如表 8.7 所示。

表 8.7 属性过滤选择器

选择器	语法形式	功能	示例
[attribute]	$("[属性名]")	所有带有指定属性的元素	$("[href]")
[attribute=value]	$("[属性='值']")	所有带有指定属性且值等于指定值的元素	$("[href='default.htm']")
[attribute!=value]	$("[属性!='值']")	所有带有指定属性且值不等于指定值的元素	$("[href!='default.htm']")
[attribute$=value]	$("[属性$='字符串结尾的值']")	所有带有指定属性且值以指定字符串结尾的元素	$("[href$='.jpg']")
[attribute|=value]	$("[属性|='字符串']")	所有带有指定属性且值等于指定值或者以指定字符串开头的值	$("[title|='Tomorrow']")
[attribute^=value]	$("[属性^='Tom']")	所有带有指定属性且值以指定字符串开头的元素	$("[title^='Tom']")
[attribute~=value]	$("[属性~='hello']")	所有带有指定属性且值包含指定字符串的元素	$("[title~='hello']")

续表

选择器	语法形式	功能	示例
[attribute*=value]	$("[属性*='hello']")	所有带有指定属性且值包含指定字符串的元素	$("[title*='hello']")
[name=value][name2=value2]	$("元素[属性1][属性2='值']")	带有指定属性，并且第2个属性的值为指定值	$("input[id][name$='man']")

4. 表单选择器

表单选择器用于选择表单中的元素，其具体功能如表 8.8 所示。

表 8.8　表单选择器

选择器	语法形式	功能
:input	$(":input")	所有input元素
:text	$(":text")	所有type="text"的input元素
:password	$(":password")	所有type="password"的input元素
:radio	$(":radio")	所有type="radio"的input元素
:checkbox	$(":checkbox")	所有type="checkbox"的input元素
:submit	$(":submit")	所有type="submit"的input元素
:reset	$(":reset")	所有type="reset"的input元素
:button	$(":button")	所有type="button"的input元素
:image	$(":image")	所有type="image"的input元素
:file	$(":file")	所有type="file"的input元素
:enabled	$(":enabled")	所有激活的input元素
:disabled	$(":disabled")	所有禁用的input元素
:selected	$(":selected")	所有被选取的input元素
:checked	$(":checked")	所有被选取的input元素

【示例 8-3】使用不同的选择器选择对应的元素。

```
<!DOCTYPE html>
<html xmlns="http://www.w3.org/1999/xhtml">
<head>
<meta http-equiv="Content-Type" content="text/html; charset=utf-8" />
<title>选择器</title>
<script type="text/jscript" src="08/jQuery/jquery-3.6.0.min.js"></script>
<script>
$(document).ready(function() {
    $("#DIV1").css("color","red")                 //id 选择器设置 DIV1 的文本颜色为红色
    $("a").css("color","green")                   //element 选择器设置<a>标签的文本颜色为绿色
    $("#DIV2>p").css("color","red")               //父子选择器设置<p>标签的文本颜色为红色
    $(":last").css("border","red 1px solid");     //最后一个元素添加红色边框
    $("div:even").css("background","#CCCCCC");    //偶数 div 元素的背景色为灰色，下标从 0 开始
    $("a:contains('老大')").css("background-color","#B2E0FF");//设置包含“老大”文本内容的 a
元素的背景色为蓝色
    $("div:hidden").css("display","block" );      //设置隐藏的标签为显示状态
    $("[class]").css("font-size","36px");         //设置有 class 属性的元素字号为 36
    $(":button").attr("value","提交按钮");         //设置按钮的文本为“提交按钮”
});
```

```
</script>
</head>
<body>
<div class="LF" hidden="hidden">第 1 个 div 元素的 CSS 样式为隐藏状态</div>
<div id="DIV1">第 2 个 div 元素<a>老大，第 1 个 a 元素</a><a>老二，第 2 个 a 元素</a></div>
<div id="DIV2">第 3 个 div 元素<p>第 1 个 p 元素</p></div>
<input type="button" value="按钮"/>
</body>
</html>
```

效果如图 8.5 所示。从图 8.5 可以看出，使用 jQuery 选择器可以实现对元素的获取。

图 8.5 jQuery 选择器

8.2.5 jQuery 事件

jQuery 事件是通过 jQuery 的核心函数实现的。只有开发者指定 HTML 标签中发生的某些特定操作后，才会触发 jQuery 事件，如单击某个标签、鼠标指针处于标签上方等。jQuery 常用的事件如表 8.9 所示。

表 8.9 jQuery 常用的事件

方法	功能
bind()	向匹配元素附加一个或更多事件处理器
blur()	触发，或将函数绑定到指定元素的blur事件，blur事件是指失去了焦点时触发的事件
change()	触发，或将函数绑定到指定元素的change事件
click()	触发，或将函数绑定到指定元素的click事件
dblclick()	触发，或将函数绑定到指定元素的double click事件
delegate()	向匹配元素的当前或未来的子元素附加一个或多个事件处理器
die()	移除所有通过live()函数添加的事件处理程序
error()	触发，或将函数绑定到指定元素的error事件
event.isDefaultPrevented()	返回event对象上是否调用了event.preventDefault()
event.pageX	相对于文档左边缘的鼠标指针位置
event.pageY	相对于文档上边缘的鼠标指针位置
event.preventDefault()	阻止事件的默认动作
event.result	包含由被指定事件触发的事件处理器返回的最后一个值
event.target	触发该事件的DOM元素
event.timeStamp	该属性返回从1970年1月1日到事件发生时的毫秒数
event.type	描述事件的类型
event.which	指示按了哪个键或按钮
focus()	触发，或将函数绑定到指定元素的focus事件

续表

方法	功能
keydown()	触发，或将函数绑定到指定元素的key down事件
keypress()	触发，或将函数绑定到指定元素的key press事件
keyup()	触发，或将函数绑定到指定元素的key up事件
live()	为当前或未来的匹配元素添加一个或多个事件处理器
load()	触发，或将函数绑定到指定元素的load事件
mousedown()	触发，或将函数绑定到指定元素的mouse down事件
mouseenter()	触发，或将函数绑定到指定元素的mouse enter事件
mouseleave()	触发，或将函数绑定到指定元素的mouse leave事件
mousemove()	触发，或将函数绑定到指定元素的mouse move事件
mouseout()	触发，或将函数绑定到指定元素的mouse out事件
mouseover()	触发，或将函数绑定到指定元素的mouse over事件
mouseup()	触发，或将函数绑定到指定元素的mouse up事件
one()	向匹配元素添加事件处理器。每个元素只能触发一次该处理器
ready()	文档就绪事件（HTML文档就绪可用时触发）
resize()	触发，或将函数绑定到指定元素的resize事件
scroll()	触发，或将函数绑定到指定元素的scroll事件
select()	触发，或将函数绑定到指定元素的select事件
submit()	触发，或将函数绑定到指定元素的submit事件
toggle()	绑定两个或多个事件处理器函数，当发生轮流的click事件时执行
trigger()	所有匹配元素的指定事件
triggerHandler()	第一个被匹配元素的指定事件

【示例 8-4】为图片设置边框。单击按钮后，可以为图片添加边框或取消边框。

```
<script type="text/jscript" src="08/jQuery/jquery-3.6.0.min.js"></script>
<script>
$(document).ready(function() {
    $("#add").click(function(){                              //设置获取按钮的单击事件

        $("img").css("border","#00FF00 5px solid");          //获取图片标签设置取消边框
     })
    $("#decrease").click(function(){                         //设置获取按钮的单击事件

        $("img").css("border","none");                       //获取图片标签设置取消边框
     })
});
</script>
</head>
<body>
<img src="08/image/a1.png"/><br />
<button id="add" style="margin-left:20px">单击添加边框</button>
<button id="decrease" style="margin-left:10px">单击取消边框</button>
</body>
```

单击“添加边框”按钮后，图片添加绿色的边框；单击“取消边框”按钮后，图片的边框消失，如图 8.6 所示。

图 8.6 添加边框和取消边框

8.2.6 jQuery 效果

扫码看微课
jQuery 效果

jQuery 库提供了多种方法，可实现一些常用的网页特效，如隐藏、显示、切换、滑动、淡入淡出以及动画等。jQuery 效果的相关方法如表 8.10 所示。

表 8.10 jQuery 效果的方法（函数）

方法（函数）	功能
animate(styles,speed,easing,callback)	对被选元素应用自定义的动画。styles是指产生动画的样式，包括边框、位置、定位等多种属性。speed是指动画速度，可选值为毫秒、slow、normal和fast。easing是指设置内置的easing值，可选值为swing和linear。callback是指动画执行完毕要执行的函数
clearQueue()	对被选元素移除所有排队的函数（仍未运行的）
delay()	对被选元素的所有排队函数（仍未运行）设置延迟
dequeue()	运行被选元素的下一个排队函数
fadeIn(speed,callback)	逐渐改变被选元素的不透明度，从隐藏到可见。speed是指淡入效果速度，可选值为毫秒、slow、normal和fast。callback是指动画执行完毕要执行的函数
fadeOut(speed,callback)	逐渐改变被选元素的不透明度，从可见到隐藏。speed是指淡出效果速度，可选值为毫秒、slow、normal和fast。callback是指动画执行完毕要执行的函数
fadeTo(speed,opacity,callback)	把被选元素逐渐改变至给定的不透明度。speed是指改变透明的速度，可选值为毫秒、slow、normal和fast。opacity规定要淡入或淡出的透明度，必须是0.00～1.00的数字。callback是指动画执行完毕要执行的函数
hide(speed,callback)	隐藏被选的元素。speed是指隐藏速度，可选值为毫秒、slow、normal和fast。callback是指动画执行完毕要执行的函数
queue()	显示被选元素的排队函数
show(speed,callback)	显示被选的元素。speed是指从隐藏到显示的速度，默认为0，可选值为毫秒、slow、normal和fast。callback是指动画执行完毕要执行的函数
slideDown(speed,callback)	通过调整高度来滑动显示被选元素。speed是指从隐藏到显示的速度，默认为0，可选值为毫秒、slow、normal和fast。callback是指动画执行完毕要执行的函数
slideToggle(speed,callback)	将被选元素在滑动隐藏和滑动显示之间切换。speed是指隐藏和显示切换的速度，默认为0，可选值为毫秒、slow、normal和fast。callback是指动画执行完毕要执行的函数

续表

方法（函数）	功能
slideUp(speed,callback)	通过调整高度来滑动隐藏被选元素。speed是指隐藏和显示切换的速度，默认为normal，可选值为毫秒、slow、normal和fast。callback是指动画执行完毕要执行的函数
stop(stopAll,goToEnd)	停止在被选元素上运行动画。stopAll规定是否停止被选元素所有加入队列的动画。goToEnd规定是否允许完成当前的动画。该参数只能在设置了stopAll参数时使用
toggle(speed,callback,switch)	将被选元素在隐藏和显示之间切换。speed是指隐藏和显示切换的速度，默认为normal，可选值为毫秒、slow、normal和fast。callback是指动画执行完毕要执行的函数。switch规定toggle是否隐藏或显示所有被选元素

【示例 8-5】使用 jQuery 函数实现元素的特殊效果。

```
<script type="text/jscript" src="08/jQuery/jquery-3.6.0.min.js"></script>
<script>
$(document).ready(function() {
    $("#animate").click(function()                          //动画效果
    {
     $("#DIV1").animate({left:'500px'},1000);               //向右移动 500px
     $("#DIV1").animate({left:'5px'},1000);                 //回到原来的位置
    });
    $("#fadeIn").click(function()
    {
     $("#DIV1").fadeIn(1000);                               //1000 毫秒淡入效果
    });
    $("#fadeOut").click(function()
    {
     $("#DIV1").fadeOut(1000);                              //1000 毫秒淡出效果
    });
    $("#fadeTO").click(function()
    {
     $("#DIV1").fadeTo("slow",0.5);                         //半透明效果
    });
    $("#hide").click(function()
    {
     $("#DIV1").hide(1000);                                 //隐藏
    });
    $("#show").click(function()
    {
     $("#DIV1").show(1000);                                 //显示
    });
    $("#Toggle").click(function()
    {
     $("#DIV1").toggle(1000);                               //显示和隐藏切换
    });
    $("#upFadeOut").click(function()
    {
     $("#DIV1").slideUp(1000);                              //垂直显示
    });
        $("#upFadeIn").click(function()
    {
     $("#DIV1").slideDown(1000);                            //垂直隐藏
    });
```

```
        $("#slideToggle").click(function()
        {
         $("#DIV1").slideToggle(1000);                    //滑动显示和滑动隐藏切换
        });
    });
    </script>
    </head>
    <body>
    <div id="DIV1" style="height:50px; width:200px; background:#99FF00; position:absolute;">
翠鸟喜欢停在水边的苇秆上，一双红色的小爪子紧紧地抓住苇秆。</div>
    <div style="position:absolute; top:60px;" >
    <button id="animate">动画</button>
    <button id="fadeOut">淡出效果</button>
    <button id="fadeIn">淡入效果</button>
    <button id="fadeTO">设置为半透明</button>
    <button id="hide">隐藏</button>
    <button id="show">显示</button>
    <button id="Toggle">显示和显示切换</button>
    <button id="upFadeOut">垂直方向逐渐隐藏</button>
    <button id="upFadeIn">垂直方向逐渐显示</button>
    <button id="slideToggle">滑动显示和显示切换</button>
    </div>
    </body>
    </html>
```

网页展示效果如图 8.7 所示。

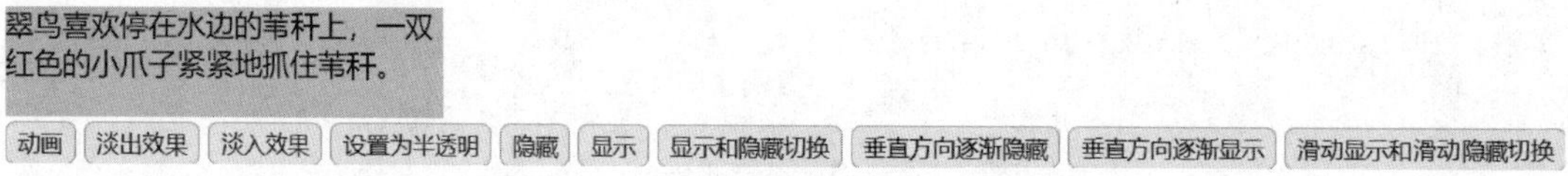

图 8.7 网页展示效果

单击不同按钮，实现如下各种效果。

- 单击“动画”按钮，文字段落向右移动，然后移动到初始位置。
- 单击“淡出效果”按钮，文字段落慢慢变淡直到消失。
- 单击“淡入效果”按钮，文字段落慢慢变深直到完全显示。
- 单击“设置为半透明”按钮，文字段落变为半透明状态，如图 8.8 所示。
- 单击“隐藏”按钮，文字段落沿对角线慢慢隐藏，如图 8.9 所示。
- 单击“显示”按钮，文字段落慢慢沿对角线显示。
- 单击“显示和隐藏切换”按钮，文字段落沿对角线隐藏，再次单击该按钮，文字段落沿对角线显示。
- 单击“垂直方向逐渐隐藏”按钮，文字段落从下方逐渐消失，如图 8.10 所示。
- 单击“垂直方向逐渐显示”按钮，文字段落从上方逐渐显示。
- 单击“滑动显示和滑动隐藏切换”按钮，文字段落从下方逐渐消失，再次单击该按钮，文字段落从上方逐渐显示。

图 8.8 半透明状态

图 8.9 沿对角线方向隐藏

图 8.10 沿垂直方向隐藏

8.3 实战案例解析——侧边栏折叠菜单效果

拓展知识
jQuery HTML 操作

网站的侧边栏常常会提供菜单栏，在菜单栏中会展示十分丰富的商品分类，通常在这些分类中还会隐藏子菜单，每个子菜单对应隐藏一个商品选择框。这些隐藏内容只有当用户触发鼠标后才会显示。本节将实现侧边栏的折叠菜单效果。

扫码看微课
侧边栏折叠菜单效果实战讲解

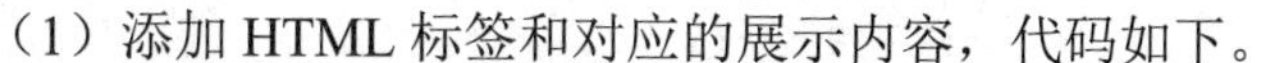

（1）添加 HTML 标签和对应的展示内容，代码如下。

```
<ul id="Home">
<a id="HomeA">家用电器</a>
<li id="L1"><a id="A1">电视</a>
<div id="Div1"><a>全面屏电视</a><a>教育电视</a><a> OLED 电视</a><a>智慧屏</a><a>4K 超清电视</a><a>55 英寸</a></div></li>
<li id="L2"><a id="A2">空调</a>
<div id="Div2"><a>移动空调</a><a>中央空调</a><a>变频空调</a><a>柜机 3 匹</a><a>挂机 1.5 匹</a><a>新一级能效</a></div></li>
<li id="L3"><a id="A3">洗衣机</a>
<div id="Div3"><a id="A5">滚筒洗衣机</a><a>洗烘一体</a><a>波轮洗衣机</a><a>洗烘套装</a><a>迷你洗衣机</a><a>洗衣机配件</a></div></li>
</ul>
<ul id="computer">
<a id="computerA"></a>
<li id="L4"><a id="computer1">笔记本</a>
<div id="Div4"><a>轻薄笔记本</a><a>游戏笔记本</a><a>高端轻薄笔记本</a><a>高端游戏笔记本</a><a>高性能轻薄笔记本</a><a>二合一笔记本</a></div></li>
<li id="L5"><a id="computer2">台式机</a>
<div id="Div5"><a>主机+显示器</a><a>单主机</a><a>迷你 PC</a><a>工作站</a><a>准系统主机</a></div></li>
<li id="L6"><a id="computer3">平板电脑</a>
<div
id="Div6"><a>512GB</a><a>256GB</a><a>400GB</a><a>128GB</a><a>64GB</a><a>32GB</a></div></li>
</ul>
<ul id="clothes">
<a id="clothesA">服装</a>
<li id="L7"><a id="clothes1">男装</a>
<div id="Div7"><a>T 恤</a><a>牛仔裤</a><a>休闲裤</a><a>衬衫</a><a>短裤</a><a>POLO 衫</a></div></li>
<li id="L8"><a id="clothes2">女装</a>
<div id="Div8"><a>当季热卖</a><a>新品推荐</a><a>商场同款</a><a>时尚套装</a><a>连衣裙</a><a>新品推荐</a></div></li>
<li id="L9"><a id="clothes3">童装</a>
<div id="Div9"><a>套装</a><a>卫衣</a><a>裤子</a><a>毛衣</a><a>针织衫</a><a>衬衫</a></div></li>
</ul>
```

效果如图 8.11 所示。

（2）为标签添加对应的样式，并将<div>和<li>标签对应内容折叠隐藏，代码如下。

```
<style>
ul, ol { list-style: none;margin: 0; padding: 0;}             /*清除默认样式*/
ul{ background:#666666; color:#FFFFFF; width:80px; }          /*设置<ul>标签样式*/
```

```
    ul li{ background:#CCC; height:20px; display:none;}          /*设置<li>标签样式并隐藏*/
    /*设置 div 标签样式并隐藏*/
    div{width:550px; color:#000000; border:#000000 1px solid; position:relative; top:-18px; 
left:80px; display:none;  }
    #Div3{ width:600px;}
    #Div4{ width:700px;}
    #Div5,#Div6,#Div7{ width:450px;}
    #Div9{ width:400px;}
    div a{ padding-left:30px; width:30px;}
    a:hover{ color:#FF0000; cursor:pointer;}                     /*设置<a>标签交互样式*/
    </style>
```

效果如图 8.12 所示。

家用电器
- 电视
  全面屏电视教育电视 OLED电视智慧屏4K超清电视55英寸
- 空调
  移动空调中央空调变频空调柜机3匹挂机1.5匹新一级能效
- 洗衣机
  滚筒洗衣机洗烘一体机波轮洗衣机洗烘套装迷你洗衣机洗衣机配件

电脑
- 笔记本
  轻薄笔记本游戏笔记本高端轻薄笔记本高端游戏笔记本高性能轻薄笔记本二合一笔记本
- 台式机
  主机+显示器单主机迷你PC工作站准系统主机
- 平板电脑
  512GB256GB400GB128GB64GB32GB

服装
- 男装
  T恤牛仔裤休闲裤衬衫短裤POLO衫
- 女装
  当季热卖新品推荐商场同款时尚套装连衣裙新品推荐
- 童装
  套装卫衣裤子毛衣针织衫衬衫

图 8.11　纯 HTML 页面

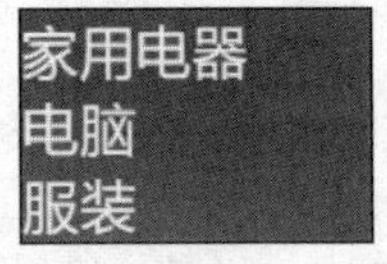

图 8.12　折叠的菜单栏

（3）添加 jQuery 代码，实现单击菜单选项后展开子菜单，单击子菜单后在右侧显示商品选项，鼠标指针离开子菜单或右侧商品选项区域后，对应的商品选项自动隐藏。代码如下。

```
<script>
$(document).ready(function(e) {
    //第一个菜单栏
    $("#HomeA").click(function(){$("#Home li").slideToggle(1000)}); //单击后展开分类
    $("#A1").click(function(){$("#Div1").show(1000)});               //单击后展开 div
    $("#L1,#Div1").mouseleave(function(){$("#Div1").hide(1000)});  //鼠标指针离开后隐藏 div
    $("#A2").click(function(){$("#Div2").show(1000)});               //单击后展开 div
    $("#L2,#Div2").mouseleave(function(){$("#Div2").hide(1000)});  //鼠标指针离开后隐藏 div
    $("#A3").click(function(){$("#Div3").show(1000)});               //单击后展开 div
    $("#L3,#Div3").mouseleave(function(){$("#Div3").hide(1000)});  //鼠标指针离开后隐藏 div
    //第二个菜单栏
    $("#computerA").click(function(){$("#computer li").slideToggle(1000)});  //单击后展开分类
    $("#computer1").click(function(){$("#Div4").show(1000)});        //单击后展开 div
    $("#L4,#Div4").mouseleave(function(){$("#Div4").hide(1000)});  //鼠标指针离开后隐藏 div
    $("#computer2").click(function(){$("#Div5").show(1000)});        //单击后展开 div
    $("#L5,#Div5").mouseleave(function(){$("#Div5").hide(1000)});  //鼠标指针离开后隐藏 div
    $("#computer3").click(function(){$("#Div6").show(1000)});        //单击后展开 div
    $("#L6,#Div6").mouseleave(function(){$("#Div6").hide(1000)});  //鼠标指针离开后隐藏 div
```

```
        //第三个菜单栏
        $("#clothesA").click(function(){$("#clothes li").slideToggle(1000)});   //单击后展开分类
        $("#clothes1").click(function(){$("#Div7").show(1000)});      //单击后展开 div
        $("#L7,#Div7").mouseleave(function(){$("#Div7").hide(1000)});  //鼠标指针离开后隐藏 div
        $("#clothes2").click(function(){$("#Div8").show(1000)});      //单击后展开 div
        $("#L8,#Div8").mouseleave(function(){$("#Div8").hide(1000)});  //鼠标指针离开后隐藏 div
        $("#clothes3").click(function(){$("#Div9").show(1000)});      //单击后展开 div
        $("#L9,#Div9").mouseleave(function(){$("#Div9").hide(1000)});  //鼠标指针离开后隐藏 div
    });
    </script>
```

（4）在网页中单击菜单栏的选项，子菜单依次显示，如图 8.13 所示。

（5）单击子菜单选项，在对应的子菜单右侧显示商品选项；当鼠标指针离开商品选项或对应子菜单范围时，商品选项内容自动隐藏，如图 8.14 所示。

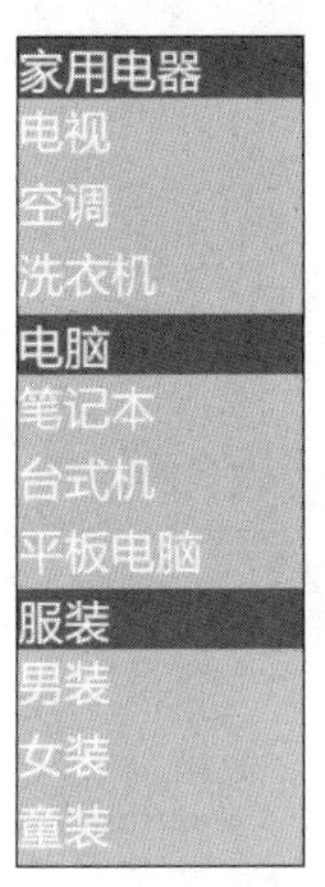

图 8.13　展开子菜单选项

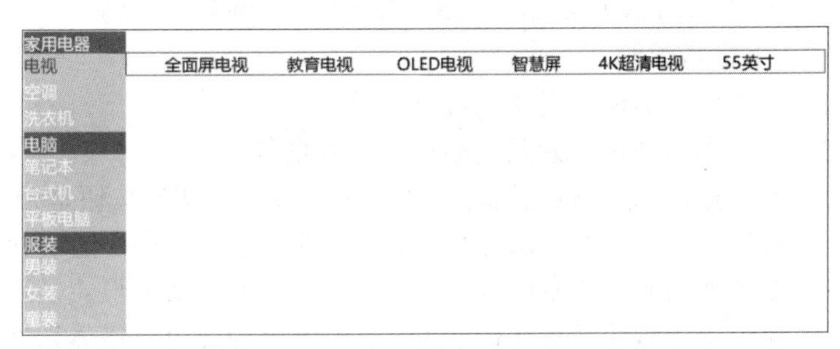

图 8.14　显示商品选项

疑难解答

1．AJAX 技术只能在 IIS 服务器中使用吗？

不是的。AJAX 技术适用于各种类型的服务器，它本身只是一种处理数据的技术，不会因为服务器类型受到限制。

2．JavaScript 和 jQuery 的关系是什么？

jQuery 是 JavaScript 的一个类库，所以它属于 JavaScript 框架的一种。相对于 JavaScript，jQuery 可以使用更少的代码实现更多的功能，可以使用自身特有的选择器、链式操作、事件处理机制，以更加高效的方式实现网页交互的各种功能。

思考与练习

一、填空题

1．AJAX 的概念由________提出，AJAX 可以通过与网页后台的 Web 服务器交换数据来异步更新网页内容。

2．AJAX 应用程序交换的数据常用的格式有________、________和 JSON 文本 3 种。

3．AJAX 技术的核心是________对象。目前所有的现代浏览器都支持该对象。

4．XMLHttpRequest 对象可以实现在后台与服务器进行数据交换________重新加载整个页面。

二、选择题

1．jQuery 函数的符号为（　　）。

A．?　　B．#　　C．%　　D．$

2．下面不属于 jQuery 的选择器的选项为（　　）。

A．基础选择器　　B．节点选择器　　C．表单选择器　　D．层次选择器

3．在 jQuery 中删除所有匹配的元素的方法为（　　）。

A．delete( )　　B．removeAll( )　　C．empty( )　　D．remove( )

4．在 jQuery 中匹配元素的所有同级元素的方法为（　　）。

A．nextAll( )　　B．siblings( )　　C．next( )　　D．fild( )

5．文本框中的内容发生改变时触发事件使用（　　）实现。

A．click( )　　B．change( )　　C．select( )　　D．bind( )

6．将所有 p 元素的背景色设置为蓝色，下列代码正确的是（　　）。

A．$("p").attr("background-color","blue") ;

B．$("p").addClass("background-color","blue ");

C．$("p").style("background-color","blue ");

D．$("p").css("background-color"," blue ");

三、上机实验题

1．单击按钮实现元素淡入淡出效果。

2．单击不同的按钮为元素添加不同背景色。

3．通过添加 class 属性的方式实现单击按钮后切换按钮是否添加边框的效果。

4．实现单击红色背景的 div 元素后，该元素显示为半透明状态。

5．实现单击蓝色背景的 div 元素后，该元素以滑动形式显示和隐藏。

6．实现单击按钮设置 div 元素的文本颜色为红色，字体为楷体，字号为 36px。

9 Chapter

第 9 章 JavaScript 扩展框架应用

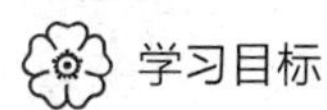

学习目标

- ❑ 了解 Highcharts 框架的引入
- ❑ 掌握使用 Highcharts 框架绘图
- ❑ 了解 Vue.js 框架的引入
- ❑ 掌握 Vue.js 框架的基础语法
- ❑ 掌握指令的使用
- ❑ 掌握事件监听
- ❑ 掌握绑定样式
- ❑ 掌握双向绑定

JavaScript 有很多成熟的扩展框架。例如，Highcharts 是一款功能十分强大的图表框架，可以绘制各种效果丰富的图表；Vue.js 框架具有易用、灵活、高效的特点，可以高效构建用户界面框架。本章将讲解 Highcharts 框架和 Vue.js 框架的相关内容。

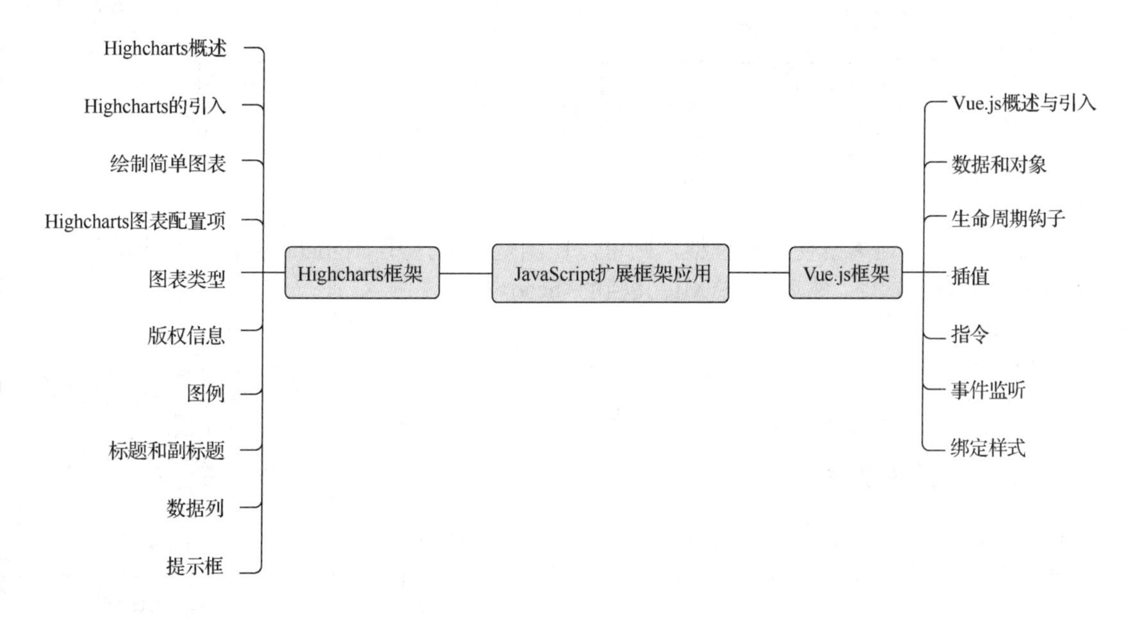

9.1 Highcharts 框架

网站前台或后台经常会提供很多漂亮的数据动态统计图表，以展示各类数据，如访客数量、播放数量、用户男女比例、用户分布以及视频完播率等。这些图表都可以使用专业的图表框架实现。其中，Highcharts 是一款功能十分强大的图表框架。本节将讲解 Highcharts 框架的相关内容。

9.1.1 Highcharts 概述

Highcharts 是一款国际知名度十分高的框架。它不仅可以通过少量代码实现十分复杂且炫酷的图表效果，还为开发者提供大量的模板和丰富的 API，允许开发者对图表进行各种定制，以满足不同的需求。

扫码看微课

Highcharts 框架基础讲解

9.1.2 Highcharts 的引入

Highcharts 框架对于个人和非营利的网站是免费使用的。如果是商业用途，就需要购买对应的商业资质。Highcharts 框架的引入方式如下。

（1）打开 Highcharts 官网，单击“Try for Free”按钮，该按钮表示免费试用。

（2）进入试用页面，如图 9.1 所示。在该页面复制官方提供的 CDN 代码，可以直接将 Highcharts 框架引入本地 HTML 文档中，代码如下。

```
<head>
<script src="https://code.highcharts.com/highcharts.src.js"></script>
</head>
```

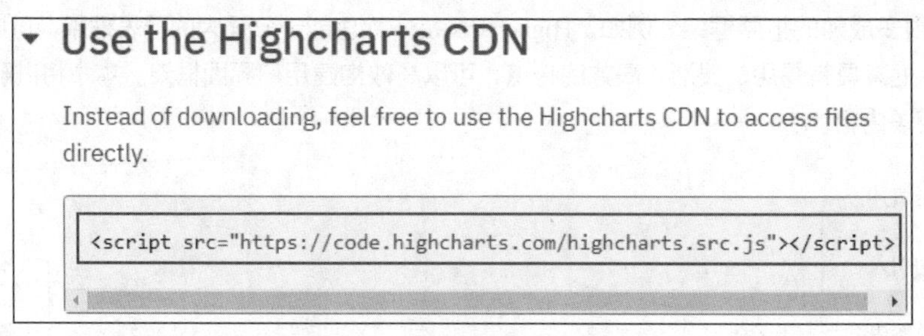

图 9.1　官方提供的 CDN 代码

（3）如果要在本地离线使用该框架，则可以在浏览器中打开 Highcharts 框架对应地址，右击网页，将框架另存到本地，然后在 HTML 文档的<head>标签中导入框架，代码如下。

```
<head>
<script src="09/highcharts/highcharts.src.js"></script>
</head>
```

9.1.3 绘制简单图表

Highcharts 框架中的图表通常包括标题、副标题、绘图区、图例等。绘图区包含坐标轴、图例/数据列等部分。图表结构如图 9.2 所示。

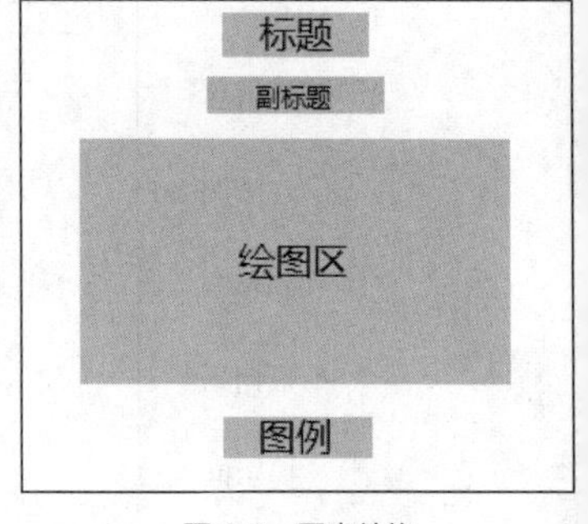

图 9.2　图表结构

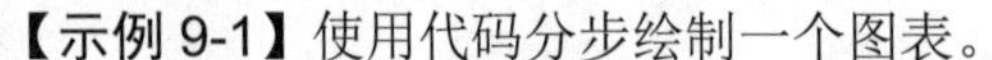
【示例 9-1】使用代码分步绘制一个图表。

（1）确定图表绘制的位置。在HTML文档中添加一对<div>、</div>标签，并设置属性值，代码如下。

```
<div id="draw"></div>
```

（2）为<div>标签添加样式，代码如下。

```
<style> # draw{width:500px; height:300px;border:1px solid #000; padding :20px; margin:10px;}
</style>
```

（3）引入jQuery框架和Highcharts框架，代码如下。

```
<script src="09/jQuery/jquery-3.6.0.min.js"></script>
<script src="09/highcharts/highcharts.src.js"></script>
```

（4）添加绘制图表的代码。

```
$(document).ready(function () {
    var options = {                                    //绘制图表对象
    chart: {                                           //图表类型
            type: 'line'
        },
    title: {                                           //标题
            text: '深圳一周白菜价格'
        },
    subtitle: {                                        //副标题
            text: '2021.02.01--2021.02.07'
        },
    series: [{                                         //数据
            name: '白菜价格',
            data: [1.5, 2.2, 2.5, 1.7, 2.0, 1.8, 2.0]
        }]
    };
    $('#draw').highcharts(options);                    //使用jQuery调用Highcharts对象
});
```

（5）运行效果如图9.3所示。从图9.3可以看出，在HTML的<div>标签内绘制了一张折线图。其中，options对象是图表绘制的核心内容，称为Highcharts框架绘制项。

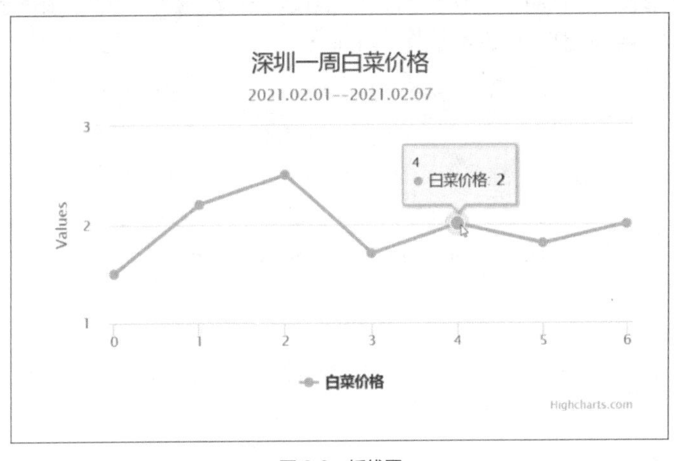

图9.3　折线图

9.1.4 Highcharts图表配置项

使用Highcharts框架绘制图表的核心内容是图表的配置项，编写配置项代码可以绘制指定的图表内容。Highcharts框架的常用配置项如表9.1所示。

表 9.1　　Highcharts 框架的常用配置项

配置项	说明
chart	图表基本配置项
colors	全局颜色
credits	版权信息配置项
data	高级数据模块配置项
drilldown	下钻功能配置项
exporting	导出功能配置项
labels	标签配置项
legend	图例配置项
loading	加载动画配置项
navigation	导航配置项
noData	无数据模块配置项
pane	面板模块配置项
plotOptions	绘图区配置项
series	数据列配置项
subtitle	副标题配置项
title	标题配置项
tooltip	提示框配置项
xAxis	*x*轴配置项
yAxis	*y*轴配置项

9.1.5 图表类型

Highcharts 框架目前支持多种图表类型，包括直线图、曲线图、曲线面积图、面积图、面积范围图、柱状图、条形图、饼状图、散点图、气泡图、仪表图等，为复杂的数据提供了多种展示方式。设置图表类型需要使用图表基本配置项 chart 实现，其语法形式如下。

```
chart:{
   type: 'String '
}
```

其中，String 的值用于指定图表类型，默认值为 line。备选项包括 area、arearange、areaspline、areasplinerange、bar、boxplot、bubble、column、columnrange、errorbar、funnel、gauge、heatmap、line、pie、pyramid、scatter、series、solidgauge、spline、waterfail。

注意

不同图表类型要设置的配置项不同。所以，String 值要选择正确的配置项，否则无法绘制图表。

9.1.6 版权信息

版权信息位于绘图区右下角，默认显示为 Highcharts.com，用于表明信息发布者和权利所属者，通过指定版权信息配置项 credits 实现，其语法形式如下。

```
credits:{具体设置项}
```

其中，具体设置项如表 9.2 所示。

表 9.2　credits 具体设置项

属性	描述
enabled	是否显示版权信息，默认值为true
href	版权信息单击之后指向的URL
text	显示的版权信息文字，默认为Highcharts.com
position	文字显示位置。支持的属性值有align、verticalAlign、x（水平偏移）、y（竖直偏移）
style	版权信息标签的CSS样式

9.1.7 图例

图例用来展现图表区域的数据构成，可以显示图表区有几个数据列。例如，在一个图表中需要统计产品的销量、库存、折损率信息，就需要设置 3 种图例对应每一种数据。图例包含图例区、标题和图例项目 3 部分。图例的内容通过图例配置项 legend 设置。其语法形式如下。

```
legend:{相关配置项}
```

其中，相关配置包括图例样式和图例项样式两部分。图例样式用于设置图例区的样式，图例项样式用于设置图例内容的样式，分别如表 9.3 和表 9.4 所示。

表 9.3　图例样式

参数	功能
backgroundColor	背景颜色
borderColor	边框颜色
margin	外边距
padding	内边距
maxHeight	最大高度
navigation	导航，设置最大高度后，图例无法完整显示时，会用导航的形式展示
shadow	图例阴影效果，赋值可以是boolean或Object
width	图例宽度
verticalAlign	垂直对齐方式
useHTML	是否以HTML形式渲染

表 9.4　图例项样式

参数	功能
itemDistance	图例项间距
itemStyle	图例样式
itemHiddenStyle	图例隐藏时的样式
itemHoverStyle	图例鼠标指针划过时的样式
itemMarginBottom	图例项底边距
itemMarginTop	图例项顶部边距
itemWidth	图例项宽度
symbolHeight	图例项标示高度
symbolPadding	图例项标示内边距
symbolRadius	图例项标示圆角
symbolWidth	图例项标示宽度

9.1.8 标题和副标题

扫码看微课

Highcharts 标题、数据列与提示框讲解

在 Highcharts 中默认一个图表包含一个标题和一个副标题。标题使用标题配置项 title 实现，副标题使用副标题配置项 subtitle 设置，其语法形式如下。

```
title:{
    //相关配置项
},
subtitle:{
    //相关配置项
}
```

其中，相关配置项如表 9.5 所示。

表 9.5　　subtitle 相关配置项

参数	功能
text	标题的文字
align	文字水平对齐方式，可选项有left、center、right
verticalAlign	文字垂直对齐方式，可选项有top、middle、bottom
useHTML	是否解析HTML标签
floating	是否浮动，设置浮动后，标题将不占用图表区位置
margin	标题和图表区的间隔，当有副标题时，表示标题和副标题之间的间隔
style	文本样式，设置文本颜色、字体、字号，与CSS有略微不同，如font-size用fontSize
x	相对于水平对齐的偏移量，可以是负数，单位是px
y	相对于垂直对齐的偏移量，可以是负数，单位是px

9.1.9 数据列

数据列是一组数据的集合，转换为图形就是一条折线图或者一组柱状图。数据列是图表绘制图形的核心元素，图表的具体展现效果由数据列决定。在 Highcharts 框架中，与数据列相关的组件包括 plotOptions 和 series 两种。

plotOptions 组件包含 23 个子组件，如图 9.4 所示。plotOption.series 是基础模板组件；另外 22 个组件使用 plotOptions.*表示，它们分别对应一种图表类型。plotOptions.*和 plotOptions.series 的配置项相同，其中部分配置项如图 9.5 所示。

1. plotOptions.series 组件

plotOptions.series 组件是所有图表的基础模板。在该组件中定义公共基础配置项。这里的配置项会影响同一个图表中所有类型的数据列，其语法形式如下。

```
plotOptions: {
    series: {
        //相关配置项
    }
}
```

2. plotOptions.*子组件

plotOptions.*组件是由其他 22 个子组件构成的。每一个子组件对应一种图表类型。用户可以针对某种图表类型做特定的配置。在一个特定图表类型的子组件设置的配置项不会覆盖其他类型的子组件设置。所以，当一个图表中有多种类型的数据列时，需要在对应的子组件中设置。plotOptions.*的配置项和 plotOptions.series 的相同。其语法形式如下。

```
plotOptions: {
    *: {
```

```
        //相关配置项
    }
}
```

其中，符号*表示特定类型的名称。

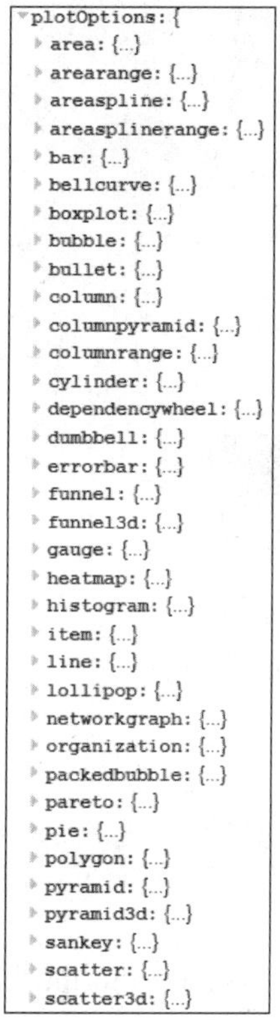

```
plotOptions: {
  area: {...}
  arearange: {...}
  areaspline: {...}
  areasplinerange: {...}
  bar: {...}
  bellcurve: {...}
  boxplot: {...}
  bubble: {...}
  bullet: {...}
  column: {...}
  columnpyramid: {...}
  columnrange: {...}
  cylinder: {...}
  dependencywheel: {...}
  dumbbell: {...}
  errorbar: {...}
  funnel: {...}
  funnel3d: {...}
  gauge: {...}
  heatmap: {...}
  histogram: {...}
  item: {...}
  line: {...}
  lollipop: {...}
  networkgraph: {...}
  organization: {...}
  packedbubble: {...}
  pareto: {...}
  pie: {...}
  polygon: {...}
  pyramid: {...}
  pyramid3d: {...}
  sankey: {...}
  scatter: {...}
  scatter3d: {...}
```

图 9.4　plotOptions 组件

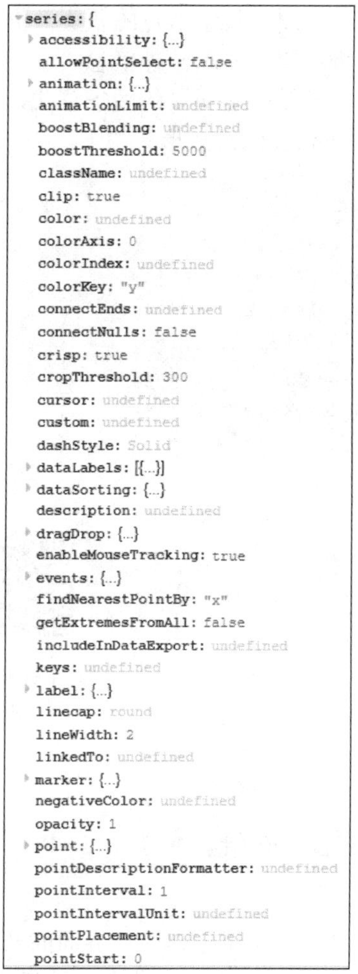

```
series: {
  accessibility: {...}
  allowPointSelect: false
  animation: {...}
  animationLimit: undefined
  boostBlending: undefined
  boostThreshold: 5000
  className: undefined
  clip: true
  color: undefined
  colorAxis: 0
  colorIndex: undefined
  colorKey: "y"
  connectEnds: undefined
  connectNulls: false
  crisp: true
  cropThreshold: 300
  cursor: undefined
  custom: undefined
  dashStyle: Solid
  dataLabels: [{...}]
  dataSorting: {...}
  description: undefined
  dragDrop: {...}
  enableMouseTracking: true
  events: {...}
  findNearestPointBy: "x"
  getExtremesFromAll: false
  includeInDataExport: undefined
  keys: undefined
  label: {...}
  linecap: round
  lineWidth: 2
  linkedTo: undefined
  marker: {...}
  negativeColor: undefined
  opacity: 1
  point: {...}
  pointDescriptionFormatter: undefined
  pointInterval: 1
  pointIntervalUnit: undefined
  pointPlacement: undefined
  pointStart: 0
```

图 9.5　plotOptions.*和 plotOptions.series 的部分配置项

3. series 组件

series 组件用于定义特定的数据列。该组件可以包含一个或多个数据列。在该组件中，用户需要定义要显示的数据、图表类型等重要的配置项。plotOption.series 和 plotOptions.*的配置项都可以写在该组件中，单独发挥作用，其语法形式如下。

```
series: [{
    //相关配置项
}],
```

这 3 个组件的配置项存在大量相同的配置项。遇到相同的配置项时，Highcharts 会按照优先级来读取。其中，series 组件的优先级大于 plotOptions.*子组件的优先级；plotOptions.*子组件的优先级大于 plotOptions.series 子组件的。

9.1.10　提示框

提示框是指当鼠标指针移动到图表的数据图形上时显示的一个提示窗，在提示窗中会显示对应节点的坐标值，如白菜在 1 号的价格。提示框由提示框配置项 tooltip 设置，该配置项可以单独定义，也可以定义在 series 配置项中。

提示框通常由页眉、节点、页脚、十字准线这 4 部分组成，它们的功能如下。

- 页眉：一般用来显示节点对应的横坐标信息。
- 节点：用于显示节点的各类数据。
- 页脚：用来显示额外信息。
- 十字准线：是交叉的两条直线，用来帮助浏览者确认节点所在的位置。

配置项 tooltip 的语法形式如下。

```
tooltip: {
    shared:true                        //启用共用功能
    enabled: true,                     //启用重新设定页眉的内容
    headerFormat: String               //重新设定页眉的内容
    valueDecimals: Number              //y 值显示的小数位数
    valuePrefix: String1               //y 值的前缀
    valueSuffix: String2               //y 值的后缀
    footerFormat: String               //页脚内容
    crosshairs: Mixed                  //设置十字线
}
```

拓展知识
坐标轴

拓展知识
绘制多种类型图表

9.2 Vue.js 框架

Vue.js 是一个用于创建用户界面的开源 Model–View–Viewmodel 前端 JavaScript 框架，也是一个创建单页应用的 Web 应用框架。本节将讲解 Vue.js 框架的相关内容。

9.2.1 Vue.js 概述与引入

Vue（读音/vjuː/，类似于 view）是一套用于构建用户界面的渐进式框架。它由尤雨溪（Evan You）创建，由他及其他活跃的核心团队成员共同维护。与其他大型框架不同的是，Vue.js 被设计为可以自底向上逐层应用。

扫码看微课

Vue.js 概述与引入

Vue.js 的核心库只关注视图层，不仅易于上手，还便于与第三方库或既有项目整合。Vue.js 现代化的工具链以及各种支持类库结合使用时，能够为复杂的单页应用提供驱动，其发布版本如表 9.6 所示。

表 9.6　Vue.js 的版本

版本	发布日期	版本名称
3.2	2021年8月5日	Quintessential Quintuplets
3.1	2021年6月7日	Pluto
3.0	2020年9月18日	One Piece

续表

版本	发布日期	版本名称
2.6	2019年2月4日	Macross
2.5	2017年10月13日	Level E
2.4	2017年7月13日	Kill la Kill
2.3	2017年4月27日	JoJo's Bizarre Adventure
2.2	2017年2月26日	Initial D
2.1	2016年11月22日	Hunter X Hunter
2.0	2016年9月30日	Ghost in the Shell
1.0	2015年10月27日	Evangelion
0.12	2015年6月12日	Dragon Ball
0.11	2014年11月7日	Cowboy Bebop
0.10	2014年3月23日	Blade Runner
0.9	2014年2月25日	Animatrix
0.8	2014年1月27日	不适用
0.7	2013年12月24日	不适用
0.6	2013年12月8日	Vue.js

Vue.js 框架的特点如下。

- 易用：只要有 HTML、CSS、JavaScript 基础就可以快速上手。
- 灵活：Vue 被设计成一个灵活的、可以渐进式集成的框架。根据使用场景的不同需要，相应地有多种方式来使用 Vue，该框架无需构建即可适用于开发桌面端、移动端、WebGL，甚至是命令行终端的界面。
- 高效：Vue 的文件为 20KB 大小的压缩包文件，可以自动跟踪 JavaScript 状态变化并在改变发生时响应式地更新虚拟 DOM，并且 Vue 经过编译器直接优化，实现完全响应式的渲染系统，几乎不需要手动优化。

引入 Vue.js 最简单的方法是使用官方提供的 CDN 代码，其语法形式如下。

```
<!-- 开发环境版本，包含了有帮助的命令行警告 -->
<script src="https://cdn.jsdelivr.net/npm/vue/dist/vue.js"></script>
```

或

```
<!-- 生产环境版本，优化了尺寸和速度 -->
<script src="https://cdn.jsdelivr.net/npm/vue"></script>
```

9.2.2 数据和对象

扫码看微课

数据和对象

Vue.js 框架中的数据保留在对象变量中，其声明语法形式如下。

```
var 变量名 = {属性名:属性值}
```

其中，属性名后面紧跟着一个冒号（:），冒号后紧跟着属性值。变量名和属性名由用户自定义。例如，定义一个对象变量的语法如下。

```
var a = {b:2};
```

Vue.js 框架在处理数据时首先需要使用它的构造函数创建一个 Vue 对象，其语法形式如下。

```
var 对象名 = Vue( )({    选项对象    })
```

其中，Vue( )为构造函数，后面紧跟一对小括号。小括号中包含一对花括号，在花括号中添加对应的选项对象，选项对象可以理解为函数的属性或方法。系统提供的选项包括数据、DOM、声明周期钩子、资源、组合以及其他共 6 种。如果只处理对象实例数据，则可以使用数据对象中的

data 对象，其语法形式如下。

```
data:对象变量或函数
```

其中，对象变量或函数由用户自定义。例如，将声明的对象变量 a 的值添加到 Vue 对象中，代码如下。

```
var a = { b: 1 }
var vm = new Vue({
  data: a                          //将变量对象 a 的值添加到 Vue 对象 vm 中
})
```

此时，vm.b 的值为 1。

所有数据选项的对象如下。

- data：Vue 实例的数据对象。
- props：可以是数组或对象，用于接收来自父组件的数据。
- propsData：创建实例时传递 props，主要作用是方便测试。
- computed：将计算属性加入 Vue 实例中。
- methods：用于定义方法。
- watch：一个对象，键是需要观察的表达式；值是对应的回调函数，也可以是方法名，或者包含选项的对象。

如果要对 HTML 的 DOM 进行操作，则可以使用 DOM 选项。例如，通过 id 值选择 HTML 的标签可以使用 DOM 对象中的 el 对象，其语法形式如下。

```
el:id值
```

所有 DOM 选项的对象如下。

- el：通过 CSS 选择器或 HTMLElement 实例管理 HTML 中已有的 DOM 元素。
- template：template 模板将替换挂载的元素。
- render：字符串模板的代替方案，允许发挥 JavaScript 最大的编程能力。该渲染函数接收一个 createElement 方法作为第一个参数，用来创建 VNode。
- renderError：当 render 函数遇到错误时，提供另外一种渲染输出。其错误将作为第二个参数传递到 renderError。

扫码看微课

生命周期钩子

9.2.3 生命周期钩子

生命周期钩子简单理解就是 Vue 对象的自定义方法，通过生命周期钩子函数可以让用户在函数中添加自定义的代码。实例生命周期钩子的语法形式如下。

```
created: function{ 代码 }。
```

其中，created 为生命周期钩子选项的对象，表示在实例创建完成后被立即调用。

【示例 9-2】创建生命周期钩子并输出 data 数据中的值。

```
var vm = new Vue({
data: {a: 1},
    created: function () {                    //创建生命周期钩子函数
    console.log('a is: ' + this.a)            //this 指向 vm 实例对象
    }
})
```

在浏览器的调试器中可以看到输出结果如图 9.6 所示。

过滤输出	错误 警告 日志 信息 调试	CSS XHR 请求
a is: 1		Untitled-1.html:14:10

图 9.6　输出 a 的值

生命周期钩子选项的对象如下。

- beforeCreate：在实例初始化之后、数据观测（data observer）和 event/watcher 事件配置之前被调用。
- created：在实例创建完成后被立即调用。
- beforeMount：在挂载开始之前被调用。
- mounted：在实例被挂载后被调用。
- beforeUpdate：在数据更新时被调用。
- updated：由于数据更改导致的虚拟 DOM 重新渲染和打补丁，在这之后会调用该钩子。
- activated：被 keep-alive 缓存的组件激活时被调用。
- deactivated：被 keep-alive 缓存的组件停用时被调用。
- beforeDestroy：实例销毁之前被调用。
- destroyed：实例销毁之后被调用。
- errorCaptured：当捕获一个来自子孙组件的错误时被调用。

扫码看微课

插值

9.2.4　插值

Vue.js 的语法是基于 HTML 的模板语法，允许开发者声明式地将 DOM 绑定至底层组件实例的数据。因为所有 Vue.js 的模板都是合法的 HTML，所以能被遵循规范的浏览器和 HTML 解析器解析。

插值是指使用两对花括号（{{ }}）将数据插入标签内，其语法形式如下。

```
<标签>{{message}}</标签>
```

其中，message 为 HTML DOM 的文本内容，可以通过代码将 message 与 Vue 的实例对象 message 绑定，Vue 的实例对象 message 的值会插入 HTML DOM 的{{message}}所在位置。插入的数据可以使用 data 对象设置。

【示例 9-3】使用 Vue.js 输出“Hello，Vue.js！”。

```
<head>
……
<script src="https://cdn.jsdelivr.net/npm/vue/dist/vue.js"></script> <!--引入 Vue.js 框架
-->
<script>
window.onload=function(){
new Vue({                                   //创建 Vue 对象 show
    el:'#show',                             //获取 ID 对应标签
    data:{message:'Hello，Vue.js! '}         //设置数据
})}
</script>
</head>
<body>
<div id="show">{{ message }}</div>      <!--在 HTML 中插入值 -->
</body>
```

在浏览器中打开 HTML 文档后，显示文本内容“'Hello，Vue.js！”。

扫码看微课

指令

9.2.5　指令

指令（Directives）是带有 v-前缀的特殊属性。使用指令可以控制 HTML DOM 的文本内容、标签内容、元素属性、元素样式等多方面内容。指令会嵌入标签中使用，其基本语法如下。

```
<标签 指令名="Vue 实例名"></标签>
```

1. v-text

v-text 指令用于更新文本内容，其功能与使用两对花括号的插值效果相同。

【示例 9-4】更新 div 元素的文本内容。

```
<script src="https://cdn.jsdelivr.net/npm/vue/dist/vue.js"></script><!--引入 Vue.js 框架 -->
<script>
window.onload=function(){
new Vue({
    el:'#div1',
    data:{message:'更新文本内容'}
})}
</script>
</head>
<body>
<div id="div1" v-text="message">原始文本内容</div><!--使用 v-text 指令更新文本内容-->
</body>
```

在浏览器中打开 HTML 文档后，显示文本内容“更新文本内容”，而不是“原始文本内容”。

2. v-html

v-html 指令用于向 HTML 文档的指定位置插入 HTML 元素。

【示例 9-5】向 HTML 文档的 div 元素中插入 H1 元素内容。

```
<script src="https://cdn.jsdelivr.net/npm/vue/dist/vue.js"></script><!--引入 Vue.js 框架 -->
<script>
window.onload=function(){
    new Vue({
        el:'#div1',
    data:{message:'<h1>插入标题 1 文本内容</h1>'}
    })
}
</script>
</head>
<body>
<div id="div1" v-html="message">
    原始文本内容
</div>
</body>
```

在浏览器中打开 HTML 文档后，以标题 1 样式显示文本内容“插入标题 1 文本内容”，而不是“原始文本内容”。

3. v-show

v-show 指令用于根据条件的值来显示对应内容。如果条件的值为 true，就显示对应的元素；如果条件为 false，对应的元素就不会显示。v-show 指令的实现原理是修改元素的 display 属性值，该指令相对于纯 CSS 样式有更高的初始渲染开销，更适合显示或隐藏元素操作。

【示例 9-6】根据条件的值显示或隐藏对应的元素。

```
<script src="https://cdn.jsdelivr.net/npm/vue/dist/vue.js"></script><!--引入 Vue.js 框架 -->
<script>
window.onload=function(){
    new Vue({
        el:'#div1',
    data:{message:true}                                     //设置条件为真
    })
    new Vue({
```

```
        el:'#div2',
    data:{message:false}                                          //设置条件为假
    })
}
</script>
</head>
<body>
<div id="div1" v-show="message">条件为真</div>
<div id="div2" v-show="message">条件为假</div>
</body>
```

在浏览器中打开 HTML 文档后，只显示文本内容“条件为真”，而不显示文本内容“条件为假”。

4. v-if

v-if 指令用于根据条件的值判断是否插入对应元素，如果条件的值为真，就插入对应元素。v-if 指令的实现原理是添加和删除 DOM，在实现过程中需要销毁和创建事件监听器和子组件，有较高的切换开销。当项目程序比较大时，不推荐使用 v-if 指令来判断显示和隐藏。

【示例 9-7】根据条件判断是否插入对应元素。

```
<script src="https://cdn.jsdelivr.net/npm/vue/dist/vue.js"></script><!--引入 Vue.js 框架 -->
<script>
window.onload=function(){
    new Vue({
        el:'#div1',
    data:{message:true}                                          //设置条件为真
    })
}
</script>
</head>
<body>
<div id="div1" v-if="message">条件为真插入 div 元素</div>
</body>
```

在浏览器中打开 HTML 文档后，显示文本内容“条件为真插入 div 元素”。

5. v-else

v-else 指令需要与 v-if 指令配合使用，实现根据条件的值从两个元素中选择一个元素插入。

【示例 9-8】根据条件从两个元素中选择一个元素进行插入。

```
<script src="https://cdn.jsdelivr.net/npm/vue/dist/vue.js"></script><!--引入 Vue.js 框架 -->
<script>
window.onload=function(){
    new Vue({
        el:'#div1',   //由于条件为运算表达式，所以不需要设置条件的值，但需要创建 Vue 对象
    })
}
</script>
</head>
<body>
<div id="div1">
    <div v-if="10>5">
     10 大于 5
    </div>
    <div v-else>
     10 小于 5
```

```
    </div>
</div>
</body>
```

在浏览器中打开 HTML 文档后，由于表达式“10>5”的结果为 true，所以会插入第一个 div 元素，而不插入第 2 个 div 元素，并显示文本内容“10 大于 5”。

6. v-else-if

v-else 指令需要与 v-if 指令和 v-else 指令配合使用，实现根据条件的值从多个元素中选择一个元素进行插入。

【示例 9-9】根据条件从多个元素中选择一个元素进行插入。

```
<script src="https://cdn.jsdelivr.net/npm/vue/dist/vue.js"></script><!--引入 Vue.js 框架 -->
<script>
window.onload=function(){
    new Vue({
        el:'#div1',
        data:{level:'C'}
    })
}
</script>
</head>
<body>
<div id="div1">
   <div v-if="level==='A'">
     A
   </div>
   <div v-else-if="level === 'B'">
     B
   </div>
   <div v-else-if="level === 'C'">
     C
   </div>
   <div v-else>
     Not A/B/C
   </div>
</div>
</body>
```

在浏览器中打开 HTML 文档后，由于条件“level === 'C'”的结果为 true，所以会插入第 3 个 div 元素，显示文本内容“C”。

7. v-for

v-for 指令可以基于源数据多次渲染元素。v-for 指令需要配合特定语法 alias in expression 使用，其语法形式如下。

```
v-for="alias in expression"
```

其中，alias 表示数据对象的别名，在 HTML 文档中以插值的方式实现占位作用。in 为关键字。expression 为表达式，表达式可以是数组，也可以是对象。数组和对象的数据在对象实例化中设置。

【示例 9-10】使用数组循环插入 li 元素。

```
<script src="https://cdn.jsdelivr.net/npm/vue/dist/vue.js"></script><!--引入 Vue.js 框架 -->
<script>
window.onload=function(){
    new Vue({
    el: '#div1',
```

```
        data: {sites: [{ name: '张三' },{ name: '李四' },{ age: 5 }] }
        })
    }
    </script>
    </head>
    <body>
    <div id="div1">
      <ol>
        <li v-for="site in sites"> {{ site }}</li>         <!--使用循环访问数组中的所有元素-->
      </ol>
      <ol>
        <li v-for="site in sites">{{ site.name }} </li>  <!--使用循环访问数组中的 name 元素-->
      </ol>
      <ol>
        <li v-for="site in sites">{{ site.age }} </li>   <!--使用循环访问数组中的 age 元素-->
      </ol>
    </div>
    </body>
```

运行结果如图 9.7 所示。从图 9.7 可以看出，根据插值选择的属性不同，将数组数据中的不同数据通过循环依次添加到 HTML 页面中，数组元素的个数决定了插入元素的个数。

1. { "name": "张三" }
2. { "name": "李四" }
3. { "age": 5 }

1. 张三
2. 李四
3.

1.
2.
3. 5

图 9.7　循环插入 li 元素

【示例 9-11】使用 for 循环访问对象中的数据并插入 HTML 页面中。

```
<script src="https://cdn.jsdelivr.net/npm/vue/dist/vue.js"></script>
<!--引入 Vue.js 框架 -->
<script>
window.onload=function(){
    new Vue({
    el: '#div1',
    data: {object: { name: '张三', age: 5} }
    })
}
</script>
</head>
<body>
<div id="div1">
<ul>
    <li v-for="value in object"> {{ value }}</li>
</ul>
</div>
</body>
```

运行结果如图 9.8 所示。从图 9.8 可以看出，对象的值通过两次循环将 li 元素依次添加到 HTML 页面中。

通过一个 value 插值可以访问对象中的值，但是无法访问对象中的属性名和索引，所以需要多添加两个插值来访问对象的所有内容。

【示例 9-12】通过 3 个插值获取对象的全部信息。

```
<script src="https://cdn.jsdelivr.net/npm/vue/dist/vue.js"></script><!--引入 Vue.js 框架 -->
<script>
window.onload=function(){
    new Vue({
    el: '#div1',
    data: {object: { name: '张三', age: 5,tel: 12345678901} }
    })
```

```
}
</script>
</head>
<body>
<div id="div1">
  <ul>
    <li v-for="(value, key, index) in object"> {{index}}. {{key}} : {{value}}</li> <!--添加 3 个插值-->
  </ul>
</div>
</body>
```

运行结果如图 9.9 所示。从图 9.9 可以看出，对象的索引、属性和值通过 3 个插值进行了访问，并通过循环将 li 元素依次添加到 HTML 页面中。

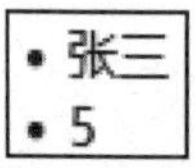

- 张三
- 5

图 9.8 循环访问插入对象的值

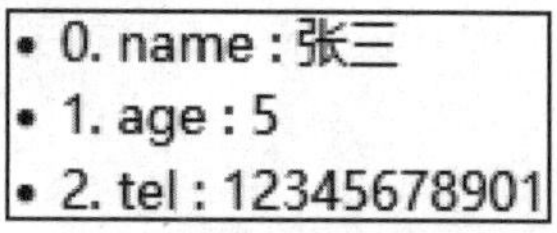

- 0. name : 张三
- 1. age : 5
- 2. tel : 12345678901

图 9.9 循环插入 li 元素

9.2.6 事件监听

扫码看微课

事件监听

事件监听使用 v-on 指令实现。通过 v-on 指令，可以监听 DOM 事件并触发指定的 JavaScript 代码，其语法形式如下。

```
v-on:监听事件名.事件修饰符="功能"
```

其中，各部分功能如下。

- ❑ 监听事件名：为 HTML DOM 支持的事件，包括单击事件、鼠标事件等。
- ❑ 事件修饰符：用于增加处理 DOM 事件的细节，包括事件修饰符和按键修饰符两种。
- ❑ 功能：为 JavaScript 代码，包括行内代码和外联代码，主要为方法名或方法定义代码两种形式。

【示例 9-13】监听按钮单击事件，并实现单击按钮数字累加。

```
<script src="https://cdn.jsdelivr.net/npm/vue/dist/vue.js"></script><!--引入 Vue.js 框架 -->
<script>
window.onload=function(){
    new Vue({
    el: '#div1',
    data: {sum:0},  //初始化 sum 的值
    methods: {sumf2:function(){this.sum+=2}}                    //每次单击增加 2
})
}
</script>
</head>
<body>
<div id="div1">
    <button v-on:click="sum+=1">单击加 1</button>      <!--监听单击事件，每次单击增加 1-->
   <button v-on:click="sumf2()">单击加 2</button>      <!--监听单击事件单击触发 sumf2 方法-->
   <p>当前 sum 的值为{{sum}}</p>                       <!--插值-->
</div>
</body>
```

在浏览器中打开 HTML 文档后，文档页面由 2 个按钮和 1 个 p 元素组成。单击“单击加 1”按钮，sum 的值会加 1，单击“单击加 1”按钮，sum 的值会加 2，如图 9.10 所示。

图 9.10　监听按钮单击事件

1. 事件修饰符

Vue.js 为 v-on 指令提供了事件修饰符来处理 DOM 事件的细节，需要用到点运算符（.）来调用事件修饰符。v-on 提供的事件修饰符如下。

- stop：阻止冒泡。
- prevent：阻止默认事件。
- capture：阻止捕获。
- self：只监听触发该元素的事件。
- once：只触发一次。
- left：左键事件。
- right：右键事件。
- middle：中间滚轮事件。

【示例 9-14】实现单击鼠标左键数字加 1，单击鼠标右键数字减 1。

```
<script src="https://cdn.jsdelivr.net/npm/vue/dist/vue.js"></script><!--引入 Vue.js 框架 -->
<script>
window.onload=function(){
    new Vue({
    el: '#div1',
    data: {sum:0},  //初始化 sum 的值
    })
}
</script>
</head>
<body>
<div id="div1">
    <!--监听单击事件，使用事件修饰符实现不同效果-->
    <button v-on:click.left="sum+=1" v-on:click.middle="sum-=1">左键加 1，中键减 1</button>

    <p>当前 sum 的值为{{sum}}</p>                          <!--插值-->
</div>
</body>
```

在浏览器中打开 HTML 文档后，文档页面由 1 个按钮和 1 个 p 元素组成。使用鼠标左键单击按钮，sum 的值会加 1；使用鼠标中键单击按钮，sum 的值会减 1，如图 9.11 所示。

图 9.11　使用事件修饰符监听不同按键

2. 按键修饰符

Vue 允许为 v-on 在监听键盘事件时添加按键修饰符，按键的修饰符用数字表示，数字为 keycode 的对应值，每个值代表键盘上对应的一个按键。因为记忆数字比较困难，所以 Vue 还提供了一套常用的按键别名用于修饰按键。全部的按键别名如下。

- enter：回车键（Enter 键）。
- tab：Tab 键。
- delete：删除键和退格键。
- esc：Esc 键。
- space：空格键。
- up：向上键（↑键）。
- down：向下键（↓键）。
- left：向左键（←键）。
- right：向右键（→键）。
- ctrl：Ctrl 键。
- alt：Alt 键。
- shift：Shift 键。
- meta：窗口键，在 Mac 系统键盘对应 Command 键（⌘）；在 Windows 系统键盘对应 Windows 徽标键（⊞）。

【示例 9-15】输入名字按下回车键后弹出欢迎窗口。

```
<script src="https://cdn.jsdelivr.net/npm/vue/dist/vue.js"></script>        <!--引入 Vue.js 框架 -->
<script>
window.onload=function(){
    new Vue({
    el: '#div1',
    //data: {sum:0},  //初始化 sum 的值
    methods: {
                welcome: function (){                                   //定义欢迎函数
                var name=document.getElementById("Input1").value;   //获取输入框中的内容
                alert("你好，"+name+"！")}}                              //弹出欢迎窗口
    })
}
</script>
</head>
<body>
<div id="div1">
    <!--监听回车键-->
    <input id="Input1" placeholder="请输入你的名字" v-on:keyup.enter="welcome()">
</div>
</body>
```

在浏览器中打开 HTML 文档后，文档页面由 1 个文本输入框组成。在输入框中输入名字后按回车键会弹出欢迎窗口，如图 9.12 所示。

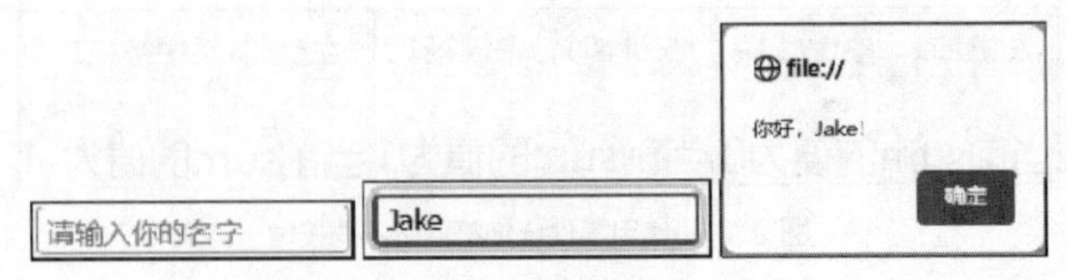

图 9.12　按下回车键后弹出欢迎窗口

3. 缩写

为了方便书写，Vue 允许“v-on:”缩写，用@符号替代。例如，可以将以下代码缩写。

```
<button v-on:click.left="sum+=1" v-on:click.middle="sum-=1">
<input id="Input1" placeholder="请输入你的名字" v-on:keyup.enter="welcome()">
```

缩写后，代码如下。

```
<button @click.left="sum+=1" @click.middle="sum-=1">
<input id="Input1" placeholder="请输入你的名字" @keyup.enter="welcome()">
```

9.2.7　绑定样式

扫码看微课

绑定样式

通过 v-bind 指令可以动态修改元素的样式。v-bind 指令可以根据指定值的真假通过 class 选择器为元素添加样式，其语法形式如下。

```
v-bind:class="{表达式}"
```

表达式可以为 1 个或多个，表达式的形式可以为字符串、数组或对象。

1. 字符串

表达式为字符串，其语法形式如下。

```
"{'active1':isActive1,……, activeN':isActiveN}"
```

其中，表达式由一对大括号（{ }）引导，active 为类选择器的名称，由一对单引号（''）引导，后面紧跟一个冒号（:）。isActive 为布尔类型，其值决定是否使用对应的样式。如果值为 true，就为元素添加 class 属性值；如果值为 false，就不添加 class 属性值。

【示例 9-16】单击按钮实现为元素添加和删除样式。

```
<script src="https://cdn.jsdelivr.net/npm/vue/dist/vue.js"></script> <!--引入 Vue.js 框架
-->
<script>
window.onload=function(){
    new Vue({
    el: '#div1',
    data: {isActive: true},                                      //初始值为 true
    //添加两个按钮的事件
    methods: {cancel:function(){this.isActive=false},add:function(){this.isActive=true}}
    })
}
</script>
<style>
.active{ width:110px; height:100px; background:#FF0000; }         /*添加的样式*/
</style>
</head>
<body>
<div id="div1" >
    <div v-bind:class="{ 'active': isActive }"></div>             <!--使用指令绑定样式-->
    <button @click="cancel">取消样式</button>
    <button @click="add">恢复样式</button>
</div>
</body>
```

在浏览器中打开 HTML 文档后，文档页面由 1 个矩形框和 2 个按钮组成。单击“取消样式”按钮，div 的样式被取消，矩形框消失；单击“恢复样式”按钮，矩形框再次出现，如图 9.13 所示。

图 9.13　单击按钮取消和添加样式

2. 数组

表达式为数组，其语法形式如下。

```
"[activeClass1,……,activeClassN]"
```

其中，表达式由一对中括号（[ ]）引导，activeClass 为样式的名称，样式的名称可以为一个，也可以为多个。

【示例 9-17】使用数组表达式为元素添加样式。

```
<script src="https://cdn.jsdelivr.net/npm/vue/dist/vue.js"></script> <!--引入 Vue.js 框架
-->
<script>
window.onload=function(){
    new Vue({
    el: '#div1',
    data: {active1:'blackBord',active2:'redBord'}        //设置两个数组元素的值为类选择器
    })
}
</script>
<style>
.blackBord{ width:100px; height:50px; border:1px solid #000000; }     /*黑色边框长方形*/
.redBord{ height:100px; border:3px double #FF0000;  }                /*红色双边正方形*/
</style>
</head>
<body>
<div id="div1" >
    <div v-bind:class="[active1, active2]"></div>        <!--使用数组添加样式 -->
</div>
</body>
```

在浏览器中打开 HTML 文档后，显示一个红色双边正方形，而不显示黑色边框长方形，如图 9.14 所示。这是由于第 2 个样式会覆盖第 1 个样式的相同属性值。

图 9.14 红色双边正方形

3. 对象

表达式为对象，其语法形式如下。

```
"对象名"
```

其中，对象需要设置类选择器的值来决定是否将对应的样式添加到元素中。

【示例 9-18】使用对象表达式向元素添加样式。

```
<script src="https://cdn.jsdelivr.net/npm/vue/dist/vue.js"></script> <!--引入 Vue.js 框架
-->
<script>
window.onload=function(){
    new Vue({
    el: '#div1',
    data: {
        active:{blackBord:true,redBord:false}}               //设置选择器的值
    })
}
</script>

<style>
.blackBord{ width:100px; height:50px; border:1px solid #000000; }     /*黑色边框长方形*/
.redBord{ height:100px; border:3px double #FF0000;  }                /*红色双边正方形*/
</style>
</head>
```

```
<body>
<div id="div1" >
    <div v-bind:class="active"></div>                    <!--使用对象插入样式-->
</div>
</body>
```

由于 redBord 样式的值为 false，blackBord 样式的值为 true，所以 div 元素添加的是 blackBord 样式。在浏览器中打开 HTML 文档后，显示一个黑色边框的长方形，如图 9.15 所示。

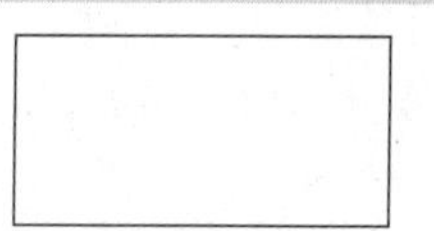
图 9.15 黑色边框长方形

拓展知识
表单双向绑定

9.3 实战案例解析——销售业绩分析页面

扫码看微课

销售业绩分析页面
实战讲解

在网页中，很多情况都需要通过表格和图表更加直观地展示指定的数据。本节将通过表格和图表展示一季度公司各部门的销售业绩，其销售数据如表 9.7 所示。

表 9.7 一季度各部门销售数据

部门	一月	二月	三月	一季度合计
财务部	2464432	56585652	44565656	103615740
销售部	3121233	45656566	35565655	84343454
设计部	4585655	56565665	3566888	64718208
运营部	4566222	58221336	4586223	67373781
电商部	5666512	56565656	5689874	67922042

（1）将表格、按钮和两个绘制图表的 div 添加到网页中，代码如下。

```
<body>
<h1 align="center">一季度销售业绩报表</h1>
<div>
<table id="table1">
    <tr><th>部门</th><th>一月</th><th>二月</th><th>三月</th><th>一季度合计</th></tr>
   <tr><td>财务部</td><td>2464432</td><td>56585652</td><td>44565656</td><td>103615740
</td></tr>
    <tr><td>销售部</td><td>3121233</td><td>45656566</td><td>35565655</td><td>84343454
</td></tr>
    <tr><td>设计部</td><td>4585655</td><td>56565665</td><td>3566888</td><td>64718208
</td></tr>
    <tr><td>运营部</td><td>4566222</td><td>58221336</td><td>4586223</td><td>67373781
</td></tr>
    <tr><td>电商部</td><td>5666512</td><td>56565656</td><td>5689874</td><td>67922042
</td></tr>
</table>
</div>
<div id="div1" >
    <button @click="column">各部门销售柱状图</button>
    <button @click="pie">一季度总计饼状图</button>
    <div id="draw"v-bind:class="{ 'displayN': isActive }"></div>
    <div id="draw1" v-bind:class="{ 'displayN': isActive2}"></div>
</div>
</body>
```

（2）添加表格的样式，代码如下。

```
<style>
.displayN{ display:none;}                                        /*控制是否显示图表*/
/*设置数据表样式*/
#table1 {
font-family: Arial, Helvetica, sans-serif;
 border-collapse: collapse;
 width: 100%;
}

#table1 td, #table1 th {
 border: 1px solid #ddd;
 padding: 8px;
}
#table1 tr:nth-child(even){background-color: #f2f2f2;}
#table1 tr:hover {background-color: #ddd;}
#table1 th {
 padding-top: 12px;
 padding-bottom: 12px;
 text-align: left;
 background-color:#FC0;
 color: white;
}
</style>
```

（3）添加脚本文件，实现柱状图和饼状图绘制以及通过按钮控制显示图表的效果，代码如下。

```
<script src="09/jQuery/jquery-3.6.0.min.js"></script>
<script src="09/highcharts/highcharts.src.js"></script>
<script src="https://cdn.jsdelivr.net/npm/vue/dist/vue.js"></script> <!--引入vue.js框架 -->
<script>
window.onload=function(){
     new Vue({
     el: ' #div1',
     data: {isActive: true, isActive2: true},         //初始值为true，表示添加displayN样式
     //添加两个按钮的事件，根据isActive和isActive2的值设置是否添加displayN样式
          methods: {
               column:function(){
               if(this.isActive==true){this.isActive=false}else{this.isActive=true}
               },
               pie:function(){
               if(this.isActive2==true){this.isActive2=false}else{this.isActive2=true}
               }}
     })
}
//绘制柱状图
$(document).ready(function () {
     var options = {                                              //绘制图表对象
     title: {text: '一季度业绩'},                                  //标题
     subtitle: {  text: '2021--2022'},                            //副标题
     tooltip: {enabled: true,headerFormat:'每月业绩：',valueSuffix:'￥'},    //提示框后缀
     series: [{
                    name: '一月',
                    data: [2464432, 3121233, 4585655, 4566222, 5666512],
                    colorByPoint:true,                            //不同颜色
                    pointWidth:30,                                //指定柱体宽度
                    pointRange:1,                                 //设置节点占用的x轴宽度
                    type:'column'                                 //柱状图
```

```
        },{
                    name: '二月',
                    data: [56585652, 45656566, 56565665, 58221336, 56565656],
                    colorByPoint:true,                                    //不同颜色
                    pointWidth:30,                                        //指定柱体宽度
                    pointRange:1,                                         //设置节点占用的 x 轴宽度
                    type:'column'                                         //柱状图
        },{
                    name: '三月',
                    data: [44565656, 35565655, 3566888, 4586223, 5689874],
                    colorByPoint:true,                                    //不同颜色
                    pointWidth:30,                                        //指定柱体宽度
                    pointRange:1,                                         //设置节点占用的 x 轴宽度
                    type:'column'                                         //柱状图
        }],
        xAxis:{tickInterval:1,categories:['财务部','销售部','设计部','运营部','电商部']}//设置刻
度间隔和刻度值
    };
    $('#draw').highcharts(options);
    });
    //绘制饼状图
    $(document).ready(function () {
        var options = {                                         //绘制图表对象
        chart: {type: 'pie'   },                                //图表类型
        title: {text: '一季度总计'},                             //标题
        tooltip: {enabled: true,headerFormat:'菜价：'},
        subtitle: {  text: '2021.02.01--2021.02.07'},           //副标题
       series: [{
              name: '营业额',                                    //数据标题
                 data: [                                        //数据分组
                 {y: 103615740,name:'财务部',color:'red'},
                 {y: 84343454,name:'销售部',color:'yellow'},
                 {y: 64718208,name:'设计部',color:'blue'},
                 {y: 67373781,name:'运营部',color:'green'},
                 {y: 67922042,name:'电商部',color:'black'},
                 ]
        }]
    };
    $('#draw1').highcharts(options);
    });
    </script>
```

（4）在浏览器中打开网页会显示一张表格和两个按钮，如图 9.16 所示。

一季度销售业绩报表

部门	一月	二月	三月	一季度合计
财务部	2464432	56585652	44565656	103615740
销售部	3121233	45656566	35565655	84343454
设计部	4585655	56565665	3566888	64718208
运营部	4566222	58221336	4586223	67373781
电商部	5666512	56565656	5689874	67922042

各部门销售柱状图　一季度总计饼状图

图 9.16　数据表格

（5）单击“各部门销售柱状图”按钮后，在数据表下方显示各部门销售数据的柱状图，如图 9.17 所示。

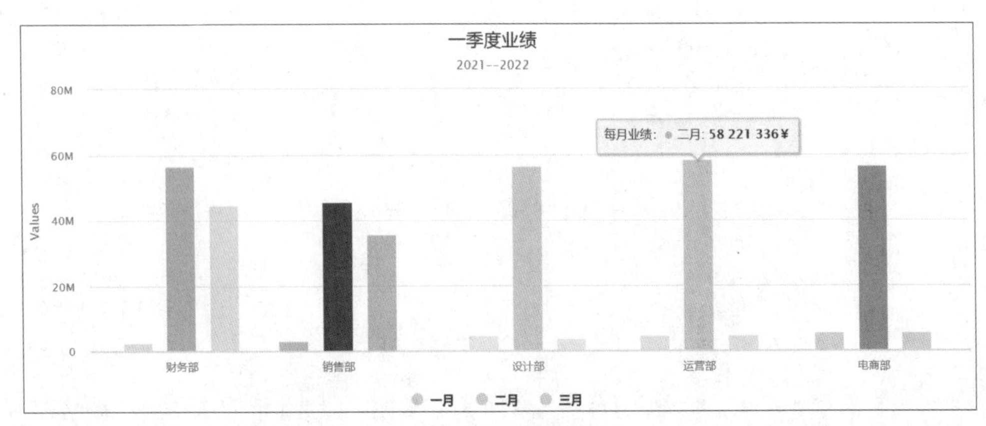

图 9.17　柱状图

（6）单击“一季度总计饼状图”按钮后，在数据表下方显示一季度总计的饼状图，如图 9.18 所示。

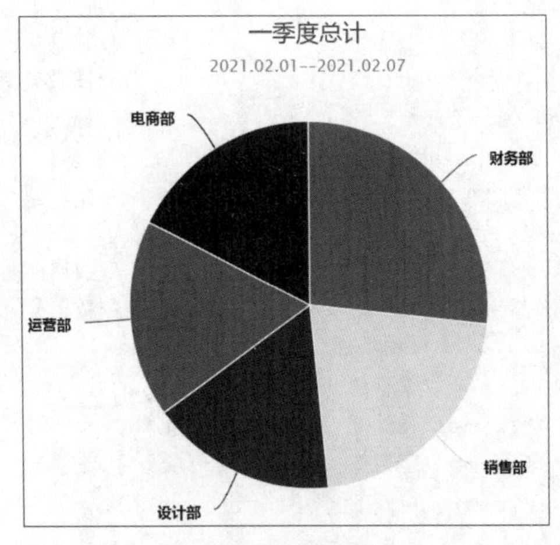

图 9.18　饼状图

疑难解答

1．可以使用 CSS 样式控制由 Highcharts 框架绘制的图表位置吗？

可以。因为 Highcharts 框架绘制的图表会嵌入指定的 div 元素中。所以，可以使用 CSS 样式对指定的 div 元素进行排版。

2．Vue.js 框架实现数据处理的主要原理是什么？

Vue.js 框架实现数据处理的最主要方式是数据响应。该框架一方面可以通过数据链实现衍生数据和元数据之间的响应；另一方面可以通过视图与数据之间的绑定实现数据响应。

思考与练习

一、填空题

1．Highcharts 框架中的图表通常包括________、________、________等。绘图区包括坐标轴、

图例/数据列等几个部分。

2．数据列是一组数据的集合，转换为图形就是一条________或者一组________。数据列是图表绘制图形的核心元素，图表的具体展现效果由数据列决定。

3．在 Highcharts 中，与数据列相关的组件有________和________两种。

4．设置图表的类型需要使用基本配置项________实现。

5．版权信息位于绘图区的________，默认显示为 Highcharts.com，用于表明信息发布者和权利所属者，可以通过指定________配置项修改版权信息的相关内容。

二、选择题

1．用于修改图例内容的选项为（　　）。

A．chart　　B．credits　　C．legend　　D．series

2．在 Highcharts 中，默认一个图表包含一个标题和一个副标题，用于设置副标题的配置项为（　　）。

A．title　　B．subtitle　　C．credits　　D．chart

3．设置提示框需要使用的配置项为（　　）。

A．credits　　B．legend　　C．tooltip　　D．subtitle

4．下列选项中可以在 Vue.js 框架中声明一个对象的选项为（　　）。

A．var a = {b:2};　　B．int a = {b:2};　　C．int a =2;　　D．var a = {b,2};

5．可以将 HTML 元素插入 HTML 文档中的指令为（　　）。

A．v-text　　B．v-html　　C．v-show　　D．v-for

6．下列选项中可以实现数据双向绑定的指令为（　　）。

A．v-if　　B．v- show　　C．v-on　　D．v-model

三、上机实验题

1．向 HTML 文档的 p 元素中插入 a 元素。

2．绘制 2021 年汽油价格折线图，汽油价格自己添加即可。

3．使用 Vue.js 输出你的名字。

4．绘制北京一周的气温饼状图。

5．绘制北京最高气温的面积图和最低气温的折线图。

6．绘制某公司 2023 年销售金额柱状图。

10 Chapter

第 10 章 综合实训：社区论坛网站

学习目标

- ❑ 了解安装和配置 Discuz!论坛
- ❑ 掌握论坛后台管理
- ❑ 实现添加自定义页面

社区论坛是一种基于不同人群、使用同一主题的网站形式。在论坛中，用户可以通过发帖的方式表达自身的想法、展示内容，并且通过浏览和评论其他用户的帖子进行话题讨论。简单来说，社区论坛就是用户交流信息和讨论问题的平台。本章将讲解如何搭建社区论坛网站。

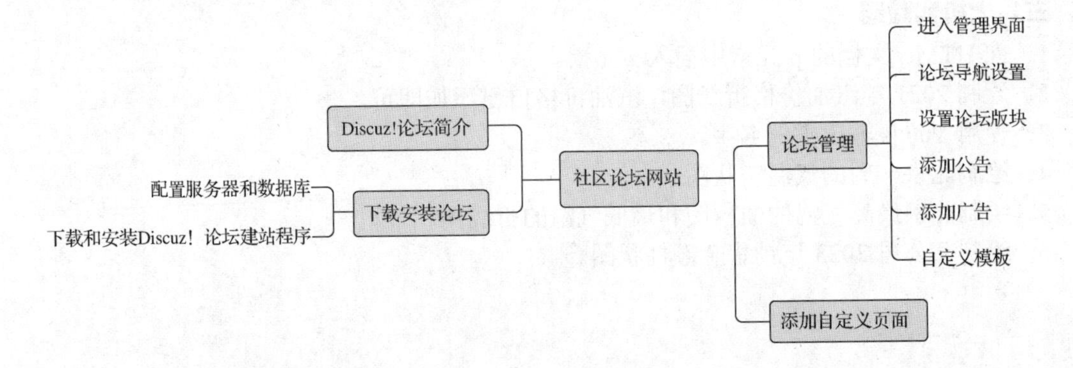

10.1 Discuz!论坛简介

在众多论坛建站程序中，Discuz!论坛无疑是最受用户欢迎的其中一种。Discuz!论坛（Crossday Discuz! board）是一套通用的社区论坛软件系统。自 2001 年 6 月面世以来，Discuz!已拥有 20 年以上的应用历史和 300 多万的网站用户案例，拥有超过 5000 款应用，现在已成为全球成熟度最高、覆盖面最大的论坛软件系统之一。

扫码看微课

社区论坛网站讲解

Discuz!论坛支持发帖、投票、搜索、订阅、论坛内部金币奖励系统等多种功能。Discuz!论坛可以分为前台和后台两大部分。在论坛前台，普通用户可以进行浏览论坛、发表帖子、回复帖子、管理个人空间等操作。在论坛后台，管理员用户可以进行论坛界面设计布局、添加和删除论坛版块/广告、管理用户、管理论坛帖子等操作。

10.2 下载安装论坛

Discuz!论坛的本质为一个网站，所以其运行需要服务器、数据库和建站程序 3 部分。本节将讲解 Discuz 论坛的安装和配置。

10.2.1 配置服务器和数据库

在本地安装论坛首先需要配置对应的服务器和数据库，服务器和数据库使用 XAMPP 软件实现。另外，还需要添加一个名为 ultrax 的数据库，用于存放论坛的用户信息。XAMPP 软件的安装和配置以及数据库的创建方式可以参考 XAMPP 软件的附赠文档。

拓展知识
XAMPP 软件的
安装配置

注意

创建数据库时，需要将数据库命名为 ultrax。

10.2.2 下载和安装 Discuz!论坛建站程序

Discuz!论坛建站程序需要在 Discuz!论坛官网获取，其下载和安装步骤如下。

（1）打开 Discuz!论坛官方提供的免登录下载地址。在页面中选择下载新站推荐的“Discuz_X3.4_SC_UTF8_20220131.zip(11.41 MB, 下载次数: 403773)”安装包。

（2）解压 Discuz_X3.4_SC_UTF8_20220131.zip 压缩包，并将解压文件的文件夹名修改为 discuz，然后将该文件夹复制到 XAMPP 软件的 htdocs 文件夹中，如图 10.1 所示。

图 10.1　复制文件

（3）启动 XAMPP 软件的服务器和数据库，在浏览器中访问 discuz 安装地址，进入论坛安装向导，如图 10.2 所示。

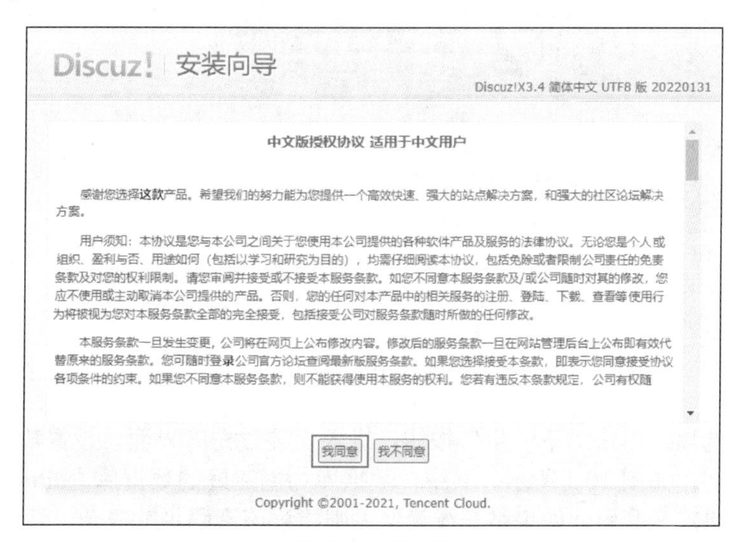

图 10.2　安装向导

（4）单击“我同意”按钮，进入安装环境检查界面，如图 10.3 所示。

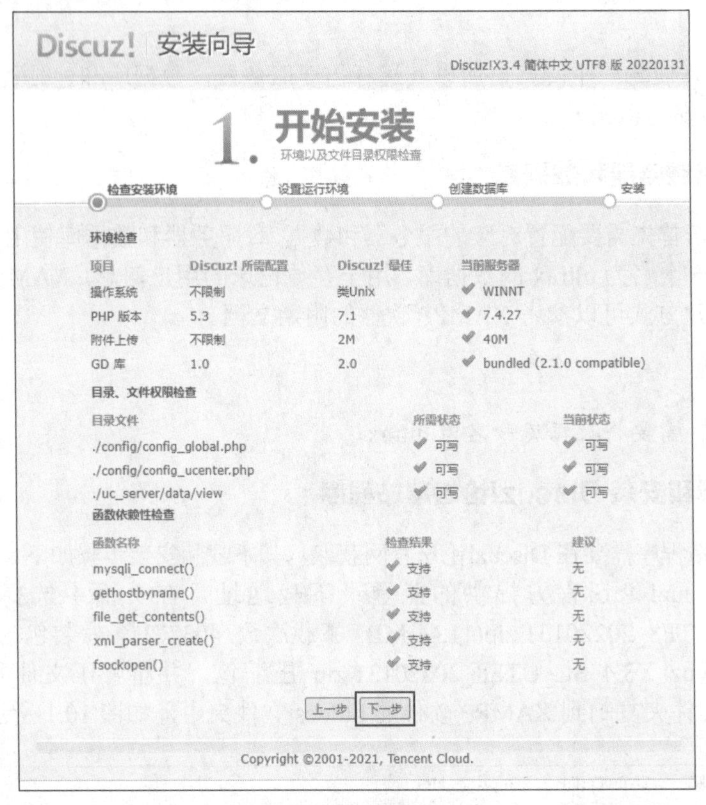

图 10.3　安装环境检查

（5）全部显示绿色对勾表示安装环境正常。单击“下一步”按钮，进入设置运行环境界面，如图 10.4 所示。

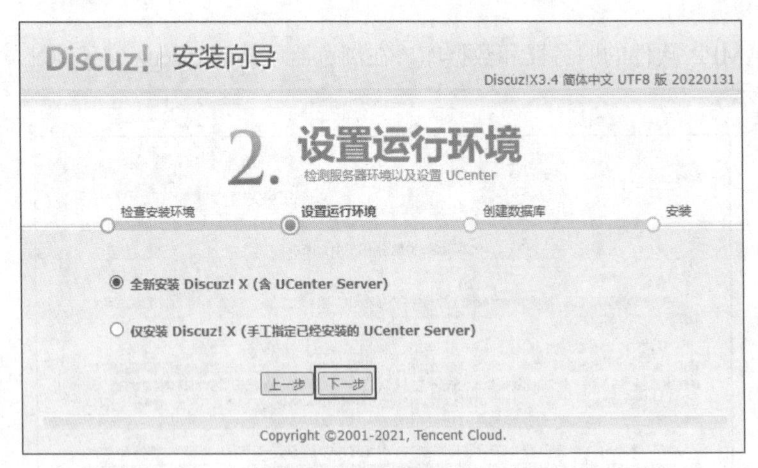

图 10.4　设置运行环境

（6）保持默认选项，单击“下一步”按钮，进入安装数据库界面。设置数据库密码、管理员密码和管理员 E-mail，如图 10.5 所示。其中，数据库为创建好的数据库“ultrax”，数据库密码为空。管理员密码为自定义密码，如果是在线论坛，则建议该密码足够复杂。管理员 E-mail 主要是修改在线论坛密码时使用。

Discuz! 安装向导

Discuz!X3.4 简体中文 UTF8 版 20220131

3. 安装数据库

正在执行数据库安装

检查安装环境　设置运行环境　创建数据库　安装

填写数据库信息

数据库服务器地址：127.0.0.1　一般为 127.0.0.1 或 localhost

数据库名：ultrax　用于安装 Discuz! 的数据库

数据库用户名：root　您的数据库用户名

数据库密码：　您的数据库密码

数据表前缀：pre_　同一数据库运行多个论坛时，请修改前缀

系统信箱 Email：admin@admin.com　用于发送程序错误报告

填写管理员信息

管理员账号：admin

管理员密码：••••••　管理员密码不能为空

重复密码：••••••

管理员 Email：admin@admin.com

下一步

Copyright ©2001-2021, Tencent Cloud.

图 10.5　配置数据库

（7）单击“下一步”按钮，开始安装论坛，如图 10.6 所示。

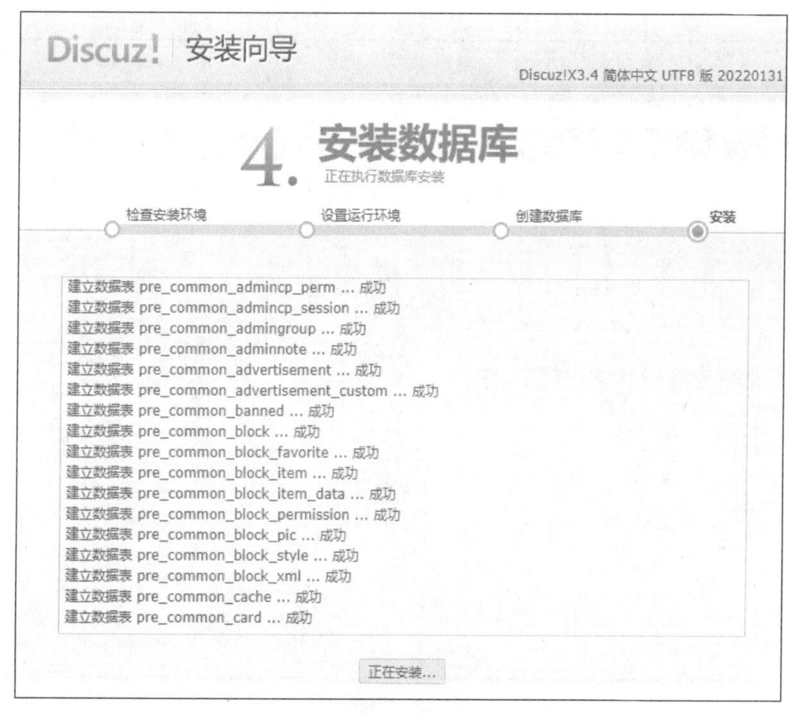

图 10.6　开始安装论坛

（8）论坛安装完成后显示安装成功，如图 10.7 所示。

图 10.7 安装完成

（9）单击“您的论坛已完成安装，点此访问”按钮，可进入论坛首页，如图 10.8 所示。目前论坛处于非登录状态，只能浏览，不能修改。如果需要修改，则通过右上角的登录框登录。

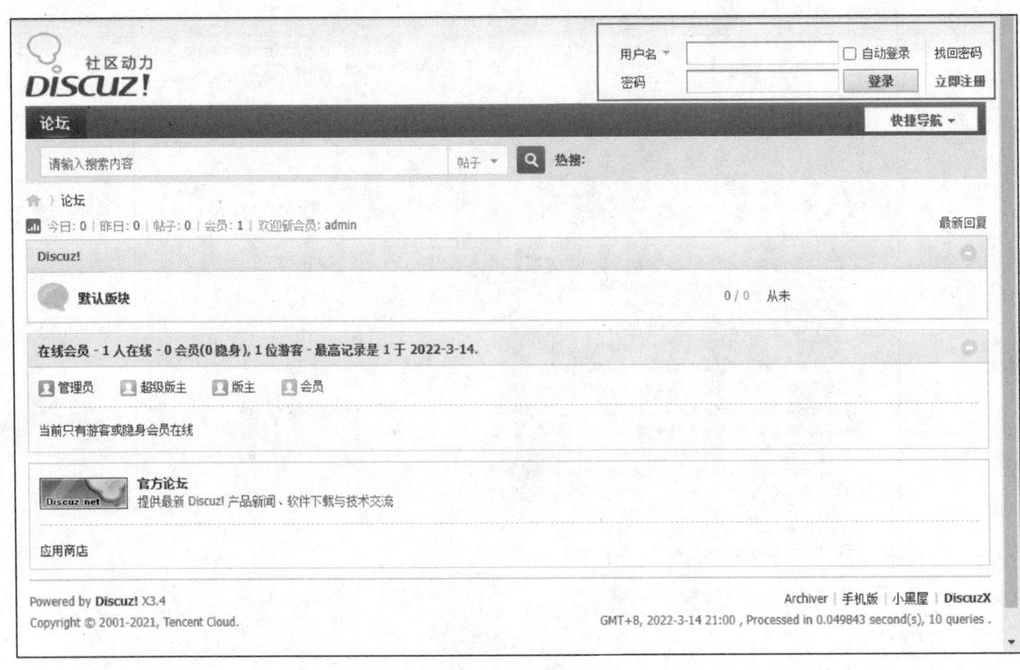

图 10.8 论坛首页

10.3 论坛管理

论坛创建好后，所有的设置都为基础默认设置。管理员可以根据论坛主题为论坛添加对应的版块。例如，设置一个以计算机技术为主题的论坛。

10.3.1 进入管理界面

要管理论坛，管理员首先需要进入论坛的后台管理系统。具体版块操作步骤如下。

（1）使用安装论坛时设置的账号和密码登录论坛。填写账号和密码后，还需要填写验证码。登录成功后，在论坛右上角显示登录状态和用户信息，如图 10.9 所示。

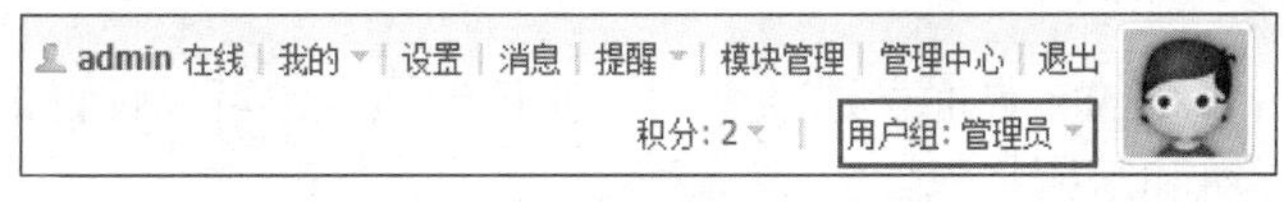

图 10.9　登录成功

（2）单击“管理中心”按钮，进入后台登录界面，如图 10.10 所示。

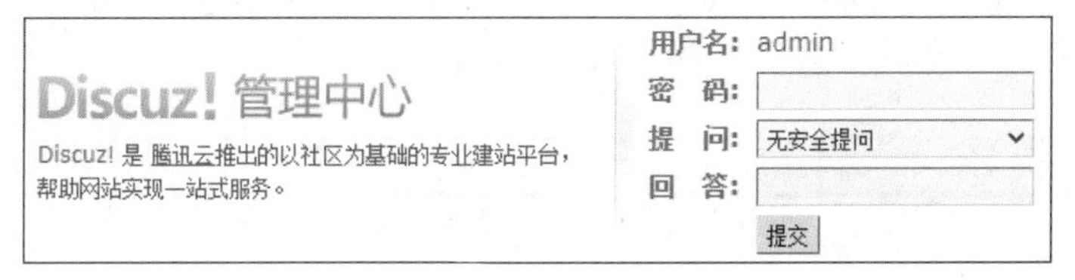

图 10.10　后台登录界面

（3）输入密码后，单击“提交”按钮，进入后台管理系统。后台管理系统提供了多个选项卡，每个选项卡都有对应的功能，如图 10.11 所示。

图 10.11　后台管理系统

每个选项卡的功能如下。

- 首页：用于显示论坛文件、环境是否安全，以及管理人员信息、版权信息等。
- 全局：用于管理论坛的站点信息，如注册和访问控制、站点功能、性能优化、SEO 设置等。
- 界面：用于设置论坛的导航信息，如界面设置、表情管理、表态动作、主体鉴定、编辑器设置等。
- 内容：用于审核和管理用户发布的帖子内容，只有经过审核的帖子才能显示，避免垃圾信息进入论坛。
- 用户：用于审核用户的申请，并对用户进行等级划分和清理等操作。
- 门户：用于显示整个论坛各种信息的集成页面。该选项卡的功能默认是关闭的，需要在全局选项卡的站点功能中开启。
- 论坛：用于管理论坛版块的添加、合并和删除，以及是否启用“首页四格”页面效果。
- 群组：用于管理群组功能。该选项卡的功能默认是关闭的，也需要手动开启。
- 安全：用于检测整个论坛的安全问题，包括避免恶意灌帖、验证安全、网站安全和账号安全。

- 运营：用于为论坛添加公告、广告、任务、道具、勋章、友情链接等相关内容。
- 插件：用于为论坛添加或删除插件。插件可以在官方论坛下载或购买。
- 模板：用于管理论坛的模板，包括替换模板和编辑当前模板。
- 工具：用于管理论坛的环境、记录、计划任务、文件权限、文件校验和密匙更新等。
- 站长：用于管理后台管理团队、邮件设置、数据库管理、用户表优化等。
- 应用中心：由官方提供插件、模板或技术支持，需要注册后才能登录使用。
- UCenter：是一个能沟通多个应用的桥梁，使各应用共享一个用户数据库，以实现用户的统一登录、注册和管理。

10.3.2 论坛导航设置

论坛导航位于后台系统的“界面”选项卡中。在该选项卡中可以设置论坛的主导航、顶部导航、底部导航、快捷导航和家园导航。

主导航位于论坛中上部分，用于快速跳转到指定的网页，默认只显示“首页”选项，用于指向论坛首页。在“界面”选项卡的“导航设置”中选择“主导航”，然后单击“添加主导航”按钮，可在空白的信息栏中依次设置添加、显示顺序、名称、链接以及勾选“可用”选项，如图 10.12 所示。添加新主导航后，单击“提交”按钮即可添加。

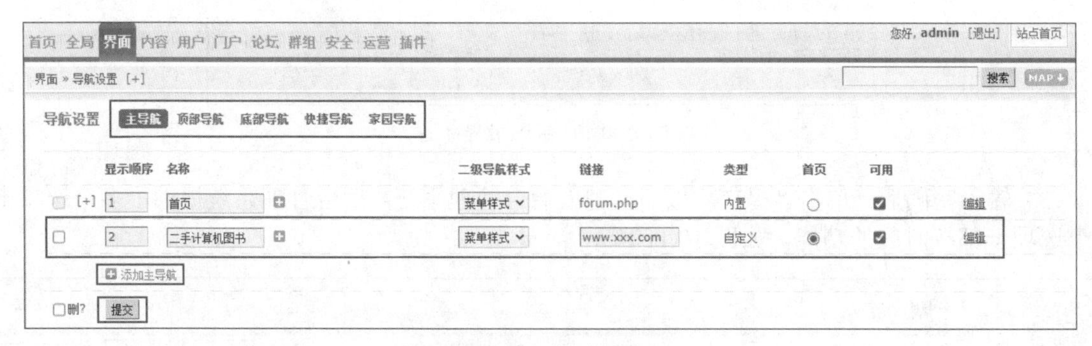

图 10.12 主导航设置

此时，在论坛首页的主导航中会看到“二手计算机图书”导航选项，如图 10.13 所示。论坛其他导航的设置方式与主导航类似，只需要在对应选项卡中设置即可。

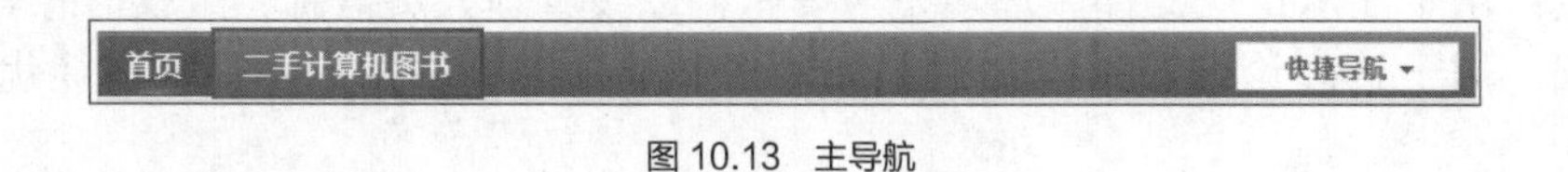

图 10.13 主导航

10.3.3 设置论坛版块

论坛版块可以根据主题内容将整个论坛划分为不同的版块。例如，根据编程语言，可以将论坛划分为编程语言、数据库语言、网页语言、移动开发等多个分区。在每个分区中又可以划分多个版块。

在后台系统中选择“论坛”选项卡，单击“添加新分区”按钮，可以为论坛添加新的分区；单击“添加新版块”按钮，可以为对应分区添加新版块，添加分区和版块后如图 10.14 所示。

然后，依次单击每个分区后的“编辑”超链接，设置“论坛首页下级子版块横排”为 4，如图 10.15 所示。这样每个分区的子版块会横向排列，每行显示 4 个版块。

显示顺序　版块名称　版主　批量编辑
[-] 0 编程语言 (gid:1) 无 / 添加版主 编辑 删除
0 C语言 (fid:2) 无 / 添加版主 编辑 设置复制 删除
0 C++语言 (fid:39) 无 / 添加版主 编辑 设置复制 删除
0 C#语言 继承指定版块设置
0 Java语言 继承指定版块设置
添加新版块
[-] 1 数据库语言 (gid:36) 无 / 添加版主 编辑 删除
0 MySQL 继承指定版块设置
0 SQL Sever 继承指定版块设置
0 Orale 继承指定版块设置
添加新版块
[-] 2 网页语言 (gid:37) 无 / 添加版主 编辑 删除
0 HTML+CSS 继承指定版块设置
0 PHP 继承指定版块设置
0 JavaWeb 继承指定版块设置
0 ASP.net 继承指定版块设置
添加新版块
[-] 3 移动开发 (gid:38) 无 / 添加版主 编辑 删除
0 Android 继承指定版块设置
0 iOS 继承指定版块设置
添加新版块
添加新分区　批量编辑
提交

图 10.14　添加分区和版块

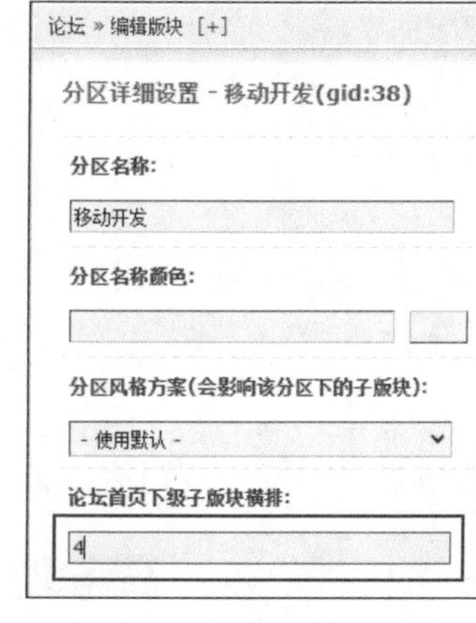

图 10.15　设置子版块横排显示

单击“提交”按钮后，论坛首页会添加多个分区和版块，如图 10.16 所示。

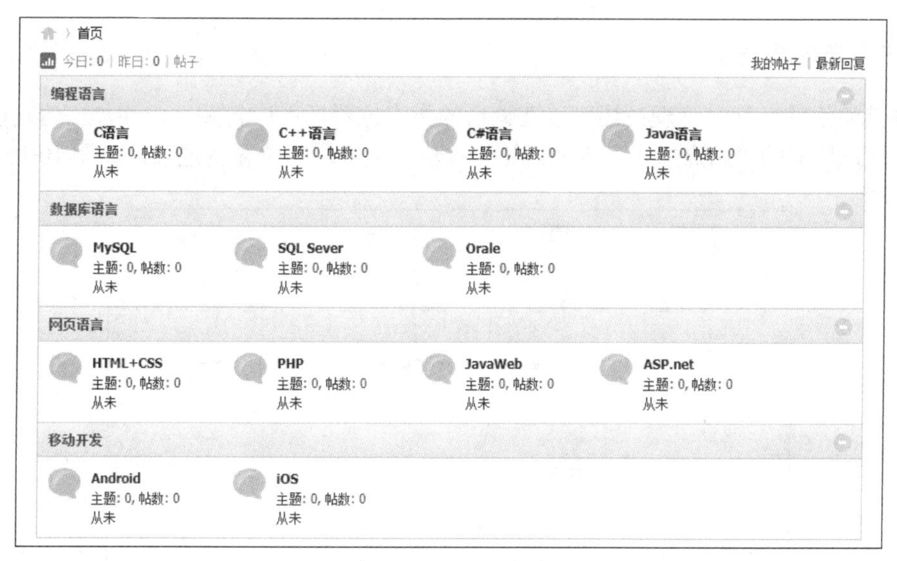

图 10.16　分区和版块

10.3.4　添加公告

在论坛中，论坛管理人员可以定时发布公告内容，包括软件更新信息、新产品发布会等，可以通过后台管理系统的“运营”选项卡添加公告。选择“站点公告”选项，单击“添加”按钮，添加公告的标题、起始与终止时间、公告类型和公告内容，如图 10.17 所示。

图 10.17　发布公告

单击“提交”按钮后，公告发布到论坛前台，效果如图 10.18 所示。

图 10.18　公告

10.3.5　添加广告

为了维持论坛的运行，管理员还可以在论坛的指定位置插入广告图片。添加广告功能位于后台系统“运营”选项卡的“站点广告”界面。论坛提供了很多广告位置备选项，如图 10.19 所示。

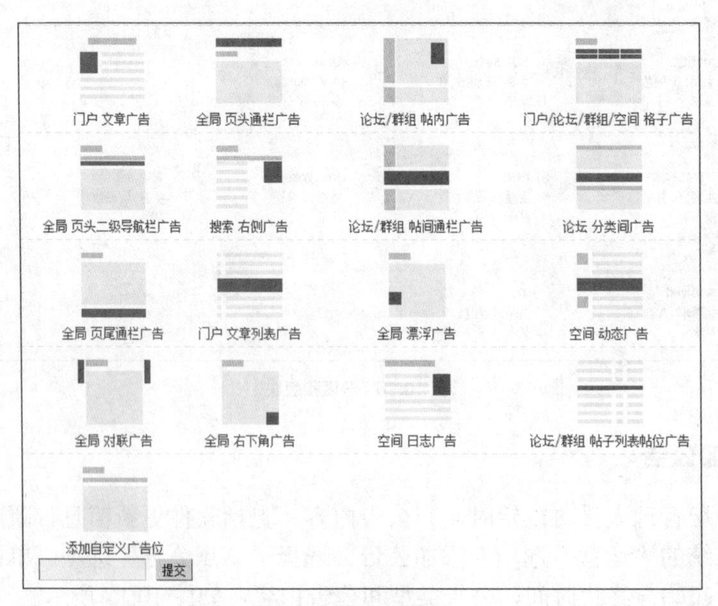

图 10.19　广告位置备选项

这里选择“全局 页头通栏广告”选项，添加一个图片广告，如图 10.20 所示。广告可以是文字、代码、图片和 Flash 这 4 种形式。

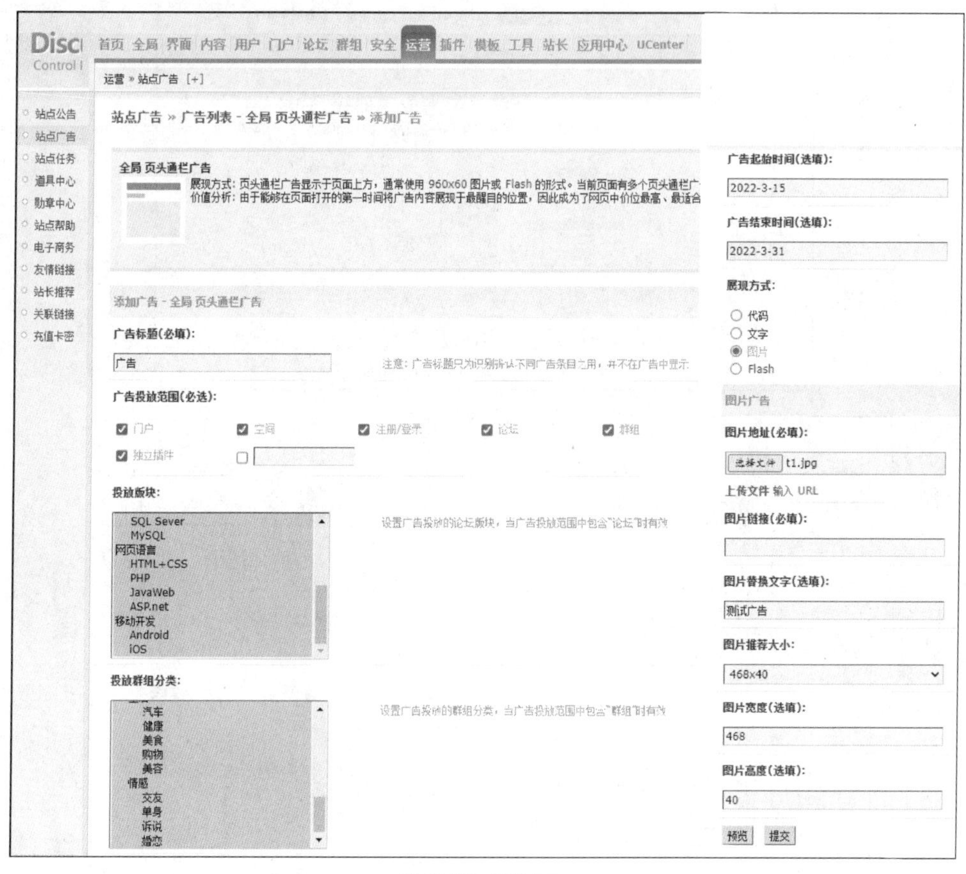

图 10.20 投放广告

单击“提交”按钮即可投放广告，在论坛的头部会看到广告效果，如图 10.21 所示。

图 10.21 广告效果

10.3.6 自定义模板

论坛会自带一套默认模板，其外观样式可修改。在后台系统的“模板”选项卡内可以对默认模板的样式进行编辑，如图 10.22 所示。

单击“编辑”按钮，进入模板边界界面。在该界面中可以修改论坛的 Logo 图片、背景色、文本颜色、字体、字号等相关内容，并且每个选项都是可视化操作，十分方便。

选定一张 Logo 图片，然后将该图片放置在论坛建站文件的对应文件夹中，路径为 E:\xampp\htdocs\discuz\upload\static\image\common。最后，编辑默认模板的 Logo 图片和页面背景色，如图 10.23 所示。

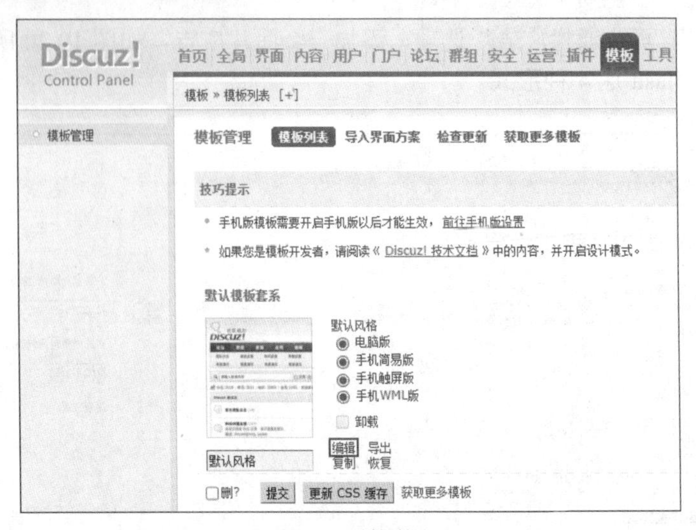

图 10.22　模板管理

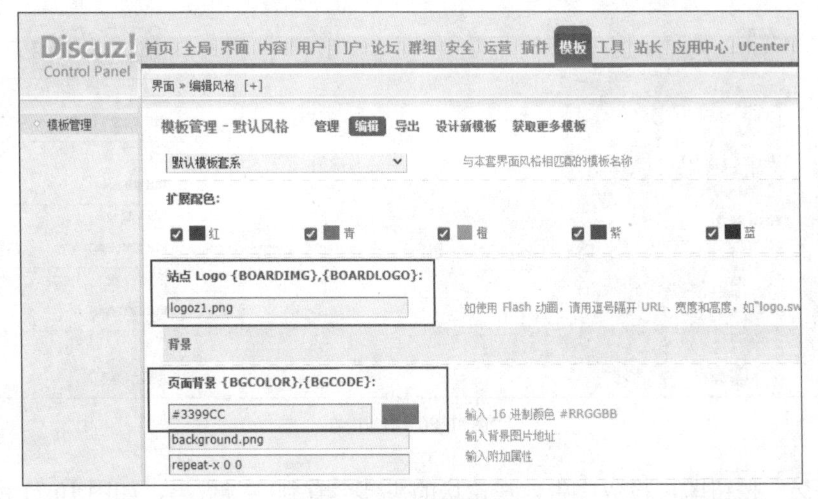

图 10.23　编辑模板

单击“提交”按钮后，论坛的 Logo 图片和页面背景色都会改变，如图 10.24 所示。

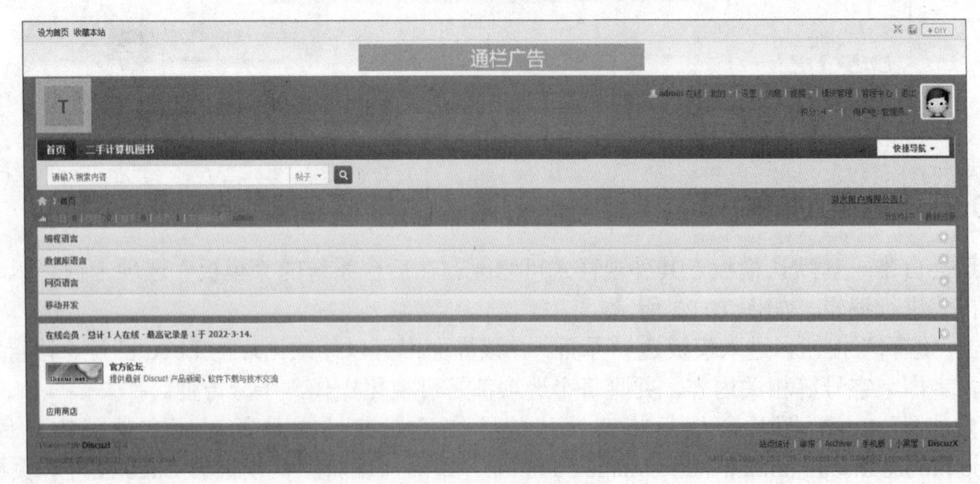

图 10.24　论坛外观发生改变

10.4 添加自定义页面

论坛支持用户将用 HTML+CSS 编写的自定义页面插入论坛的页面或模块中，其实现过程如下。

（1）创建一个名为 01_about.php 文件，代码如下。

```
<?php
require './source/class/class_core.php';            //引入系统核心文件
$discuz = & discuz_core::instance();                //以下代码为创建及初始化对象
$discuz->init();
loadcache('diytemplatename');
include template('diy:portal/01');      //调用单页模版文件，路径为当前模板目录/portal/01.htm
?>
```

（2）将 01_about.php 文件和自定义图片 shu.png 放置在论坛建站文件的对应文件夹中，路径为 E:\xampp\htdocs\discuz\upload，如图 10.25 所示。

此电脑 › LENOVO (E:) › xampp › htdocs › discuz › upload ›

名称	修改日期	类型	大小
01_about.php	2022/3/15 22:11	PHP Script	1 KB
shu.png	2022/3/15 21:43	PNG 文件	3 KB

图 10.25　01_about.php

（3）创建一个名为 01.html 文件，代码如下。

```
<!--{template common/header}--><!--引用公共头部-->
<!DOCTYPE html >
<html xmlns="http://www.w3.org/1999/xhtml">
<head>
<meta http-equiv="Content-Type" content="text/html; charset=utf-8" />
<title>二手计算机图书</title>
<style>
/*通用样式*/
#div1{ background-color:#CC3; color:#0276BF; width:80%; height:1024px;  border:#000000 1px
solid; margin:auto; }
hr{ width:90%; align:center;}
.Div1{ width:150px; height:200px; border:#000000 1px solid; margin-left:30px; }
.fL1{ float:left;}
.Div1:hover{border:red 3px solid; }
h1{ text-align:center; font-size:36px; color:#000000;}
</style>
</head>
<body>
<h1>二手计算机图书</h1>
<div id="div1">
    <div class="fL1">
        <div class="Div1 fL1"><img src="shu.png"/></div>
        <div class="Div1 fL1"><img src="shu.png"/></div>
        <div class="Div1 fL1"><img src="shu.png"/></div>
        <div class="Div1 fL1"><img src="shu.png"/></div>
        <div class="Div1 fL1"><img src="shu.png"/></div>
        <div class="Div1 fL1"><img src="shu.png"/></div>
        <div class="Div1 fL1"><img src="shu.png"/></div>
        <div class="Div1 fL1"><img src="shu.png"/></div>
```

```
        </div>
    </div>
    </body>
    </html>
    <!--{template common/footer}--><!--引用公共底部-->
```

（4）将 01.html 文件添加到论坛建站文件的对应文件夹中，路径为 E:\xampp\htdocs\discuz\upload\template\default\portal，如图 10.26 所示。

此电脑 › LENOVO (E:) › xampp › htdocs › discuz › upload › template › default › portal

名称	修改日期	类型	大小
01.html	2022/3/15 22:54	HTML 文档	2 KB
block_more_forum_thread.htm	2022/2/6 23:04	HTML 文档	3 KB
block_more_group_thread.htm	2022/2/6 23:04	HTML 文档	3 KB
block_more_portal_article.htm	2022/2/6 23:04	HTML 文档	2 KB
comment.htm	2022/2/6 23:04	HTML 文档	3 KB

图 10.26　01.html 文件

（5）登录论坛的后台系统，在“界面”选项卡的“主导航”界面设置“二手计算机图书”的链接为“01_about.php”，然后单击“提交”按钮，将修改内容提交，效果如图 10.27 所示。

Discuz! Control Panel　首页 全局 界面 内容 用户 门户 论坛 群组 安全 运营 插件　您好，admin [退出] 站点首页

界面 » 导航设置 [+]

导航设置　主导航　顶部导航　底部导航　快捷导航　家园导航

显示顺序	名称	二级导航样式	链接	类型	首页	可用	
1	首页	菜单样式	forum.php	内置	◉	☑	编辑
2	二手计算机图书	菜单样式	01_about.php	自定义	○	☑	编辑
9	插件	菜单样式	#	内置		☐	编辑
10	帮助	菜单样式	misc.php?mod=faq	内置	○	☐	编辑

添加主导航

删? 提交

图 10.27　添加链接

（6）在论坛首页单击主导航的“二手计算机图书”按钮，论坛加载自定义页面的内容，效果如图 10.28 所示。

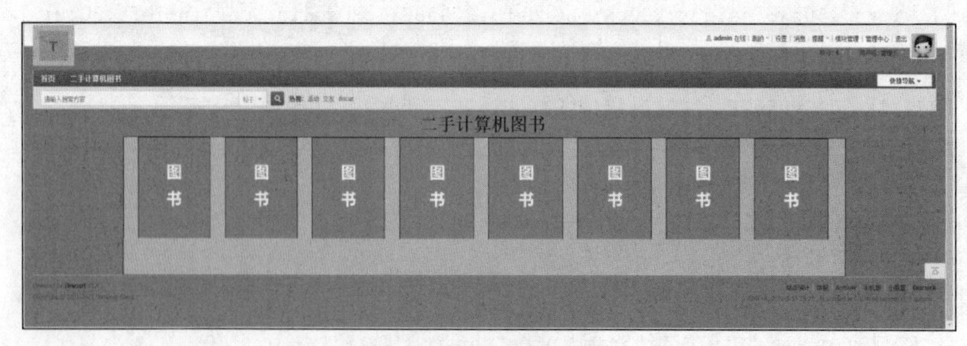

图 10.28　显示自定义页面

疑难解答

1．Discuz!论坛网站可以作为线上网站使用吗？

可以，Discuz!论坛在绑定服务器和域名之后可以作为线上论坛网站使用。普通用户可以通过

注册功能成为论坛的用户，然后在论坛中进行浏览、发布和评论等操作。

2．Discuz!论坛与其他网站相比有什么不同？

Discuz!论坛最主要的功能是信息交流。论坛网站的主要功能是以帖子的形式表达观点、展示内容，所以更适合团体或某些话题研究使用。论坛用户可以以发布帖子的形式讨论话题，并且可以在帖子后的回复版块评论。论坛管理员也可以利用 Discuz!论坛提供的丰富的奖励和运营机制管理论坛内容和用户。

思考与练习

一、填空题

1．Discuz!论坛支持__________、__________、__________、订阅、论坛内部金币奖励系统等多种功能。

2．Discuz!论坛可以分为__________和__________两大部分。

3．在论坛前台，普通用户可以实现__________、__________、回复帖子、管理个人空间等功能。

4．在论坛后台，管理员用户可以实现__________、__________、管理用户、管理论坛帖子等功能。

5．发布公告需要通过后台管理系统__________选项卡的__________选项实现。

二、选择题

1．下列选项中可以设置论坛导航的为（　　）。

A．界面选项卡　　B．菜单选项卡　　C．运营选项卡　　D．插件选项卡

2．为论坛添加广告可以在论坛后台的（　　）选项卡中实现。

A．模板选项卡　　B．界面选项卡　　C．模板选择　　D．运营选项卡

3．Discuz!论坛的前台开发语言为（　　）。

A．HTML　　B．PHP　　C．CSS　　D．JAVA

三、上机实验题

1．为论坛添加一个通栏广告，广告内容不限。

2．为论坛发布一条公告，公告内容不限。

3．实现在论坛中注册一个新账号。

4．实现使用新账号进入论坛后台。

5．为论坛添加一个“精品展示”主导航。

6．为论坛添加一个新的版块，名字为“我的世界”。

11 Chapter

第 11 章 综合实训：电子商务网站

学习目标

- ❑ 掌握首页的 HTML 元素和 CSS 样式
- ❑ 掌握首页的 JavaScript 代码
- ❑ 掌握二级页面的 HTML 元素和 CSS 样式

电子商务网站是最常用的网站形式之一。它可以向用户展示各类商品信息，并提供购买途径。电子商务网站同样需要使用 HTML、CSS 和 JavaScript 构建网站前台，向用户传递各类信息。本章将讲解电子商务网站前台的构建。

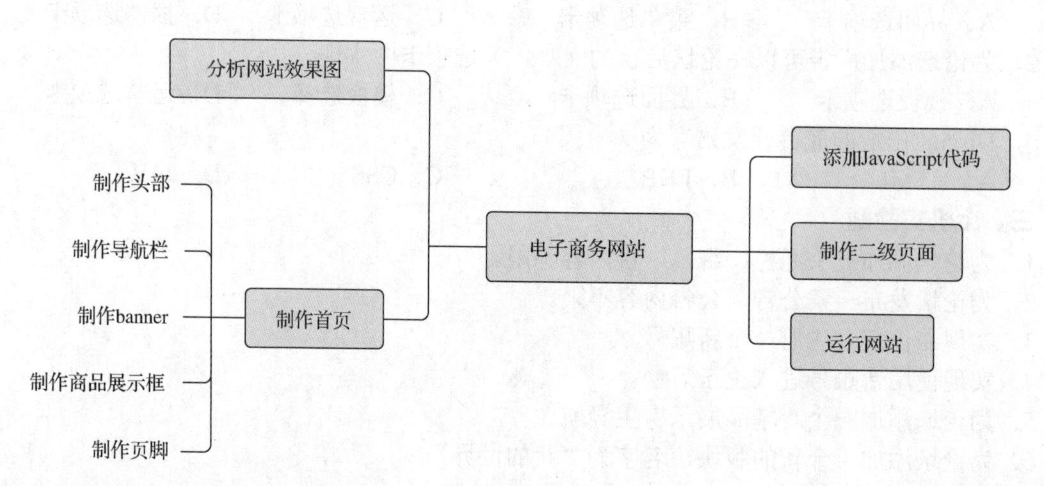

11.1 分析网站效果图

扫码看微课

电子商务网站讲解

电子商务网站由两个页面组成，分别为首页和一个二级页面。网站的首页包括头部、导航栏、焦点图（banner）、商品展示框和页脚。网站首页的设计效果如图 11.1 所示。

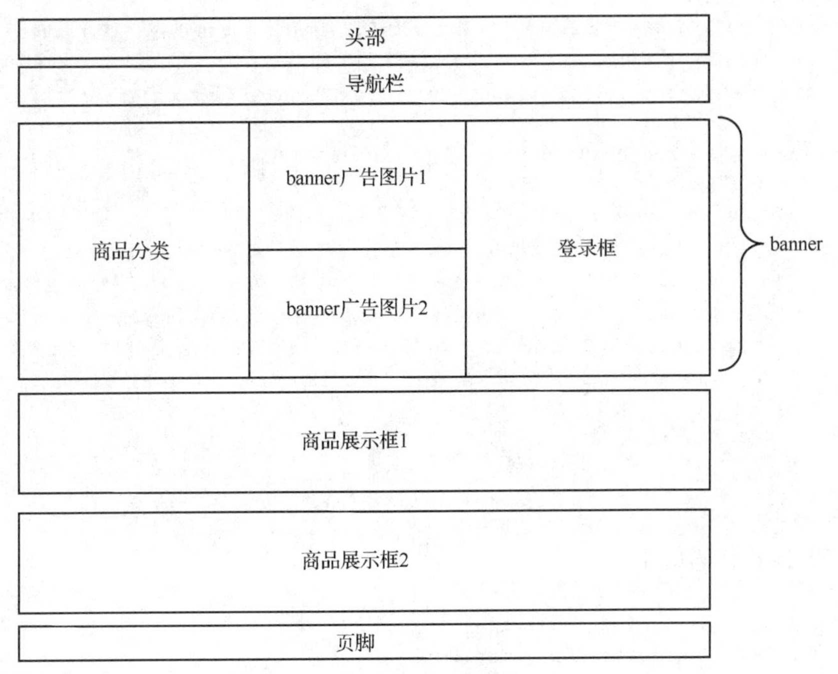

图 11.1　网站首页

网站的二级页面用于展示商品详情，包括头部、商品详情介绍、商品展示窗口和页脚。设计效果如图 11.2 所示。

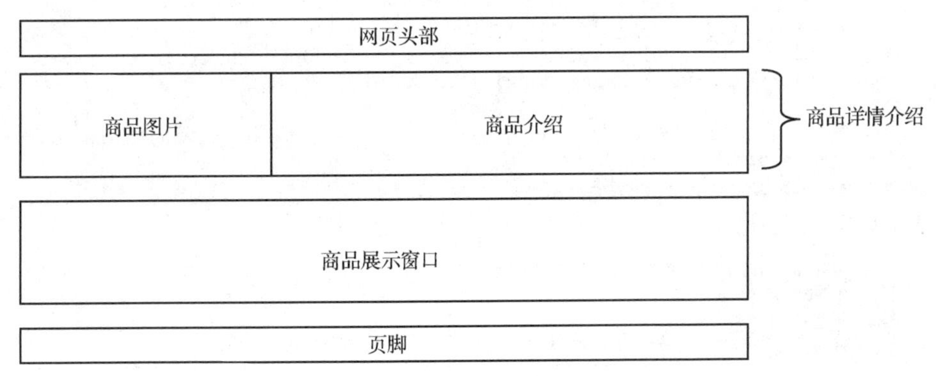

图 11.2　二级页面

11.2 制作首页

网站首页是整个网站的门户，它不但要推送重点内容，还要尽可能地通过多种分类方式展示网站中的全部内容。本节将讲解通过 HTML+CSS 方式实现网站首页静态布局的相关内容。

11.2.1　制作头部

网页头部主要包括一个 Logo 图片与一个搜索框。其中，搜索框要使用 input 元素实现数据的输入。网页头部的代码如下。

```
<div id="top">
```

```
        <div id="Logo"><a href="12.html"><img src="12/img/Logo.png"/></a></div> <!--Logo-->
        <div id="search_q">                                                      <!--搜索框-->
            <div id="search_input"><input type="text" name="search_input"></div> <!--搜索
输入框-->
            <div id="search_but"><button>搜索</button></div>                   <!--搜索按钮-->
            <div id="search_b">
                <div id="search_h">                                               <!--热点标签-->
                    <a href="#">连衣裙</a><a href="#">流行短裤</a><a href="#">半身裙</a>
                    <a href="#">男鞋</a><a href="#">耳机</a><a href="#">女包</a>
                    <a href="#">笔记本电脑</a><a href="#">洗衣机</a><a href="#">行车记录仪</a>
                    <a href="#">篮球</a><a href="#">沙发</a><a href="#">男士外套</a>
                    <a href="#">墙纸</a><a href="#">马桶</a><a href="#">油烟机</a><a href="#">
牛仔裤</a>
                </div>
            </div>
        </div>
    </div>
```

头部的 CSS 样式代码如下。

```
    /*头部*/
    body{ margin:0 auto; background:#EAE8EB;}
    #top{ width:1044px; height:120px; margin:0 auto; }
    #Logo{ width:190px; height:88px; margin-top:10px; float:left; margin-left:30px;}
    #Logo img{ width:190px; height:88px;}
    #search_q{ width:730px; height:98px;float:left; margin-left:36px; margin-top:30px;}
    #search_input{width:630px; float:left; border:solid 1px #2178A3; border-radius:20px; }
    #search_input input{ width:100%; height:42px; border-radius:20px;}
    #search_input input[type=text] { padding: 12px 20px;  box-sizing: border-box;}
    #search_input input[type=text]:focus{ border: 3px solid #2178A3;}
    #search_but{ width:60px;height:35px; border:1px #000000 solid; border-radius:20px;
float:left; position:relative; left:-70px; background:#2178A3; margin-top:2px; cursor:
pointer;}
    #search_but button{font-size: 16px; margin-top:6px; margin-left:12px; background:#2178A3;
color:#FFFFFF;cursor:pointer;}
    #search_b{ margin-top:5px; height:25px; clear: left;}
```

头部效果如图 11.3 所示。

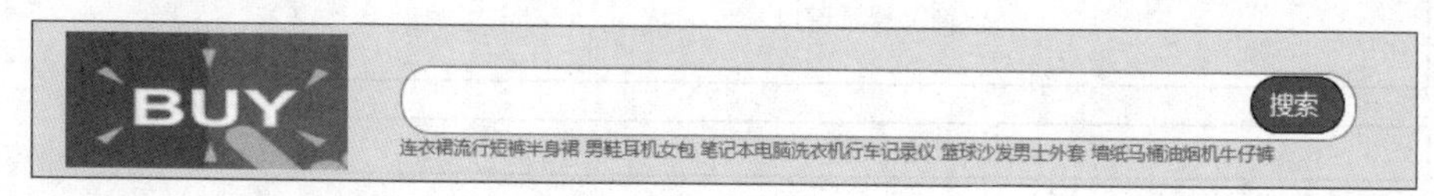

图 11.3 头部

11.2.2 制作导航栏

网页导航栏位于头部下方，主要使用 ul 元素实现，代码如下。

```
    <div id="nav">
        <h2>分类市场</h2>
        <ul><li><a href="#">卖场</a></li><li><a href="#">超划算</a></li><li><a href="#">在线超
市</a></li></ul>
        <ul><li>|</li><li><a href="#">天鲜水果</a></li><li><a href="#">憨憨旅行</a></li><li><a
href="#">天天折扣</a></li></ul>
        <ul><li>|</li><li><a href="#">新鲜炒货</a></li><li><a href="#">智能家居</a></li><li><a
href="#">直播上新</a></li></ul>
    </div>
```

导航栏的 CSS 样式代码如下。

```
/*导航*/
#main{ width:1044px;height:808px;background:#FFFFFF;margin:0 auto; clear: left; border-radius:20px; }
#nav{ height:30px; background:#FFFFFF; border-radius:20px;}
#nav
h2{float:left;width:190px;text-align:center;font-size:16px;padding:3px0;color:#2178A3;
font-weight:bold;margin-top:10px;}
#nav ul{ float:left;}
#nav ul li{ float:left; width:69px; text-align:center; font-size: 16px; margin-top:10px; padding:0 3px;  }
#nav ul li a{  font-size: 16px;  }
```

导航栏效果如图 11.4 所示。

分类市场	卖场	超划算	在线超市	|	天鲜水果	憨憨旅行	天天折扣	|	新鲜炒货	智能家居	直播上新

图 11.4　导航栏

11.2.3　制作 banner

网页的 banner 分为左右两部分，左侧包括商品分类和 banner 广告图片，右侧包括登录框界面，代码如下。

```
<div id="main_left">
    <div id="zt">                                          <!--商分类品-->
        <ul><li><a href="#">手机</a><a href="#">计算机</a><a href="#">机箱</a></li>
            <li><a href="#">家居</a><a href="#">家具</a><a href="#">厨具</a></li>
            <li><a href="#">男装</a><a href="#">女装</a><a href="#">童装</a></li>
            <li><a href="#">男鞋</a><a href="#">女鞋</a><a href="#">童鞋</a></li>
            <li><a href="#">食品</a><a href="#">酒类</a><a href="#">生鲜</a></li>
            <li><a href="#">箱包</a><a href="#">钟表</a><a href="#">珠宝</a></li>
            <li><a href="#">母婴</a><a href="#">玩具</a><a href="#">奶粉</a></li>
            <li><a href="#">安装</a><a href="#">维修</a><a href="#">置换</a></li>
            <li><a href="#">图书</a><a href="#">图画</a><a href="#">壁纸</a></li>
            <li><a href="#">装修</a><a href="#">家政</a><a href="#">外卖</a></li>
            <li><a href="#">清洗</a><a href="#">二手</a><a href="#">保险</a></li>
            <li><a href="#">宠物</a><a href="#">狗粮</a><a href="#">猫粮</a></li>
            <li><a href="#">房产</a><a href="#">汽车</a><a href="#">摩托</a></li>
            <li><a href="#">运动</a><a href="#">户外</a><a href="#">体育</a></li>
            <li><a href="#">机票</a><a href="#">酒店</a><a href="#">旅游</a></li>
        </ul>
    </div>
    <div id="banner">                                              <!--广告-->
        <div id="bannerB">                                         <!--大图片广告-->
            <img id="Image1" src="12/img/banner1.png"/>
            <ul id="lz">
                <li><a href="#" onClick="ImgF(1)"></a></li>
                <li><a href="#" onClick="ImgF(2)"></a></li>
                <li><a href="#" onClick="ImgF(3)"></a></li>
                <li><a href="#" onClick="ImgF(4)"></a></li>
                <li><a href="#" onClick="ImgF(5)"></a></li>
                </ul>
        </div>
        <div id="bannerS">                                         <!--小图片广告-->
            <div id="S1">
```

```
                    <img id="Image2" src="12/img/bs1.png"/>
                    <img id="Image3" src="12/img/bs2.png"/>
                </div>
            </div>
        </div>
    </div>
    <div id="main_right">                                              <!--右侧登录框-->
        <div id="R1">                                                  <!--登录欢迎语-->
            <img src="12/img/r1.png"> <br/>
            <a href="#"><b>你好</b></a><br/>
        </div>
        <div id="R2">                                                  <!--登录和注册按钮-->
            <a href="#">登录</a>
            <a href="#">注册</a>
        </div>
        <div id="R3">                                                  <!--登录广告-->
            <img src="12/img/r2.png"/>
        </div>
    <!--公告-->
        <div class="R4"><span class="gg">公告</span><span>所有用户需要实名登记</span></div>
        <div class="R4"><span class="gg">热点</span><span></span>推进打击恶意刷屏行为</div>
        <div class="R4"><span class="gg">特价</span><span></span>水果蔬菜 3 折封顶</div>
        <div class="R4"><span class="gg">热销</span><span></span>新兴按摩椅上市</div>
    </div>
```

banner 的 CSS 样式代码如下。

```
    /*分类*/
    #main_left{width:700px; height:460px; margin-top:20px; margin-left:40px; clear: left;
float:left; }
    #zt{ width:150px; float:left;}
    #zt ul li{ height:30px; }
    #zt ul li a{ padding:0 5px; font-size:14px;}
    /*广告*/
    #banner{width: 520px;height:460px; float:left;margin-left:20px; }
    #bannerB{height: 280px; }
    #bannerB img{ border-radius:20px;}
    #lz{ float:left; position: relative; left:45%; top:-10%; }
    #lz li{display: inline-block; border-radius:10px; }
    #lz li a{display: block;padding-top: 8px; width: 8px;height: 0;  border-radius: 50%;
background: #fff ; }
    #bannerS{  clear: left; }
    #S1{ float:left;}
    #S1 img{ padding-left:5px; border-radius:10px;}
    /*登录*/
    #main_right{ width:300px; height:460px;float:left; margin-top:20px; background:#F9F9F9;}
    #R1{ text-align:center; margin-top:30px;}
    #R2 { margin-top:30px; height:30px;}
    #R2 a{ display:block;text-align:center; width:128px; border:1px solid #2178A3;line-height:
32px; float:left; margin-left:15px; border-radius:10px; background:#2178A3; color:#FFFFFF;}
    #R3{clear: left; margin-top:30px;}
    #R3 img{border-radius:10px;}
    .R4{ height:25px; margin-top:5px;}
    .gg{ margin:0 30px; font-size:14px; background:#66CCFF; color:#2178A3;}
```

网页 banner 效果如图 11.5 所示。

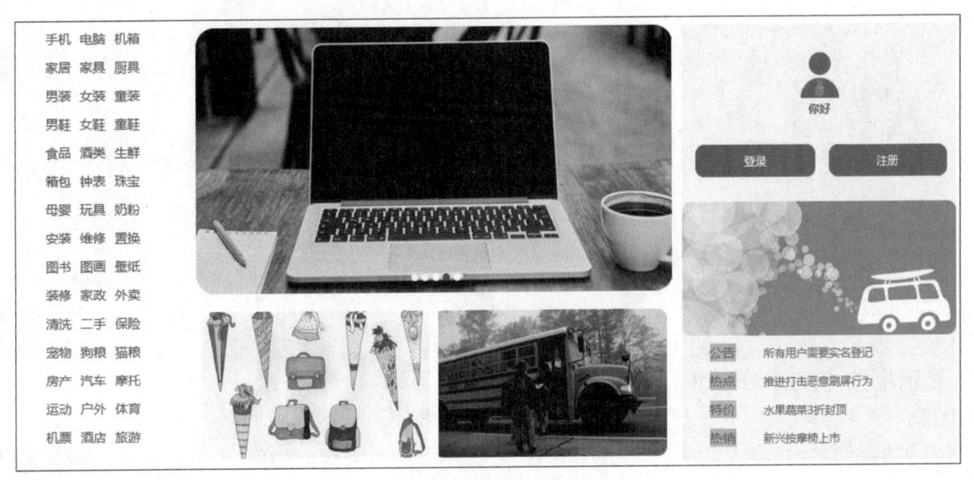

图 11.5　banner

11.2.4　制作商品展示框

网页的商品展示框分为“精品推荐”和“猜你喜欢”两个版块，这两个版块都是基于 div 元素实现的。每个 div 元素就是一个商品展示窗口，基于 float 属性实现 div 元素的水平布局，从而达到多个商品展示框水平展示的效果，代码如下。

```
<!--精品推荐-->
<div id="hh">
    <h1>精品推荐</h1>
    <div id="hhh">
        <div class="FL">
            <a href="12-2.html"><img src="12/img/h1.png"/><br/><span>好货推荐 1</span></a>
        </div>
        <div class="FL">
            <a href="12-2.html"><img src="12/img/h2.png"/><br/><span>好货推荐 1</span></a>
        </div>
        <div class="FL">
            <a href="12-2.html"><img src="12/img/h3.png"/><br/><span>好货推荐 1</span></a>
        </div>
        <div class="FL">
            <a href="12-2.html"><img src="12/img/h4.png"/><br/><span>好货推荐 1</span></a>
        </div>
        <div class="FL">
            <a href="12-2.html"><img src="12/img/h5.png"/><br/><span>好货推荐 1</span></a>
        </div>
    </div>
</div>
<!--猜你喜欢-->
<div id="cc">
    <h1>猜你喜欢</h1>
    <div id="ccc">
        <div class="FL">
            <a href="12-2.html"><img src="12/img/c1.png"/><br/><span>猜你喜欢 1</span></a>
        </div>
        <div class="FL">
            <a href="12-2.html"><img src="12/img/c2.png"/><br/><span>猜你喜欢 1</span></a>
        </div>
```

```
            <div class="FL">
                <a href="12-2.html"><img src="12/img/c3.png"/><br/><span>猜你喜欢 1</span></a>
            </div>
            <div class="FL">
                <a href="12-2.html"><img src="12/img/c4.png"/><br/><span>猜你喜欢 1</span></a>
            </div>
            <div class="FL">
                <a href="12-2.html"><img src="12/img/c5.png"/><br/><span>猜你喜欢 1</span></a>
            </div>
        </div>
    </div>
```

商品展示框的CSS样式代码如下。

```
    /*精品推荐*/
    #hh{ width:1044px; height:300px;margin-top:30px; clear:left; float:left; background:
#FFFFFF;}
    #hh h1{font-size: 24px;color: #111; font-weight: bold; line-height: 24px; padding-left:
30px; }
    #hhh{  padding-top:20px;}
    #hhh div a img{ width:200px; padding-left:7px;border-radius:20px;}
    #hhh div a span{ display:block; width:200px; text-align:center; color:#009966;}
    /*猜你喜欢*/
    #cc{ width:1044px; height:300px;  clear:left; background:#FFFFFF; float:left;border-
radius:0  0 20px 20px; }
    #cc h1{font-size: 24px;color: #111; font-weight: bold; line-height: 24px; padding-left:
30px; }
    #ccc{  padding-top:20px;}
    #ccc div img{ width:200px; padding-left:7px;border-radius:20px;}
    #ccc div span{ display:block; width:200px; text-align:center; color:#009966;}
```

“精品推荐”和“猜你喜欢”两个商品展示框的效果如图11.6所示。

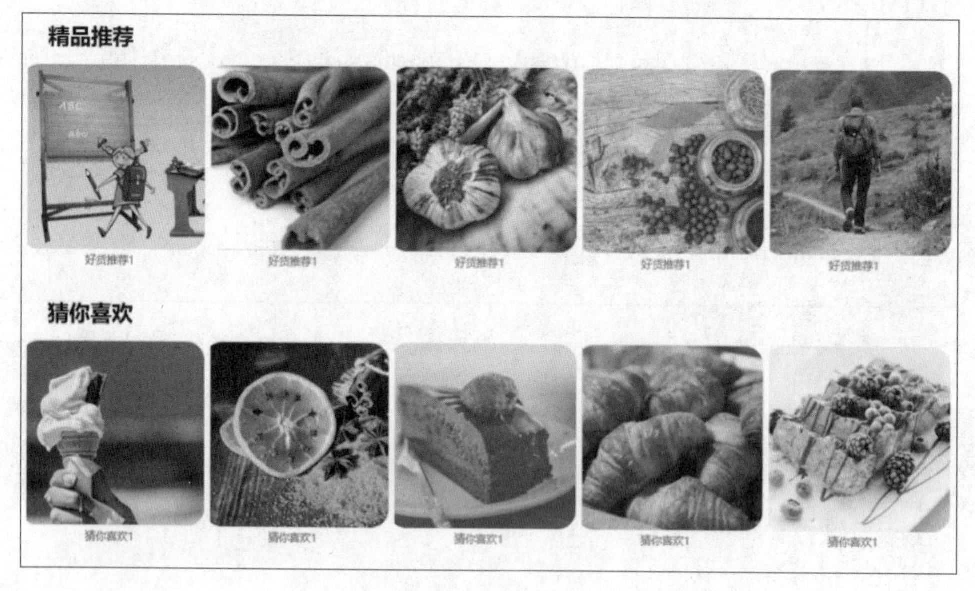

图11.6　商品展示框

11.2.5　制作页脚

网页的页脚包括友情链接、网站许可证等相关内容，主要用于显示文本信息，代码如下。

```
    <div id="foot">
        <p>
            <span><a href="#">哈利</a></span><b>|</b><span><a href="#">苏动态</a></span>
<b>|</b>
            <span><a href="#">憨憨</a></span><b>|</b><span><a href="#">优选</a></span>
<b>|</b>
            <span><a href="#">网银</a></span><b>|</b><span><a href="#">低得</a></span>
<b>|</b>
            <span><a href="#">超商</a></span><b>|</b><span><a href="#">线束</a></span>
<b>|</b>
            <span><a href="#">信息时代</a></span><b>|</b><span><a href="#">哈利</a></span>
<b>|</b>
            <span><a href="#">苏动态</a></span><b>|</b>
        </p>
        <p>
            <span><a href="#">增值电信业务经营许可证（跨地区）：xxxsxxxxx0</a></span><b>|</b>
            <span><a href="#">x 网文（2xx9）xxx-086 号</a></span><b>|</b>
            <span><a href="#">xxx 省网络食品销售第三方平台提供者备案：xxxxxxxx01</a></span>
        </p>
    </div>
```

页脚的 CSS 样式代码如下。

```
    #foot{background:#FFFFFF; width:100%;height:80px;clear:left; float:left;margin-top:30px;
text-align:center; padding-top:30px;}
    #foot p{ height:30px;}
    #foot span{ display:inline-block; padding:0 20px; }
```

页脚效果如图 11.7 所示。

哈利 | 苏动态 | 憨憨 | 优选 | 网银 | 低得 | 超商 | 线束 | 信息时代 | 哈利 | 苏动态 |
增值电信业务经营许可证（跨地区）：xxxsxxxxx0 | x网文（2xx9）xxx-086号 | xxx省网络食品销售第三方平台提供者备案：xxxxxxxx01

图 11.7　页脚

11.3　添加 JavaScript 代码

网站的 JavaScript 代码用于实现 banner 的广告图片自动轮播，以及单击对应按钮实现图片切换的效果，JavaScript 代码如下。

```
    // JavaScript Document
    window.onload=smove;
    function smove()                                     //打开网页加载函数 smove
    {
        smove2();                                        //加载函数 smove2
        var IMG1=document.getElementById("Image1");      //获取 banner
        var x = document.getElementById("lz");           //获取图片切换列表
        var y = x.getElementsByTagName("a");             //获取<ul>标签中的所有<a>标签
        var i=1;
        key=setInterval(function clock()                 //创建定时重复函数
        {
            if(i==5){clearInterval(key); smove();}       //轮转到最后一个图片重启轮转
            IMG1.src="12/img/banner"+i+".png";           //依次切换 banner 图片
```

```
        for (var j = 0; j < y.length; j++)      //跟随图片切换<a>标签的背景色
        {
            if(j==(i-1))
            {
                continue;                       //当前显示图片对应的<a>标签背景色，不需要设置
            }
            y[j].style.background='#FFFFFF';    //依次设置其他<a>标签的背景为白色
        }
        y[i-1].style.background='#FF0000';      //设置当前<a>标签的背景为红色
        i++;
    },3000);
}
function smove2()
{
    var IMG2=document.getElementById("Image2");      //获取左侧小 banner
    var IMG3=document.getElementById("Image3");      //获取右侧小 banner
    var j=1;
    key2=setInterval(function clock()                //创建小 banner 轮转
    {
        IMG2.src="12/img/bs"+j+".png";               //设置图片路径
        ++j;
        IMG3.src="12/img/bs"+ j +".png";             //设置图片路径
        ++j;
        if(j>=7){j=1;}                               //图片轮转到最后一个开始重新轮转
    },2000);
}
function ImgF(i)                                     //单击 a 元素切换图片
{
    var IMG1=document.getElementById("Image1");      //获取 banner 图片元素
    IMG1.src="12/img/banner"+i+".png";               //设置显示的图片
    var x = document.getElementById("lz");           //获取 ul 元素
    var y = x.getElementsByTagName("a");             //获取 ul 元素中的所有 a 元素
    for (var j = 0; j < y.length; j++)
    {
        if(j==(i-1))
        {
            continue;                                //不设置当前 a 元素的背景
        }
    y[j].style.background='#FFFFFF';                 //设置其他 a 元素的背景为白色
    }
    y[i-1].style.background='#FF0000';               //设置当前 a 元素的背景为红色
    clearInterval(key);                              //取消 banner 轮转
    setTimeout(smove(), 3000);                       //3 秒后重启轮转
}
```

11.4 制作二级页面

二级页面的头部和页脚与首页的布局相同，中间的主体部分由商品详情展示部分和精品推荐展示框两部分组成。其中，精品推荐展示框与首页的商品展示框相同，商品详情展示部分为新定义的代码，包括 HTML 代码和 CSS 样式代码两部分。HTML 代码如下。

```
    <div id="nav">                                  <!--导航条-->
        <h1>精品推荐</h1>
    </div>
    <div id="main">                                 <!--商品详情-->
        <img src="12/img/h1.png"/>                  <!--商品图片-->
        <div id="js">                               <!--商品介绍-->
            <h1>时尚粉红色书包</h1>
            <p>
                书包的整体是粉红色，是一款十分适合小女生背的书包，书包用料扎实，外观时尚，空间大，特别适合
上学出门携带
            </p>
            <div id="but">                          <!--价格-->
                <a id="a1" href="#">¥185.00</a>
                <a id="a2" href="#">查看宝贝  ></a>
            </div>
        </div>
    </div>
```

商品详情展示部分的 CSS 样式代码如下。

```
    /*商品详情*/
    #nav{ width:1903px; height:70px; background:#2178A3;clear: left;}
    #nav h1{ margin-left:468px; font-size:36px; padding-top:10px; color:#FFFFFF;}
    #main{ width:1044px; height:280px;  margin:auto; margin-top:30px; background:#FFFFFF;
border-radius:20px; }
    #main img{ height:280px; float:left; border-radius:20px;}
    #js { float:left; margin-left:50px; width:700px;  }
    #js h1{ font-size:36px; padding-top:10px; }
    #js p{ margin-top:30px; font-size:18px;}
    #but{  height:60px; margin-top:80px;}
    #but a{  height:40px; width:100px; padding-top:20px; text-align:center; font-size:18px;
display:inline-block; }
    #a1{ background:#2178A3; color:#FFFFFF; padding:0 20px;}
    #a2{ background:#CCCC00; padding:0 40px;}
```

二级页面的商品详情展示部分的效果如图 11.8 所示。

图 11.8　商品详情展示部分

11.5 运行网站

在浏览器中打开网站首页，在网站首页头部输入搜索关键词，可以查询商品，在网站的 banner

中有 3 张图片不间断轮转，在商品展示框中以照片墙的形式展示多个商品，在网页页脚展示友情网站、网站许可信息等内容。网站首页的效果如图 11.9 所示。

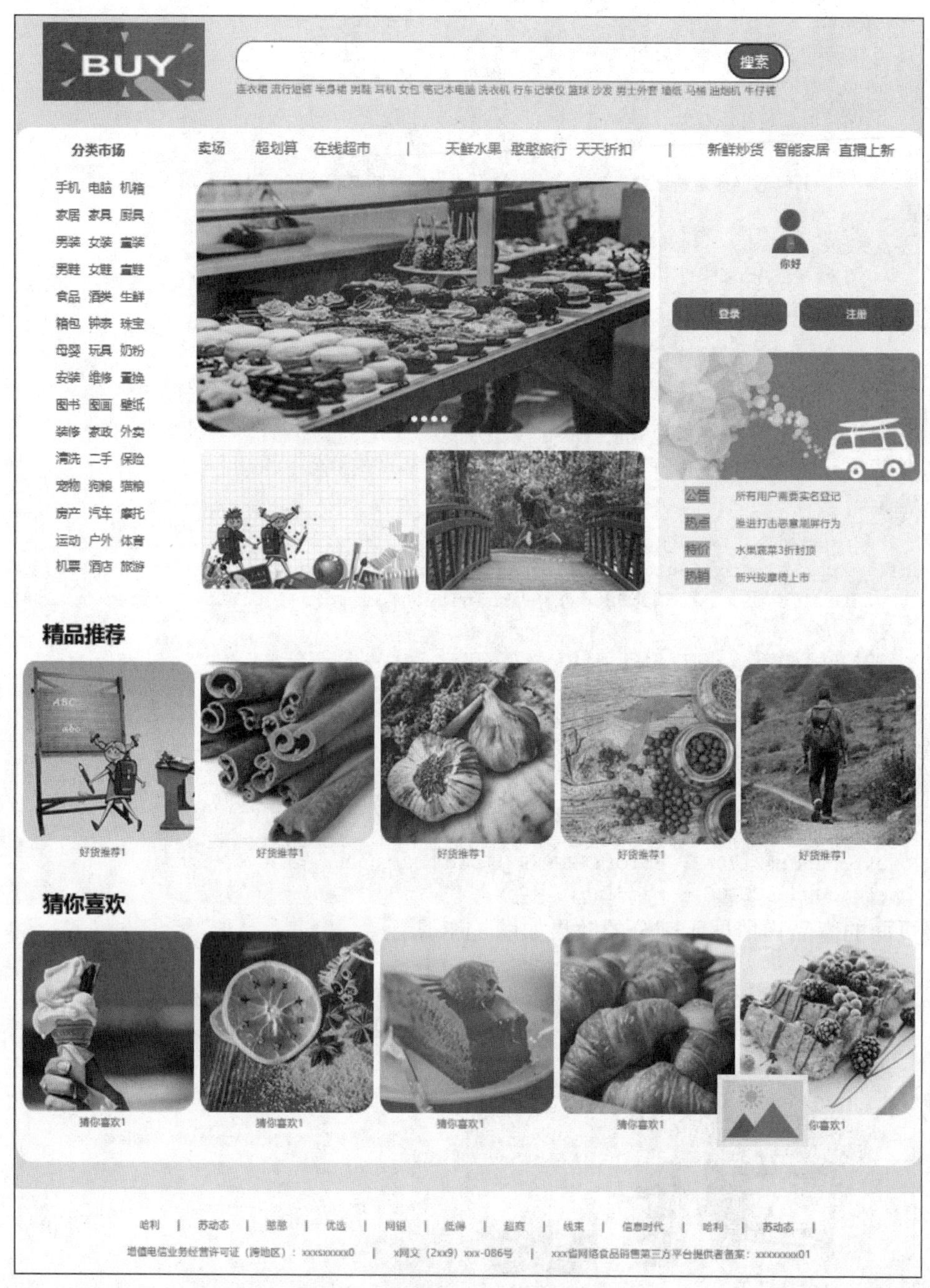

图 11.9 网站首页

在网站首页单击“精品推荐”或“猜你喜欢”版块中的商品会跳转到二级页面。在二级页面会保留网站首页的头部和页脚，然后对导航栏以及主体部分进行了重新设计，并且保留了首页的“猜你喜欢”版块，效果如图 11.10 所示。

图 11.10 二级页面

在网页的二级页面中单击左上角的网站 Logo 图片，会跳转到网站首页。

疑难解答

1．从编程人员的角度来说，设计网站大致可以分为几步？

主要分为四步：第一步，根据客户需求确定网站风格与主题；第二步，美工人员使用专业工具对网站进行设计和切图制作；第三步，编程人员根据网站切图文件，使用编程技术实现网站的各种内容与效果；第四步，本地和在线测试网站效果。

2．编写网站的代码时要注意哪些问题？

编写网站的代码时要注意精准把控元素的位置，要原样实现网站切图文件。另外，要注意各种网页动态效果在不同浏览器和不同系统中的兼容性问题。

思考与练习

一、填空题

1．网站首页包括网站的________、________、banner、商品展示框和页脚。

2．网页头部主要包括一个 Logo 图片与一个搜索框。搜索框要使用________元素实现数据的输入。

3．导航栏位于头部下方，主要使用________元素实现。

4．实现多个 div 元素左对齐水平排列需要设置________属性为________。

二、选择题

1．下列函数可以实现定时触发的为（　　）。

A．clearInterval( )　　B．setInterval( )　　C．function( )　　D．smove( )

2．下列函数用于清除定时器的为（　　）。

A．getElementById( )　　B．move( )

C．clearInterval ( )　　D．move( )

3．实现设置元素圆角的属性为（　　）。

A．width　　B．padding　　C．border-radius　　D．border

三、上机实验题

1．制作单击按钮展开菜单效果。

2．制作鼠标经过图片放大效果。

3．制作单击按钮切换图片效果。

4．制作鼠标经过 a 元素文本颜色显示为红色效果。

5．制作单击图片为图片添加边框效果。

6．制作单击按钮图片隐藏效果。